KB185155

문과생도 이해하는
세상을 바꾼 IT

문과생도 이해하는
세상을 바꾼 IT

초판 1쇄 인쇄 2024년 11월 27일
초판 1쇄 발행 2024년 11월 30일

지은이 김영서
펴낸이 박세현
펴낸곳 팬덤북스

기획 편집 곽병완
디자인 김민주
마케팅 전창열
SNS 홍보 신현아

주소 (우)14557 경기도 부천시 조마루로 385번길 92 부천테크노밸리유1센터 1110호

전화 070-8821-4312 | **팩스** 02-6008-4318
이메일 fandombooks@naver.com
블로그 http://blog.naver.com/fandombooks

출판등록 2009년 7월 9일(제386-251002009000081호)

ISBN 979-11-6169-326-2 03560

문과생도 이해하는

세상을
바꾼
IT

팬덤북스

디지털, 인간이 창조한 또 다른 세계

20세기 말인 1999년에서 21세기로 넘어가는 2000년은 그 시대를 살아가는 수많은 사람에게 새로운 희망으로 가득 찬 해였다. 그리고 많은 학자와 기업가는 21세기는 0과 1로 이루어진 디지털이 지배하는 세상이 될 것이라고 예견했다. 그럼에도 많은 사람은 가상일 뿐인 디지털이 과연 세상을 좌지우지할 수 있을지 의문을 품었으며, 심지어 디지털 세상을 예견한 사람 중에서도 대부분 디지털이 실제로 어떻게 구현이 될지 감을 잡지 못했다. 아직 현실에 있는 아날로그가 친숙하고 아날로그로 많은 일이 일어나는 세상이었다. 그러나 지금 상황을 보면 정말 많은 것이 디지털로 바뀌었음을 잘 알 수 있다.

현실에서 아날로그는 상당히 힘을 잃었고 디지털로 모든 걸 처리하고 있다. 멀리 갈 필요도 없이 당장 손에 있는 스마트폰이 없다면 사람들은 아무것도 못 한다. 스마트폰이 언제 등장했는지 기억을 더듬어 보면, 2007년에 아이폰이라는 스마트폰이 처음 세상에 알려져 2008년에 사람들 사이로 퍼졌고 2010년에 세상을 지배했다. 아주 짧은 시간에 스마트폰은 인간 생활의 주축이 되었다. 2000년에는 꿈도 꾸지 못했고 2008년에는 전화기에 뭔 컴퓨터가 들어가냐며 조롱을 받은 그 스마트폰이 2010년 인류를 완전히 지배해버린 것이다.

가만히 생각해보면 21세기 지금의 세상은 참으로 이상한 세상이다. 분명 21세기의 현실세계는 많은 편의와 복지, 인프라가 이루어져 많은 사람이 안전하고 편리함을 자연스럽게 누릴 수 있다. 하지만 사람들은 현실세계보다는 스마트폰 안에 담긴 가상세계에 더 몰입하고 열광한다. 2010년 이후로 인간은 본인 바로 옆에 있는 현실의 사람보다 SNS에서 사람을 더 많이 만나고 더 큰 친밀감을 느낀다. 그래서 SNS를 하기 위해 컴퓨터를 구매하고 스마트폰을 구매해 디지털 세계에 스스로 들어간다. 어떻게 이런 일이 가능할까? 전기신호의 연속으로 만든 디지털로 구현한 IT가 어떻게 인류를 끌어들였을까? 이 책은 인류가 스스로 창조한 IT에 몰입하고 빠져들게 된 이야기를 다루려고 한다.

모든 것이 그렇듯 IT도 한순간에 창조된 건 아니다. 그 흐름은 이미 20세기 중반부터 시작되었고 50년이 지난 뒤 본격적으로 인류세계를 집어삼키기 시작했다. 1990년까지만 해도 컴퓨터는 생소한 기계였으나 2024년 지금은 컴퓨터와 스마트폰이 없으면 일상이 불가능한 수준에 이를 정도로 인간세상에서 엄청난 영향력을 행사하고 있다. 이 책은 21세기를 IT 세기로 바꾼 기술을 살펴보고 그 기술들이 사람들을 어떻게 열광시켜 사람들이 스스로 디지털 세계에 들어가게 했는지 알아보려고 한다.

　디지털을 연산하는 하드웨어, IT 세계를 꾸미고 기능을 추가하는 소프트웨어, 기술을 이용하는 사람들의 자세와 생각을 담은 인간-컴퓨터 상호작용 등 분야를 넘나들며 사람들이 어떻게 IT 세계에 빠져들게 되었는지 그 이야기를 하려고 한다. 더불어 앞으로의 21세기는 어떻게 변할 것인지 제 개인적인 생각도 추가하려고 한다. 20세기 말에 태동한 확장현실이 수많은 실패와 시행착오 끝에 2020년부터 세상에 나올 준비를 하고 있으며, 스스로 사고하는 인공지능이 2022년 세계적인 신드롬을 일으키며 세상을 다시 한 번 재편성하고 있다. 요즘은 확장현실과 인공지능

이 기존의 IT 세계를 재편성하는 신흥 강자로 떠오르고 있기에
앞으로 어떻게 변할지, 그리고 확장현실과 인공지능은 스마트폰
이 지배하는 지금의 IT 세계에서 어떻게 사람들을 사로잡고 새
로운 역사를 써가야 할지 감히 필자의 사견을 넣어보려고 한다.

Chapter 1 태동

Chapter 2 혁명

Chapter 3 일상

Chapter 4 미래

돌아보며

에필로그

인류는 수학을 발견했고 수학과 함께 인류 문명이 발전했다. 인류는 발전을 위해 수학을 탐구했으며 언제나 계산을 수행했다. 하지만 수학을 계산하는 것은 어려운 일이었으며 인간의 두뇌로 모든 수학 계산을 처리할 수 없었다. 그래서 인류는 수학을 대신 해주는 기계를 원했고 그 기계를 만들려고 도전했다. 그리고 그 기계에 좋은 기능을 더 추가하며 어느새 빠른 계산기를 넘어 다방면의 임무를 수행할 수 있는 기계로 만들었다. 그렇게 컴퓨터는 탄생했다.

Chapter 1

태동

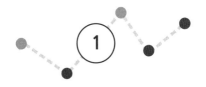

더 좋은 계산기를 찾아서

불을 발견한 인류는 불을 이용하며 자연을 정복했고 농사를 지으며 문명을 일궜다. 문명에 진입하자 지배자가 생기고 그들은 피지배자들에게서 세금을 거두었다. 이에 따라 필연적으로 세금을 부과하기 위해 주판으로 수를 세고 계산했다. 수를 계산하게 된 인류는 이내 수학이 자연의 법칙이자 자연의 언어임을 깨달았으며, 자연을 이해하기 위해 수학으로 자연을 탐구하고 그렇게 발견한 법칙을 건축과 예술 등의 분야에 응용했다. 이처럼 인류 문명은 수학의 발전과 함께 발전했으며, 그렇기에 수학을 이용하기 위한 기초인 계산의 중요성이 더 높아졌다.

처음에는 단순히 덧셈과 곱셈부터 시작해 기하학과 방정식이

계산을 기록한 고대 바빌로니아 점토판

인류는 수학을 이용해 자연의 베일을
벗기고 응용했다

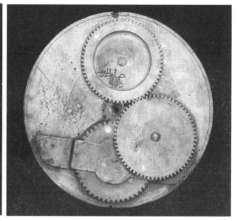

무함마드 이븐 아비 바크르가
발명한 기어형 달력

톱니바퀴의 맞물림으로 사칙연산을 계산한
무함마드 이븐 아비 바크르의 달력

등장했지만, 이들은 덧셈과 곱셈이었기에 큰 문제는 없었다. 계
산만 담당하는 여러 사람이 검산하고 정리하면 되는 문제였기
때문이다. 그러나 단위가 점점 커지고 단순한 사칙연산의 연속
이지만 너무 길고 방대한 연산이 등장하자, 사람들은 계산하기
어려워했다. 이에 중세 이슬람 수학자들은 톱니바퀴를 이용한
계산기들을 발명했다.

한 예로 무함마드 이븐 아비 바크르는 톱니바퀴들을 결합해 헤
지라력을 계산하는 달력을 발명했다. 그는 톱니바퀴의 맞물림을
이용해 톱니바퀴 하나만 움직여도 자동으로 날짜를 계산하는 달
력을 개발했다. 1642년 프랑스 왕국의 수학자 블레즈 파스칼은
세금을 계산하는 아버지를 도와 복잡한 톱니바퀴의 맞물림을 조

파스칼 계산기   피보나치 수열 계산책

합해 세수 계산 공식을 톱니바퀴의 배열로 치환해 파스칼 계산기Pascaline 를 발명했다.

파스칼 계산기 덕분에 많은 사람이 계산하고 검산하며 오류를 잡아야 하는 복잡한 징세 과정을, 계산기 톱니바퀴를 돌리면 끝나는 단순한 일로 만들었다. 계산의 편리함 덕분에 파스칼 계산기는 유럽에서 인기를 끌었다. 이후 파스칼 계산기를 개선해 곱셈과 나눗셈 등 복잡한 계산을 할 수 있는 자동 계산기를 독일 철학자 라이프니츠가 발명했다.

그러나 수학이 발전함에 따라 미분법, 지수, 로그 등 더 복잡한 개념들이 등장했으며, 기존의 계산기로는 복잡한 계산을 할 수 없어 계산책을 이용해야 했다. 문제는 계산책의 계산결과가 부정확한 경우가 많았다. 대영제국의 수학자였던 찰스 베버지는

찰스 베버지

차분기관

그 문제를 심각하게 받아들였다. 그는 어수선함을 싫어하고 간단함을 추구하는 성격이었기에 계산책의 오차를 싫어했다. 그래서 그는 톱니바퀴만 돌리면 복잡한 수학계산을 자동으로 한 뒤 종이에 그대로 출력하는 기계를 상상했고 설계했다.

그는 1786년 뮐러가 제안한 차분기관Difference engine 을 참고한 뒤 대영제국왕립천문학회의 지원을 받아 기계를 제작했다. 십진법을 단위로 뉴턴 미분법에 따라 지수함수와 로그함수를 계산하게 설계된 차분기관은 완벽했으나, 당시 기술로는 정교한 가공기술이 없어 실제로 제작하지 못했다. 1842년 대영제국 정부의 지원이 끊기고, 그 또한 당시 기술의 한계를 느끼면서 차분기관 1 개발은 중단되고 만다.

그러나 그는 정부의 지원이 끊긴 후에도 자비를 들여 차분기관 연구에 매진했으나, 1847년 차분기관 2 설계안만 남기고 연구를 중단해야 했다. 시대를 잘못 탄 위대한 선구자의 도전은 이렇게 끝이 났지만, 찰스 베버지는 차분기관이라는 정교한 계산기를 설계한 업적을 인정받아 지금도 컴퓨터의 아버지로 불리고 있다. 그를 시작으로 인류는 인류의 두뇌보다 더 빠르고 정확한 계산기를 가지고 싶다는 꿈을 현실화했다. 컴퓨터는 그들의 꿈을 먹고 성장했으며 훌륭한 계산용 두뇌로 성장했다.

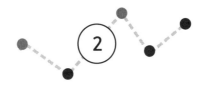

천공 카드, 명령을 담은 종이

옷은 인류의 생활에 매우 중요한 자원으로 옷을 생산하는 방직은 인류의 가장 오래되고 중요한 산업이 되었다. 인류는 수천 년 동안 집에 방직기를 두고 본인이 입을 옷을 직접 섬유를 짜 만들어 입었으며, 시간이 흘러 18세기 유럽은 대형 방직기를 여러 대 설치하여 옷감을 대량으로 생산하는 공장을 설립했다. 그리고 노동자들은 하루 종일 방직기 앞에 앉아 정해진 규칙에 따라 반복 작업하며 옷감을 짰다.

이를 본 발명가들은 옷감을 짜는 행위를 자동화하는 방법에 흥미를 느꼈다. 1725년 프랑스 왕국의 바실 부숑은 두꺼운 종이에 구멍을 뚫고 방직기에 바늘을 설치해 바늘이 두꺼운 종이의 구

바실 부송의 천공 테이프   자카르 직조기

멍에 빠지면, 실을 당겨 방직기가 규칙적인 운동을 해 옷감을 짜
는 자동화하는 도구를 개발했다. 그는 두껍고 긴 종이에 구멍을
뚫은 뒤 돌리는 천공 테이프를 개발했다. 1728년 장 밥티스트 팔
콘, 1740년 자크 드 보캉송이 방직기용 천공 테이프를 발명하며
방직기 자동화가 진행되었다.

　1801년 프랑스 공화국의 조셉 마리 자카드가 이전보다 훨씬
개선된 천공 카드를 개발하며 방직기의 자동화 시대가 열렸다.
그는 천공 카드에 구멍을 뚫어 방직기를 사람이 원하는 방식으
로 작동하도록 명령을 할 수 있는 자카드 직조기Métier Jacquard 를
개발했다. 자카드 직조기는 세계 최초로 프로그래밍이 가능한
기계가 되었고 조셉 마리 자카드가 개발한 천공 카드는 프로그
래밍 도구로서의 가치를 보였다.

에이다 러브레이스

한편 차분기관을 개발하던 찰스 베버지는 42세의 나이에 여러 저명한 과학자들을 모아두고 차분기관을 전시했다. 그 전시회에 6대 바이런 남작 조지 고든 바이런의 딸인 에이다 러브레이스도 아버지를 따라 참석했다. 수학에 천부적인 재능과 열정을 가졌던 17세의 소녀는 차분기관의 진가에 감탄했고 그 길로 찰스 베버지의 조수가 되어 그의 연구실에 들어가 차분기관을 연구했다. 이들이 연구한 차분기관은 계산한 수치를 종이에 찍어 출력하는 기계였다.

하지만 찰스 베버지와 에이다 러브레이스는 기계가 숫자를 출력하는 것에서 더 나아가 변수를 출력하는 것도 가능하다고 생각했다. 그래서 둘은 변수를 계산해 출력하는 해석기관Analytical engine 을 설계했다. 해석기관은 완전 자동화를 위해 증기기관을 동력원으로 사용했다. 또한 자카르 직조기처럼 천공 카드로 명령을 입력하고 종과 잉크를 바른 프린터로 변수를 출력하는 기계로 설계했다. 해석기관은 완벽히 구현되지 못했지만, 많은 사람에게 가능성과 희망을 주었다.

이탈리아 수학자인 루이지 메나브레아는 해석기관의 가능성을 알아본 사람 중 한 명으로, 1842년 그는 해석기관에 대한 개념

해석기관

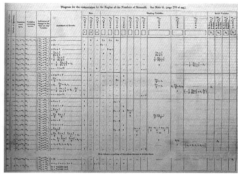

베르누이 수를 계산하기 위해 러브레이스가
설계한 알고리즘

이라는 제목을 가진 프랑스어 논문을 발표했다. 에이다 러브레이스는 그 프랑스어 논문을 영어로 번역하며 틀린 설명에 주해를 달았다. 그 과정에서 해석기관에 대한 정확한 작동 설명서뿐만 아니라 기관을 사용해 어떤 계산을 할지 그 과정을 담은 알고리즘Algorithm 을 처음 제시했다.

에이다 러브레이스는 베르누이 수를 계산하는 과정을 〈해석기관에 대한 주석Note G 〉에 담아 작성했는데 그것은 최초의 알고리즘이었다. 그녀는 컴퓨터 알고리즘 개념을 처음 제시한 세계 최초의 프로그래머였다. 그리고 프로그램은 앞으로 컴퓨터에 명령을 입력하는 수단으로 지정되었으며, 찰스 배버지와 에이다 러브레이스는 몇 세기 앞서 컴퓨터에 대한 선구적인 기틀을 다진 인물로 기록되었다.

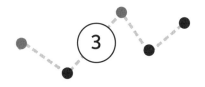

진공관, 아날로그를 연 소자

19세기 말 니콜라 테슬라와 토마스 에디슨은 전구를 비롯한 전자제품을 발명하면서 전자제품 시대를 개척했다. 1883년 토마스 에디슨은 백열전구 내에 검은 그을음이 생기는 현상을 발견했고 그 원인을 분석했다. 분석 결과 뜨겁게 가열된 필라멘트에 강한 순방향 전압의 전류를 가진 금속판을 가까이 대면 전류가 흐르고, 한편 강한 역방향전압의 전류를 가진 금속판을 가까이 대면 전류가 흐르지 않는 현상을 발견했다. 이 현상은 에디슨 효과라 불렸다. 하지만 이 현상을 발견한 토마스 에디슨은 그 현상에 큰 관심을 보이지 않았다. 전류가 안정적으로 흐르는 데 방해가 되는 현상이라고 생각했다.

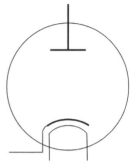

존 앰브로스 플레밍의 2극 진공관   2극 진공관 구조

　하지만 토마스 에디슨이 사장으로 일했던 에디슨 조명회사의 직원인 존 앰브로즈 플래밍은 그 현상에 관심을 보였다. 플레밍의 왼손, 오른손 법칙을 발표할 정도로 뛰어난 과학자였던 그는 전류가 전선을 넘어 다른 공간으로 이동하는 현상에 흥미를 보였고 이를 집중적으로 연구했다. 그는 1904년 백열전구처럼 둥근 진공 유리관 안에 필라멘트 2개와 금속판을 설치해 2극 진공관을 발명했다.

　2극 진공관은 필라멘트와 금속판만 존재하는 단순한 구조였고 필라멘트는 캐소드Cathode , 금속판은 플레이트Plate 또는 애노드Anode 로 불렸다. 2극 진공관은 캐소드에서 플레이트로 전기가 흐르거나 흐르지 않는 2가지 경우의 수만 수행하는 기구로 처음에는 전신기에 사용되었다. 전기신호를 보내거나 보내지 않는 두 가지 임무를 수행하는 역할을 했다. 그 뒤 교류를 직류로 바꾸는 전류관으로 사용되었다.

2극 진공관은 단순한 스위치 임무를 수행했다. 하지만 전자기기는 점점 발전하고 더 복잡한 임무를 수행하는 전자부품이 필요해졌다. 시대의 수요에 맞춰 1907년 미국의 발명가 리 디포리스트가 캐소드와 플레이트 사이에 그리드Grid를 삽입하여, 캐소드에서 플레이트로 가는 전자 흐름을 통제하는 3극 진공관을 발명했다. 그리드 덕분에 전류의 흐름을 원하는 곳으로 통제할 수 있었으며, 플레이트 전류의 변동을 조절할 수 있어 증폭효과를 유도할 수 있었다.

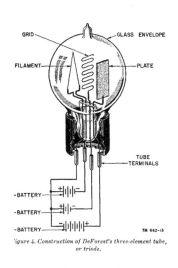

'igure 4. Construction of DeForest's three-element tube, or triode.

**리 디포리스트의
3극 진공관 구조**

3극 진공관은 전자제품의 필수 기능을 훌륭하게 수행할 수 있는 소자였기에, 진공관은 큰 환영을 받았다. 많은 발명가가 앞다투어 성능이 더 좋은 개량형 진공관을 발명했고 3극 진공관에 이어 4극 진공관이 등장하기도 했다. 2극 진공관은 단순히 신호를 보내고 보내지 않는 스위치 역할을 했고, 3극 진공관 이상은 신호를 증폭해 라디오 등 통신장비의 전기신호를 증폭하는 임무를 수행했다.

라디오에 설치된 진공관

라디오를 듣는 미국 중산층 가정

송신용 진공관 앰프

20세기 초는 전자제품이 세상을 빛낸 시대였다. 라디오와 오디오, 전신기, 전화기가 시장에 등장했고 부유한 가정에 라디오와 전화기가 설치되었다. 사람들은 멀리 있는 사람에게 목소리와 노래를 전송하고 멀리 떨어진 가수의 목소리를 집에서 들을 수 있다는 것에 열광했다. 그리고 그 편리한 기능의 주축은 전파를 증폭하는 진공관이었다. 발명가들은 여러 종류의 진공관을 회로에 맞춰 설계하고 배치한 진공관 앰프를 개발하고 개량하면서, 더 다양한 소리를 증폭해 송출하는 체계를 개발했다.

그 덕분에 하나의 장치에 다양한 소리를 통신할 수 있었고 라디오는 더 풍성한 소리를 내며 사람들에게 큰 사랑을 받았다. 20세기 초는 진공관의 전성기로 전신기와 전화기, 라디오, 마이크,

텔레비전의 핵심 부품으로서 활약했다. 그리고 3극관 이상의 진공관은 계속 품질을 개선하며 놀라운 속도로 성장했다. 하지만 20세기 중반이 다가오자 가장 간단한 형태인 2극관 진공관이 연구소에서 주목받았다.

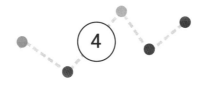

튜링 기계, 수학하는 기계

20세기를 풍미한 독일의 천재 수학자 다비트 힐베르트는 수학에서 수많은 업적을 남겼다. 기하학과 변분법 등 수학에 대해

다비트 힐베르트

다방면으로 연구하고 뛰어난 업적을 남긴 그는, 모든 수학은 참인 명제를 증명해야 하며 어떤 결함도 없는 완전성과 무모순성을 가져야 한다고 생각했다. 그래서 그를 주축으로 수학자들은 힐베르트 프로그램 Hilbert programm 으로 모든 수학을 온전하게 형식화해 명제의 진위를 기

계적으로 결정할 수 있게 토대를 마련하려고 했다.

다비트 힐베르트와 수학자들이 추진한 힐베르트 프로그램은

1 수학은 완전하다Nicht hinreichend einfach oder .
2 수학은 모순을 포함하지 않는다Nicht vollständig oder .
3 수학은 결정 가능하다nicht widerspruchsfrei .

쿠르트 괴델

위 세 가지가 참임을 증명해 수학은 완전하고 모순이 없음을 증명하려고 했다. 하지만 1과 2는 1931년 오스트리아의 수학자 쿠르트 괴델이 발표한 괴델의 불완정성 정리 Gödelscher Unvollständig keitssatz 로 거짓임이 밝혀졌다. 그는 "산술을 형식화한 형식체계에서 그 체계가

무모순적인 한, 참이지만 증명할 수 없는 논리식이 적어도 하나 이상 존재한다"를 증명해 수학도 모든 정리를 증명할 수 없음을 증명했다. 그리고 연이어 3 명제가 거짓임을 밝혀 쐐기를 박은 개념이 등장했다.

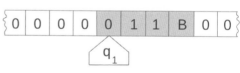

앨런 튜링   에이 머신 원리

    1935년 대영제국 케임브리지 킹스칼리지의 박사과정이었던 앨런 튜링은 수학하는 기계를 연구했다. 힐베르트 프로그램의 최종 목표는 모든 수학 문제를 기계적으로 푸는 것이었다. 이에 앨런 튜링은 수학 문제를 기계적으로 푸는 것을 기계가 수학한다는 개념으로 정의하며 박사과정을 수학하는 기계 설계에 매진했다. 1936년 번뜩이는 아이디어가 생각난 그는 가상으로 수학을 하는 기계를 설계하고 '에이 머신_{a-machine}'이라 불렀다. 그 기계는 테이프가 있으며 테이프는 무한한 길이를 가지고 정사각형 칸에 기호들이 하나씩 적혀 있다.

    또한 테이프에 적힌 기호를 읽는 장치로 헤드가 있는데, 좌우로 움직이거나 테이프가 좌우로 움직일 수 있다. 그 헤드에 상태가 기록되고 그 상태에 따라 다음 지시를 내리는 유한한 표가 있다. 에이 머신은 헤드가 움직이며 테이프에 작성된 기호를 읽고 그 기호에 맞는 유한한 표에 작성된 명령을 수행한다. 이것이 앨런 튜링이 설계한 수학하는 기계 에이 머신으로 모든 수학을 할 수 있는 기계며, 힐베르트 프로그램이 원하던 기계적으로 수학하는 것을 실현하는 기계였다.

하지만 앨런 튜링은 모든 수학 문제를 푸는 기계인 에이 머신으로도 정지문제 Halting problem 을 풀 수 없음을 증명했다. 정지문제는 '어떤 프로그램에 처음 입력값이 주어졌을 때, 그 프로그램에 입력값을 넣고 실행한다면 그 프로그램이 계산을 끝내고 멈출지 아니면 영원히 계산할지 판정하라'라는 문제다. 에이 머신은 모든 가능한 입력값에 대해 정지 문제를 풀 수 있는 일반적인 알고리즘은 존재하지 않음을 증명했다. 이로써 기계적으로 모든 수학 문제를 해결하려고 한 힐베르트 프로그램은 불가능함을 증명했다.

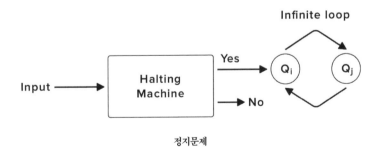

정지문제

앨런 튜링이 설계한 에이 머신은 기계로 모든 수학을 하는 것은 불가능함을 증명했지만, 역설적으로 기계로 수학을 하는 것이 가능함을 보여줬다. 앨런 튜링이 에이 머신으로 불렀지만, 후대에 사람들은 그 기계를 튜링 기계Turing machine 라고 부른다. 튜링 기계는 이론적으로 정지문제를 제외한 수학 문제를 풀 수 있음을 증명한 모델로, 기계가 알고리즘에 따라 수학적 계산을 하는 방법을 제시했다. 이렇게 인류는 수학하는 기계장치에 대한 청사진을 얻었으며, 인간 대신 기계가 수학하는 것을 꿈꾼 다비트 힐베르트의 꿈은 현실이 되었다.

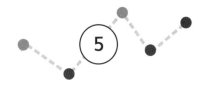

물 적분기,
소련의 아날로그 컴퓨터

19세기 대영제국의 수학자 찰스 베버지는 차분기관과 해석기관을 설계하고 만들었으나, 당시 기술력의 한계로 완전한 기계를 만들지 못하고 역사 속에 묻혔다. 그 뒤로 많은 사람들은 부정

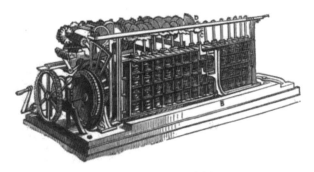

찰스 베버지가 구상한 차분기관

확한 계산책 때문에 정확한 미분과 적분 등 수학 계산을 하지 못하는 불편함을 겪었다. 이에 수학자들은 계산책을 검수하고 더 정확한 계산값을 작성한 계산책을 만들고 유통하는 방식으로 문제를 해결했다. 그럼에도 계산책에 적히지 않은 계산값은 직접 계산해야 한다는 큰 문제가 있었다.

1922년 건국된 소비에트 사회주의공화국연방, 다시 말해 소련 역시 그 불편함에 직면했다. 공산주의 이념에 따라 계획경제를 실현해야 했던 소련은, 경제학에 미분방정식을 적용해 배급 품목을 계산하고 인민들에게 배급해야 했다. 또한 기나긴 러시아 내전을 막 끝낸 뒤 피폐해진 상황에서 강대국인 자본주의 국가들이 침공할 것을 우려해 군사적 발전이 필요했고 신무기 개발에 적극적으로 투자했다. 이 때문에 소련은 많은 부분에서 복잡한 미분방정식 계산이 필요했고 직접 미분방정식을 계산하는 기

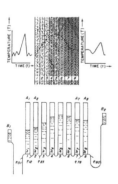

미분방정식의 변수를
물통으로 구현한 물적분기

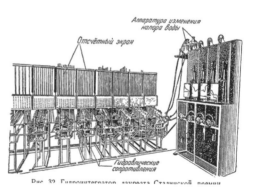

물적분기 구조

계가 필요함을 절실히 느꼈다.

소련의 수학자 블라디미르 세르게비치 루카노프는 당국의 수요에 맞춰 미분방정식을 계산하는 기계를 연구했다. 그의 아이디어는 물통을 변수로 치환하고 물통 안에 있는 물을 계산값으로 치환하는 것이었다. 맨 위에 물을 부으면 물이 각 변수를 나타내는 물통에 일정량 차고 밸브를 여는 방식으로 계산식을 전개하면 그 결과가 물의 양으로 출력되게 했다. 그는 1936년 변수를 나타내는 한 물통 안으로 들어오는 물의 양과 그 물통에서 나가는 물의 양을 계산해 복잡한 미분방정식을 계산하는 기계를 개발했는데, 그것에 물 적분기Гидравлический интегратор 라는 이름을 붙였다.

물 적분기는 맨 위에 물을 부은 뒤 여러 물통을 거치며 물의 양으로 계산하는 기계였기에 높이가 높고 부피가 컸다. 또한 복잡한 계산을 하기 위해서는 많은 양의 물이 필요했다. 무엇보다도 물 적분기는 물을 정량에 따라 정교하게 흘러내려 보내는 방식으로 계산이 이루어졌기에 계산값을 출력하기까지 긴 시간이 걸렸다. 그럼에도 물 적분기는 소련 정부를 만족시켰다. 그 이유는 전기가 하나도 들어가지 않고 오직 물로 구동하니 비용이 저렴했으며 내구성도 좋았으며, 고장확률이 적고, 과부하를 걱정할 필요가 없어 원하는 만큼 계산하기 좋은 기계였다.

소련 정부는 1936년 루카노프의 물 적분기에 만족하면서, 더 정교한 계산값을 출력하게 물 적분기를 개량하도록 그를 적극적으로 지원했다. 루카노프는 정부의 지원금을 받아 물 적분기를 개량했다. 덕분에 1940년대에 물 적분기가 상용화되었으며, 소련 정부는 물 적분기를 공장이나 연구소, 정부 시설에 비치해 대규모 계산을 처리하는 용도로 사용했다.

1940년 이후 소련은 물 적분기를 소련의 다양한 활동에 적극적으로 이용했다. 식량 및 공산품 생산량과 배급량을 계산할 때, 대규모 운하건설 등 국가 단위의 토목공사, 군대 장병 징집과 보급계산, 비행기 등 신기술 개발, 순수과학 연구 등 다양한 분야에 물 적분기를 적극적으로 이용했다. 물 적분기는 이전과 차원이 다른 편리함과 정확함을 제공했으며, 소련의 빠른 발전을 가능하게 했다.

물적분기

공산주의 국가에서 운용된 물적분기

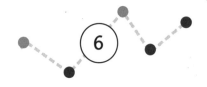

Z 시리즈, 잊힌 선구자

1910년 독일제국에서 태어난 콘라트 추제는 베를린 공과대학에서 건축학을 전공했으나 토목공학에 흥미를 느껴 토목공학을 공부했다. 그리고 포드 모터 컴퍼니에서 디자인부로 일을 한 뒤 헨셀Henschel 기업으로 이직해 항공기 디자인을 담당했다. 그가 담당한 항공기 디자인은 비행기가 하늘을 날기 위해 베르누이 법칙을 비롯한 각종 물리법칙을 적용해야 했으며 계산은 매우 복잡했다. 그는 이를 보며 복잡한 계산을 담당하는 기계가 있었으면 좋겠다는 생각을 가졌다. 1935년 콘라트 추제는 부모의 지원을 받아 자택에서 고사양 전자계산기 개발을 시작해 1938년 실험 모델Versuchs Modell 이라는 기계를 완성했다.

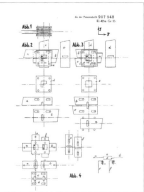

콘라트 추제   실험모델 설계도

　실험 모델은 불 논리에 따라 부동소수점을 계산하고 저장하는 기능이 있었고, 천공 카드를 이용해 명령을 입력하면 계산을 한 뒤 결과를 저장하는 저장기관이 존재했다. 그가 개발한 기계는 후에 등장할 폰 노이만 구조와 유사한 구조를 가진 컴퓨터였으나 당시에는 완벽한 계산을 하지는 못했다. 여담으로 그는 그 기계를 실험 모델이라 불렀으나 제2차 세계대전 말 독일국이 V1, V2 로켓을 개발하자 로켓과 구분하기 위해 Z1이라 불렀다. 그것이 후대에 굳혀 Z1로 불린다. 그는 이어 1940년 독일항공연구소에 Z2를 선보여 독일국의 항공기 설계에 이바지했으며, 연이어 1941년 Z3을 선보였다. Z3는 22비트 이진 부동소수점 연산이 가능하며 연산장치와 기억장치가 있는 튜링 완전 기계였다.

Z3

연합군의 베를린 폭격

한편 1939년 독일국은 제2차 세계대전을 일으켰고 콘라트 추제에게 활공폭탄 계산을 위한 컴퓨터 개발을 의뢰했다. 이에 그는 1942년 S1과 S2를 개발하고 Z3보다 성능이 우수한 Z4를 개발했으나, 개발 도중 연합군의 폭격을 받아 급히 그의 집에서 피신했다. 연합군의 폭격으로 그의 집에 남아 있던 Z1과 Z2는 파괴되어 사라졌지만, 개발 중인 Z4는 살아남았고 그는 Z4 개발을 진행했다. 그는 수많은 컴퓨터 개발 경험을 통해 천공 카드를 통

Z4 컴퓨터

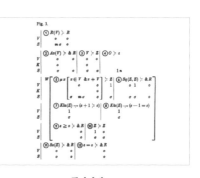

플란칼퀼

한 컴퓨터 명령어 입력이 어려움을 깨달아 천공 카드 규칙을 더 규칙적이고 정교하게 만든 명령어 문법을 만들었다.

1945년 제2차 세계대전 종전 직전에 추제와 연구원들은 Z4 컴퓨터와 플란칼퀼 Plankalkül 이라고 명령어를 개발했다. 플란칼퀼은 Z3 컴퓨터에 입력할 명령어로 개발되었으며, 구멍의 규칙으로 이루어진 기계어 위에 사람이 사용하는 기호를 이용해 논리식을 전개함으로써, 사람이 천공 카드를 읽고 어떤 명령을 내리는지 이해하게 만든 세계 최초의 고급 프로그래밍 언어였다.

플란칼퀼을 읽는 법은 다소 복잡했지만 오로지 구멍 패턴을 읽고 어떤 명령인지 해독해야 했던 것에 비해, 상당히 직관적이며 언어만 배운다면 누구나 어떤 명령인지 이해하고 명령할 수 있었다. 이는 컴퓨터에 명령하는 난이도를 확 줄인 혁신이었다. 아쉽게도 플란칼퀼으로 Z3 컴퓨터를 작동시키지 못해 프로그래밍 언어 청사진만 제시할 뿐 실현되지 못했다.

설상가상으로 시대 또한 그의 편이 아니었다. Z4 컴퓨터가 개발된 지 몇 달 지나지 않아 독일국은 소련군에게 베를린이 함락당하며 제2차 세계대전에서 패배했다. 종전 이후 독일은 연합국에 국토가 분단되며 혼란에 빠졌고 패전으로 경제가 엉망이었기에 Z4 후속 연구는 모두 중단되었다. 그는 서독에 자리 잡았고 1947년 마셜 계획으로 서독 경제가 어느 정도 회복되자 Z 시리즈 연구를 재개했다.

제2차 세계대전은 독일국 패전으로 끝이 났다

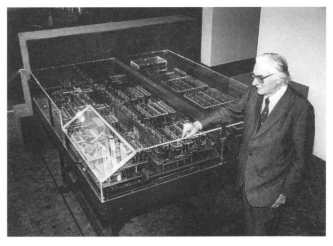

1989년 복원한 Z1과 콘라트 추제

1950년 스위스의 취리히 연방공과대학교는 그랜드 디상스 댐 건설을 위해 Z4 컴퓨터를 주문하자, 그는 1대의 Z4 컴퓨터를 취리히 연방공과대학교에 팔기도 했다. 그는 평생 연구에 매진했지만, 패전국 독일 출신이라는 점, 디지털이 아닌 점, 사람들에게 알려지기를 선호하지 않는 개인 성격 때문에, Z 시리즈 컴퓨터는 사람들에게 주목받지 못하고 잊혔다. 그 사이 영국과 미국은 놀라운 속도로 컴퓨터를 발전시키고 있었다.

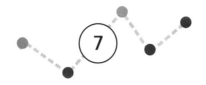

콜로서스, 전쟁으로 탄생한
디지털 컴퓨터

1939년 발발한 제2차 세계대전은 독일국이 일으킨 전쟁으로 독일군은 빠른 진격으로 유럽에서 승기를 잡았다. 독일군이 유럽에서 연승할 수 있는 이유는 훌륭한 암호전신기인 에니그마Enigma 덕분이었다. 에니그마는 독일국의 암호전신기로 26가지의 알파벳을 보유한 회전자들이 회전하며 무작위로 결과물을 출력했다. 자판기에 명령을 입력하는 순간 전류가 흐르며, 회전자 3개가 연속적으로 회전해 출력을 담당하는 회전자에 완전히 다른 알파벳이 출력되는 방식으로 작동했다.

각 회전자의 알파벳이 26개였기에 한 알파벳을 입력할 때 출력할 수 있는 회전자 경우의 수는 17,576가지다. 회전자 3개의

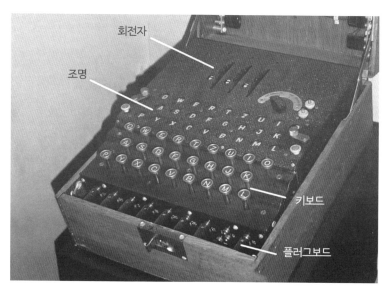

에니그마

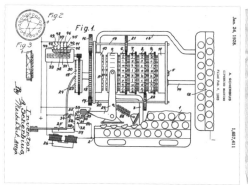

에니그마 자판기를 누르면 회전자가 회전해
무작위로 결과물을 출력한다

에니그마로 출력한
암호문

위치를 임의로 바꿀 수 있어, 회전자 3개의 위치를 바꿔 6가지 경

우의 수가 추가되니, 경우의 수가 105,456가지라는 엄청난 경우

의 수가 되어 해독이 거의 불가능한 수준이 되었다.

그러나 1931년 폴란드 정보국 비우로 쉬프루프_{Biuro Szyfrów} 가
에니그마 해독에 성공했고, 이에 독일국은 에니그마에 5개의 회
전자 중 임의로 3개의 회전자를 선택하여 24시간마다 암호체계
를 바꾸는 두 경우의 수를 추가해 해독 확률을 더 낮추는 것으로
대응했다. 이 때문에, 1939년 독일군이 폴란드를 침공했을 때 폴
란드군은 에니그마를 해독하지 못하는 바람에 독일군의 공세를
막지 못했다.

1939년 독일국이 폴란드를 침공하자 대영제국과 프랑스 제3
공화국은 독일국에 선전포고했다. 이후 양국 사이의 전쟁은 일
어나지 않았지만 언젠가 반드시 전쟁이 일어날 것임을 누구나
알고 있었던 대영제국 정부는, 1939년 앨런 튜링과 폴란드 정보

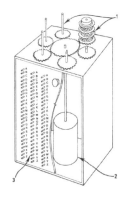

폴란드 정보국 마리안 레예프스키가   봄브
개발한 봄바 크립토로직나

국의 마리안 레예프스키 등을 소집해 에니그마를 해독할 기계를 만들 것을 명령했다. 그들은 마리안 레예프스키가 개발한 봄바 크립토로직나Bomba kryptologiczna 해독기를 더 발전시킨 기계를 개발했다. 앨런 튜링은 에니그마와 똑같이 26개의 알파벳으로 이루어진 회전자를 배치하고 기계를 돌려 독일군 암호와 동일한 문장이 나오는지 역추적하게 했고 대영제국의 수학자 고든 웰치먼가 이를 봄브Bombe 로 개량해 독일국의 암호를 모두 해독했다.

대영제국은 봄브로 에니그마를 일찍 해독했지만 독일국이 눈치 채지 못하게 해독하지 못한 척 시늉했다. 그래서 독일국은 에니그마가 훌륭한 암호전신기로 활동하고 있다고 믿었다. 하지만 독일국은 에니그마가 언젠가 해독되리라고 생각했으며, 1942년

로렌츠 암호전신기

마크 2 콜로서스

콜로서스 설정 스위치

아돌프 히틀러의 명령 등 가장 중요한 군사문서를 전달하기 위해 더 상위 암호전신기를 개발했다. 그 전신기는 로렌츠 암호전신기 Lorenz-Schlüsselmaschine 로 μ, ψ, χ 3종류의 12개 회전자로 구성되어 있으며 각 회전자의 숫자 개수도 달랐다. 그래서 모든 경우의 수를 총합하면 1.603×10^{19}라는 엄청난 수의 경우의 수로 봄브로 해독 불가능했기에 대영제국은 새 암호기에 맞는 또 다른 해독 기계 개발에 나섰다.

대영제국의 수학자 맥스 뉴먼은 새 암호기를 해독할 알고리즘을 제시했으며, 그 청사진을 받은 토미 플라워스는 0과 1 두 가지 명령만 전송하는 진공관을 이용해 알고리즘을 계산하는 기계를 만들었다. 그는 1,600개의 진공관으로 마크 1 콜로서스Mark 1 Colossus 라는 기계를 개발했다. 이어 1944년 2,400개의 진공관을 연결해 논리구조 회로를 가진 마크 2 콜로서스Mark 2 Colossus 를 개발했다. 그리고 암호문을 천공 테이프로 입력하고 해독했다.

마크 2 콜로서스의 해독 덕분에 서부 연합군은 노르망디 상륙 작전에 성공하여 또 다른 전선을 열어 독일군을 사방에서 포위했다. 그리고 이는 소련군이 동부전선에서 쾌속 진격해 베를린을 점령해 제2차 세계대전을 연합군의 승리로 이끄는 데 이바지했다. 제2차 세계대전이 종전된 후에도 대영제국은 기존 컴퓨터를 극비리에 부친 상태에서 콜로시 11Colossi 11 과 콜로시 12를 비롯한 많은 콜로서스 시리즈를 개발했다. 하지만 그 사이 미국에서 더 거대한 규모로 컴퓨터 개념이 정립되었다.

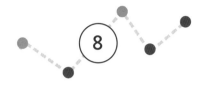

ABC와 에니악,
미국에서 탄생한 컴퓨터

　1939년 유럽에서 독일국의 침공으로 전쟁이 발발하며 대영제
국이 독일국의 암호를 해독하기 위해 컴퓨터를 개발하는 동안,
전쟁에 참전하지 않고 관망하던 미국에서도 컴퓨터 개발이 진
행되었다. 아이오와 주립대학교 물리학 교수였던 존 아타나소프
는 복잡한 계산이 필요한 물리학을 위해 계산을 쉽게 하는 기계
를 직접 개발하려고 했다. 존 교수와 클리포트 베리 대학원생은
1939년부터 0과 1 두 가지 경우의 수를 출력하는 진공관을 연결
해 전산 회로로 계산하는 컴퓨터를 구상하고 개발했다.

ABC 컴퓨터

배선을 연결해 프로그래밍하는 에니악

배선을 연결해 프로그래밍하는 에니악

그러나 둘은 넉넉하지 않은 자금사정으로 개발이 3년 동안 연장되어 1942년에 아타나소프-베리 컴퓨터 Atanasoff-Berry computer, 약어로 ABC 컴퓨터라 부르는 기계를 완성했다. ABC 컴퓨터는 300개 이상의 진공관을 나열해 계산회로를 만들었고 최대 29개의 변수를 설정해 수학 문제를 풀 수 있는 컴퓨터였다. 또한 천공 카드를 컴퓨터 프로그램으로 사용해 명령을 입력했고 3000 bit의 메모리를 따로 만들어 명령 결과를 메모리에 저장할 수 있었다.

ABC 컴퓨터는 천공 카드 삽입으로 명령을 입력하면 15초 후에 결과가 출력되었다. 이는 사람이 수기로 일일이 계산해야 했던 것과 비교하면 획기적으로 빠른 시간에 계산을 끝마치는 혁신이었다. 하지만 과학계에서는 아이오와 주립대학교의 한 연구실에서 만든 기계에 대해 별다른 흥미를 느끼지 않았기에, ABC 컴퓨터는 1대만 생산된 뒤 잊혔다. 그럼에도 ABC 컴퓨터는 1942년에 개발되어 1943년 프로토타입이 개발된 콜로서스보다 1년 먼저 개발된 최초의 디지털 컴퓨터였다.

한편 미국은 전쟁을 관망했으나, 1941년 일본제국이 진주만 공습을 감행하자 제2차 세계대전에 참전했다. 미국의 모든 공장은 군수공장으로 전환해 군용장비를 생산했고 다양한 신무기를 연구하고 생산했다. 그리고 포탄을 개발하면서 탄도학 계산을 빠르게 계산할 장비의 필요성을 느꼈다. 1943년 미국 병기국은

존 모클리좌와 프레스퍼 에커트우

펜실베니아 대학교의 프레스퍼 에커트와 존 모클리에게 탄도학 계산을 빠르게 하는 기계를 개발할 것을 의뢰했고, 두 공학자는 그 의뢰를 받아들여 계산기 개발에 나섰다.

　그들 역시 0과 1을 신호로 전달하는 진공관을 이용해 계산회로를 구성하는 계산기를 개발하기로 했다. 한편 그들은 2진수 4개를 묶어 10진법으로 표현하는 이진화 십진법을 적용함으로써 진공관을 4개씩 묶어 이진법으로 십진법을 출력하며 계산했다. 복잡한 탄도학을 계산하기 위해 설계된 기계는 전자식 숫자 적분기 및 계산기Electronic Numerical Integrator And Computer 이라는 이름이 붙였고 이를 줄여 에니악ENIAC 이라 불렀다. 1943년 개발을 시작한 에니악은 1945년 제2차 세계대전이 종전되고 난 뒤인 1946년

복잡한 계산을 빠르게 하는 에니악은 다용도로 이용되었다

2월 14일에 개발이 완료되었다.

에니악은 폭 1m, 높이 2.5m, 길이 25m의 거대한 기계였으며 약 18,000개의 진공관과 1,500개의 전기 계전기, 스위치 약 6,000개, 메모리용 저항 약 70,000개를 부품으로 사용했다. 그리고 에니악 프로그래밍은 사람이 직접 진공관에 배선을 연결해 변수를 설정해야 했다. 이 때문에, 프로그래밍을 설치하는 데 며칠이 소요되었다. 그러나 에니악은 사람이 계산하면 20시간, 전자계산기계가 계산하면 15분에서 1시간 정도 걸리는 복잡한 미분방정식을 계산하는 데 15초에서 30초만 걸리는 매우 획기적인 기계였다.

1946년 2월 14일에 완성된 에니악은 제2차 세계대전이 끝났음에도 불구하고 바로 미소냉전이 시작되어 여전히 쓸모가 있었다. 에니악은 한 번 가동될 때마다 막대한 전력을 소모해 펜실베니아 주 전체의 전력공급이 불안정해질 정도였으며, 진공관이 뜨겁게 과열되어 에어컨으로 식혀줘야 할 정도였다. 이후에는 일기예보 계산, 풍동 계산, 수소폭탄 시뮬레이션, 난수 연구 등 다양한 용도로 사용되었다. 이런 에니악을 본 한 천재는 그것의 구조를 더 개선하는 청사진을 다시 설계했다.

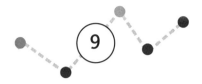

폰 노이만 구조,
컴퓨터의 기본구조

1943년 프레스퍼 에커트와 존 모클리는 미군의 의뢰를 받아 탄도학을 계산하는 기계인 에니악 개발을 시작했다. 그들은 배선을 진공관에 직접 연결해 변수를 설정하는 프로그래밍 방법을 채택했는데, 그들은 에니악을 개발하면서 배선으로 직접 연결하는 것은 시간이 너무 오래 걸려 여러 프로그래밍을 할 때 시간이 너무 많이 소요된다는 문제점을 파악했다. 그래서 그들은 한 번 짠 프로그램을 기억장치에 저장하고 명령을 불러오는 방법을 고민했으며 동시에 차기작인 에드박EDVAC에 대한 설계도 진행했다.

존 폰 노이만

한편 미국은 제2차 세계대전에서 독일국, 일본제국과 전쟁을 이어갔다. 그러던 중 독일국에서 핵폭발을 이용한 핵무기를 개발한다는 첩보가 들어오자, 미국 정부는 독일국보다 먼저 핵폭탄을 실전 배치해야 한다고 생각해 미국의 인재들을 끌어모아 맨해튼 계획을 발동했다. 맨해튼 계획에 참여한 존 폰 노이만은 천재 중의 천재로 불리면서, 어떤 복잡한 수학 문제도 단번에 풀어내는 천재성 때문에 각종 연구기관에 자문위원으로 불려 다녔다.

프레스퍼 에커트와 존 모클리 역시 에니악 개발 중 막히는 부분을 그에게 물어봤다. 존 폰 노이만은 두 사람에게서 프로그램을 기억장치에 저장했다가 필요할 때 불러와 사용한다는 아이디어를 들었다. 그는 이를 곰곰이 생각하며 프로그램 내장형 컴퓨터의 구조는 어떤 구조를 가져야 하는지 고민했으며, 1945년 보고서 〈에드박 보고서의 최초 초안First Draft of a Report on the EDVAC 〉을 발표하여 그가 구상한 컴퓨터 구조를 설명했다.

그는 '컴퓨터는 입출력장치, 중앙처리장치, 기억장치 세 가지 구조를 가져야 하며, 중앙처리장치는 입력받은 명령어를 해석한 뒤 연산하고 저장하며 연산결과를 출력하고, 이렇게 처리한 데

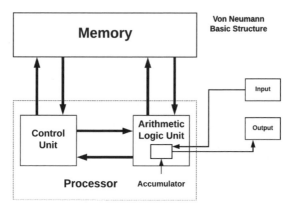

폰 노이만 구조 세부

이터나 받은 명령어는 기억장치로 이동 및 저장해 중앙처리장치 CPU 가 필요할 때 읽고 사용하는 구조여야 한다'고 주장했다.

　그가 제시한 폰 노이만 구조는 완전한 내장형 컴퓨터로 에니악 처럼 필요할 때 일일이 배선을 연결하는 것이 아닌 컴퓨터 안에 필요한 프로그램을 모두 입력하고 필요한 프로그램을 자동으로 읽어 처리하는 획기적인 구조였다. 이는 중앙처리장치와 기억장 치 사이에 프로그램과 데이터가 오가는 버스 구조로 병목현상이 발생하는 단점을 가지고 있으나, 운용이 획기적으로 쉬운 큰 장 점 덕분에 컴퓨터의 기본구조로 인정받았다.

　한편 병목현상은 1944년 IBM이 개발한 하버드 마크 1Havard Mark 1의 하버드 구조Havard architecture 로 해결할 수 있었다. 해 당 구조는 프로그램 저장장치와 데이터 저장장치가 분리되어 있

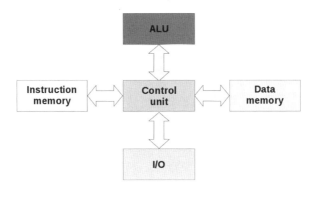

하버드 구조

어, 제어장치는 프로그램이나 데이터를 하나 불러온 뒤 또 다른 프로그램을 신속하게 불러올 수 있어 병목현상을 해결할 수 있고 처리속도가 더 빨라졌다. 하지만 하버드 구조는 폰 노이만 구조보다 더 많고 복잡한 회로를 요구하기에 널리 사용되지는 않으며, 폰 노이만 구조의 병목현상을 해결하는 용도로 사용되고 있다.

1946년 에니악이 완성된 후 프레스퍼 에커트와 존 모클리는 바로 미국의 지원을 받아 그들이 구상한 에드박 개발에 나섰다. 한편 1945년 존 폰 노이만이 발표한 보고서 〈에드박 보고서의 최초 초안〉을 읽고 감명을 받은 대영제국 케임브리지 대학교 수학연구소의 부소장이었던 모리스 윌크스는, 폰 노이만 구조가 컴퓨터의 표준구조가 될 것으로 생각해 미국으로 건너가 폰 노이

에드삭   에드박

만 구조와 에니악을 연구했다. 이어 케임브리지 대학교 수학연구소에서 연구원들과 함께 대영제국만의 폰 노이만 구조 컴퓨터 개발에 나섰다. 1947년 시작된 개발은 1949년 종료되었으며, 연구원들은 그 컴퓨터를 에드삭EDSAC 이라고 불렀다. 이로써 대영제국은 폰 노이만 구조를 가진 컴퓨터를 독자 개발하는 기술을 보유하는 것에 성공했다.

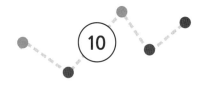

사용자 제어탁,
앉아서 이용하는 컴퓨터

에니악에 이어 에드박을 개발한 프레스퍼 에커트와 존 모클리는 컴퓨터 개발을 멈추지 않았다. 그들은 에드박을 개발하던 중 펜실베니아 대학교와 에니악 특허분쟁을 겪어 대학을 나가고 EMCC Eckert-Mauchly Computer Corporation 이라는 기업을 설립해 에드박을 개발하고 1949년 미군 탄도학 연구소에 납품했다. 그들은 기업운영을 위해 컴퓨터를 개발하고 판매해야 했기에 바이낙BINAC 등 상업용 컴퓨터를 개발하여 1949년 미국 노스럽 항공 기업에 판매했다.

바이낙

바이낙 타자기

유니박   유니박 운영자 제어탁

　이 바이낙은 이전 컴퓨터에 없는 한 장치를 보유했다. 그것은
기존 천공 카드 입력기와 다른 시스템의 타자기였다. 기존 컴퓨
터는 천공 카드 입력기를 이용해 천공 카드에 구멍을 뚫고 그 천
공 카드를 입력기에 넣거나, 에니악처럼 배선 연결을 직접 해 명
령을 내리는 방식으로 이루어졌다. 그러나 바이낙은 타자기를
이용해 테이프에 명령어를 작성하는 방식으로 내장형 컴퓨터에
맞춰 명령어를 테이프에 입력하고 그걸 컴퓨터 안에 입력하는
시스템을 도입했다. 타자기를 이용한 시스템은 배선을 직접 연
결하는 것보다 편리했다. 프로그램 명령이 제대로 되었는지 확
인하려면 배선 연결을 일일이 확인해야 했던 에니악 방식과 달
리, 바이낙은 테이프를 다시 보며 명령이 제대로 되었는지 확인
하면 되었기에 훨씬 간편했다.
　이전에 등장한 컴퓨터는 거대한 크기를 자랑하며 설정하는

설정장치들이 컴퓨터 곳곳에 설치되어 있어, 프로그래밍 및 설정을 하려면 사람이 서서 움직이며 일일이 설정장치를 만져야 했다. 이는 성능 자체는 문제없지만 여간 귀찮은 일이 아니었다. 둘은 그 문제를 인지했고 설정 장치들을 한곳에 모아 사람이 편하게 앉아 설정 장치를 만지며 컴퓨터를 운영하는 장치가 필요하다고 생각하여, 바이낙을 판매한 수익으로 범용 컴퓨터인 유니박UNIVAC 개발을 진행했다.

하지만 바이낙 판매실적이 낮아서 자금부족에 시달렸는데, 다행히 레밍턴 랜드Remington Rand 기업이 이들의 잠재성을 알아보고 기업을 인수했다. 덕분에 둘은 5,200개의 진공관과 10,000개의 다이오드 등 소자를 가진 유니박을 완성했다. 유니박은 에니악보다 1/3 크기를 가지며 연산능력은 에니악의 20배에 달하는 고사양 컴퓨터였다. 무엇보다도 설정을 입력하는 운영자 제어탁Operator console 장치가 따로 존재해서, 사용자는 운영자 제어탁 앞에 앉아서 장치를 만지며 설정하면 컴퓨터를 작동시킬 수 있었다.

이는 컴퓨터 사용이 이전보다 훨씬 편해지는 획기적인 발전이었다. 유닛타이퍼UNITYPER 라 불린 사용자 제어탁은 다양하고 복잡한 버튼들이 있었으며, 유닛타이퍼의 버튼과 타자기를 클릭하면 그 명령이 자기 테이프에 기록되어 컴퓨터에 입력되었다. 명령을 바꾸고 싶으면 그저 유닛타이퍼에서 스위치 버튼 설정을

유닛타이퍼로 명령어를 입력하는 모습

미국 인구조사국에 설치된 유니박

바꾸고 타자기로 몇 가지를 입력하면 되었다. 이 덕분에 사용자는 더 이상 자기 테이프를 확인할 필요도 없이, 그저 유닛타이퍼에서 설정이 어떻게 되어있는지 확인하고 설정을 바꾸기만 하면되는 편리함을 누릴 수 있었다.

1951년 개발된 유니박은 1952년 미국 인구조사국에 팔린 것을 시작으로 무려 46개가 판매되면서, 세계 최초의 성공적인 상업용 컴퓨터로 기록되었다. 그리고 유니박 판매실적이 우수해 레밍턴 랜드는 많은 돈을 벌어들였다. 이에 레밍턴 랜드는 프레스퍼 에커트와 존 모클리를 더 적극적으로 지원했고, 성공한 두 과학자는 더 좋은 후속 컴퓨터를 개발해 판매했고 다른 컴퓨터 기업들도 사용자 제어탁을 가진 컴퓨터를 개발했다. 이제 컴퓨터는 스위치와 타자기를 탑재한 사용자 제어탁에서 모든 걸 해결할 수 있는 기계가 되었다.

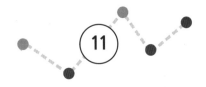

메슴과 스트렐라 컴퓨터, 소련을 이끈 컴퓨터

제2차 세계대전 동안 대영제국과 미국은 컴퓨터 개발에 나서 면서 이를 극비에 부쳤다. 하지만 각지에 간첩을 심은 소련은 대영제국과 미국의 컴퓨터 개발 첩보를 받았고, 대영제국과 미국이 스스로 계산하는 기계를 이용해 군사력이 비약적으로 발전할 것을 두려워했다. 그래서 소련은 컴퓨터를 독자 개발하기로 나섰다. 마침 소련에는 제2차 세계대전 동안 아날로그 컴퓨터를 개발해 독일군의 암호해독과 소련군 신무기 개발에 이바지한 전기공학자 세르게이 레베데프이라는 인재가 있었다.

세르게이는 1946년 키예프 전기공학부에 입사해 전기공학을 연구했으며, 1948년 미국과 대영제국에서 발간한 잡지를 읽으며

세르게이 레베데프

미국과 대영제국이 개발한 컴퓨터를 공부했다. 당연히 잡지 안에는 기본적인 구조만 설명할 뿐 구체적인 모델을 밝히지 않았지만, 그는 잡지를 읽으면서, 폰 노이만 구조에 입각한 컴퓨터 구조에 대해 배우고 에니악과 에드삭 등 개발된 컴퓨터와 개발 중인 컴퓨터를 공부했다. 그 뒤 연구원을 모집해 소련 컴퓨터 개발을 준비했다.

1950년 그는 6,000개의 진공관을 이용해 메슴MЭCM 이라는 컴퓨터를 개발했다. 메슴은 바이낙 구조를 모방했으며 타자기 혹은 스위치로 테이프에 데이터를 입력한 뒤, 그 입력한 명령어로 컴퓨터를 작동시키는 구조였다. 소련은 메슴 덕분에 핵폭탄 연

소련 컴퓨터 메슴

메슴 입력장치

구 등 복잡한 계산을 쉽게 처리할 수 있었다. 소련 정부는 세르게이 레베데프의 공로를 인정해 레베데프 정밀기계 컴퓨터과학 연구소를 설립하고, 레베데프와 연구원들을 배치해 소련 컴퓨터 개발에 힘쓰도록 지원했다. 세르게이 레베데프와 연구원들은 메슘 성능을 더 개량하는 컴퓨터들을 연구했고, 1952년 진공관을 5,000개로 줄인 베슘бэсм 컴퓨터를 개발했다. 베슘 시리즈를 개발하며 소련을 넘어 유럽 컴퓨터를 선도했다.

한편 소련에는 세르게이 레베데프 외에도 인재들이 많았다. 바실 라마예프는 소련과학학술기관에서 일하던 과학자로 폰 노이만 구조를 연구한 과학자였다. 그는 천공 카드로 명령을 자동으로 입력하는 장치를 제안했으며, 폰 노이만 구조를 따르는 컴퓨터를 연구했다. 소련 당국은 바실 라마예프를 지원했고, 그는 1954년 화살이라는 뜻을 가진 스트렐라 컴퓨터эвм Стрела 를 개발했다. 스트렐라 컴퓨터는 소련 고등교육기관, 과학계와 군대에 배치되어 널리 사용되었다.

특히 소련군은 스트렐라 컴퓨터를 로켓 개발에 사용되었다. 소련군은 압도적인 제공력을 가진 미군에 대항하는 무기로 대륙간탄도미사일мбр 을 선택했으며, 로켓 크기를 키워 핵폭탄을 탑재해 우주를 거쳐 미국으로 날아가는 대륙간탄도미사일 개발을 진행했다. 그리고 매우 복잡한 계산을 요구하는 대륙간탄도미사일 계산에 스트렐라 컴퓨터를 적극적으로 이용하며 빠르게 연구를

베슴

스트렐라 컴퓨터

진행했다. 덕분에 소련은 1957년 스푸트니크 1호Спутник-1 를 우주로 쏘아 올리는 쾌거를 달성하며 우주 개척 시대를 연 강국으로 세계에 위상을 널리 알렸다.

스트렐라 컴퓨터를 이용해 로켓을 연구하고 스푸트니크 1호를 발사하며 세계에 저력을 널리 알린 소련은 그 기세를 몰아 친소 국가에 컴퓨터를 선물하며 강국으로 성장하도록 지원했다. 스트

우랄 컴퓨터

렐라 컴퓨터를 개발한 바실 라마예프는 더 좋은 컴퓨터 개발에 나섰고 1956년 우랄ypaл 컴퓨터를 개발했다. 더 작고 더 빠르며 더 작고 간편한 사용자 제어탁을 보유한 우랄 컴퓨터는 소련 내 각종 기관에 널리 사용되었으며, 친소 사회주의국가에 수출되었다. 바르샤바 조약기구와 쿠바 공화국, 그리고 사회주의를 도입한 남아메리카 국가에 수출되며 사회주의 국가를 대표하는 컴퓨터가 되었다.

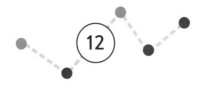

12

IBM, 천공 카드 기업에서 컴퓨터 선도 기업으로

독일계 미국인이자 통계학자였던 허먼 홀러리스는 MIT와 컬럼비아 대학교에서 근무하며 자동계산을 하는 기계를 공부했다. 그리고 그는 대학교에서 강사로 근무하는 생활을 접고 1884년부터 미국인구조사국에서 근무했다. 그는 미국인구조사국에서 인구조사를 직접 사람 손으로 계산하는 걸 발견했다. 이에 그는 '1890 인구조사'를 앞두고 홀러리스 전기표집 시스템The Hollerith Electric Tabulating System 를 개발했는데, 이것은 타자기로 천공 카드에 구멍을 뚫는 도표작성기Tabulating Machine 였다.

그 기계 덕분에 미국은 이전보다 훨씬 빠른 시간에 더 정확한 인구조사를 끝마칠 수 있었다. '1890 인구조사' 성공신화에 감

허먼 홀러리스   도표작성기

명을 받은 유럽 국가들은 도표작성기를 구매했으며, 허먼 홀러
리스는 1896년 미국인구조사국을 나와 제표기계기업 Tabulating
Machine Company 를 설립해 유럽에 도표작성기를 판매했다. 그는
키펀치 Keypunch 를 개발해 막대한 부를 창출했으며, 1911년 그
를 포함한 4명의 사업가들이 모여 전산제표기록회사 Computing
Tabulating Recording Company 를 설립했다. 이후 1924년 기업의 CEO
토마스 왓슨은 기업 이름을 국제사무기기회사 International Business
Machine Corporation 로 명칭을 바꿨다. 이것이 세계적인 대기업으
로 역사에 큰 발자취를 남길 IBM의 시작이었다.

　IBM은 천공 카드에 구멍을 뚫는 기계와 천공 카드를 읽는 기
계를 시장에 출시해 막대한 돈을 벌었으며, 우수한 진공관 기술
력도 보유했기에 진공관 배열로 천공카드의 입력값을 자동으로

홀러리스 키펀치

읽는 고성능 계산 기계를 독자 개발했다. 각종 성공적인 자동기
계 기술력을 보유한 IBM은 1950년 이후 세계 여러 곳에 컴퓨터
들이 등장하자 미래 사업으로 컴퓨터를 선정했다. IBM은 에니
악부터 꾸준히 여러 컴퓨터를 개발한 프레스퍼 에커트와 존 모
클리가 있는 레밍턴 랜드 기업을 경쟁사로 삼았다.

그래서 레밍턴 랜드 기업이 출시한 유니박을 분석하고 유니박
보다 더 좋은 컴퓨터 개발에 나섰다. 1953년 IBM은 IBM 701라
는 컴퓨터를 개발해 시장에 출시하며 유니박 1103과 경쟁했는
데, 전체 성능은 IBM 701이 더 좋았으나 입출력 시스템은 유니
박 1103이 더 좋아 IBM은 시장에서 밀렸다. 이에 IBM은 IBM
702를 출시해 미국 기상청과 항공기업, 군대에 납품하는 데 연이

IBM 604

IBM 701

어 성공하며 IBM의 저력을 보여줬다.

　당대 컴퓨터는 매우 고가의 장비여서 국가기관이나 대규모 단
체만 사용할 수 있는 수준이었다. 그래서 연구기관도 국가연구
기관 단위에서만 구매할 수 있을 뿐, 대학교 연구실에서는 사용
할 엄두를 내지 못했다. IBM은 그 수요를 파악했고 기존 컴퓨터
보다 사양은 조금 낮지만, 가격은 저렴한 컴퓨터를 개발해 출시

IBM 650

텍사스 대학교에 설치된 IBM 650

하기로 했다. IBM은 1954년 시장에 상대적으로 가볍고 저렴한 IBM 650을 출시했다. 이는 당시에 다른 컴퓨터에 비해 작고 저렴한 컴퓨터로 존 핸콕 생명보험회사에 처음 팔렸으며 대학교 연구실 등 중소기업과 연구실에 판매되었다.

해당 컴퓨터는 놀라운 판매실적을 보였다. IBM은 1950년대 중반부터 과학계, 정부 부서, 군대 등 각 기관이 요구하는 컴퓨터 성능에 최적화된 컴퓨터 제품들을 개발하고 출시하며 미국 전역을 IBM으로 물들였다. 대학교, 정부, 군대는 이내 IBM으로 가득 찼고 미국을 넘어 영국과 일부 국가의 대학교, 정부기관에까지 진출했다. 물론 프랑스의 불 마신 기업 Compagnie des Machine Bull 과 경쟁해야 했고 세계의 절반은 철의 장막으로 가려진 공산주의 국가 안에서 소련제 컴퓨터가 사용되었기에 적어도 미국의 컴퓨터 시장은 IBM이 완전히 차지했다.

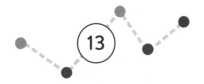

13

트랜지스터,
더 작고 가볍게

20세기 초반 진공관은 신호를 증폭시키는 효과가 있었기에 라

디오 등 신호를 증폭하는 기계에 널리 사용되었다. 이후 1950년

월 윈드 컴퓨터

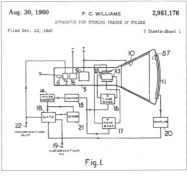

월리엄스관 구조

존 바딘좌, 윌리엄 쇼클리중, 월터 브래튼우

대부터 컴퓨터들이 대거 등장하며 0과 1로 구성된 2진수로 계산하는 컴퓨터 논리구조를 구현하기 위해 진공관이 사용되었다. 하지만 진공관은 우선 부피가 크고 히터를 뜨겁게 가열하여 사용해 전력 효율이 높지 않아, 진공관으로 만든 컴퓨터는 부피가 크고 전기를 많이 소모하며 뜨거워 가까이 있기 힘들었다.

본디 진공관은 컴퓨터용이 아닌 라디오 등 신호 주파수를 증폭하는 소자로 컴퓨터에 최적화된 소자가 아니었다. 이에 영국의 프레디 윌리엄스와 톰 킬번은 음극선관의 격자점 위로 정전기 전하를 만들어내, 바로 앞에 있는 얇은 금속막에 전하가 읽히며 받은 정보를 저장하는 주기억장치인 윌리엄관을 만들고 특허를 출원했다. 이후 윌리엄스관은 1950년대에 일부 컴퓨터의 기억장치 소자로 활용되었으나 여전히 완전한 컴퓨터의 소자로는 부적합했다.

20세기 초 진공관이 세상을 지배할 시절에도 사람들은 진공관의 단점을 파악하고 있었으며, 진공관보다 더 작고 열 방출이 적은 소자를 원했다. 1926년 율리우스 에드거 릴리엔펠트가 장효과 트랜지스터에 대한 특허를 출원했으나 구현하는 것에 실패했다. 하지만 그의 아이디어는 이후 진공관보다 더 작고 좋은 소자에 대한 기본 연구가 되었다. 그의 연구는 1940년대 미국 벨 연구소의 존 바딘, 윌리엄 쇼클리, 월트 브래튼 세 연구원의 노력으로 빛을 발했다. 세 연구원은 반도체인 규소에 불순물이 섞이면 반도체 성질이 달라지는 특징에 주목했다.

순수한 규소는 전자가 14개이다. 그런데 전자의 수가 14개인 순수한 규소에 전자의 수가 13개인 규소를 첨가하면 전자가 하나씩 부족한 정공상태가 되는데 이를 p형 반도체라고 부른다. 반대로 전자의 수가 15개인 규소를 첨가하면 전자가 하나씩 남는 n형 반도체가 된다. 그래서 n형 반도체와 p형 반도체를 연결한 뒤, 정방향 $p \to n$ 으로 전압을 걸면 n형 반도체에 남는 전자가 p형 반도체로 이동하며 전류가 흐르고 역방향 $n \to p$ 으로 전압을 걸면 전류가 흐르지 않는다.

여기서 역방향으로 전압을 걸면 당연히 전류가 흐르지 않지만, 정방향으로 약한 전압을 걸면, 첫 번째 n형 반도체에서 p형 반도체로 전류가 흐르는데 전압 세기를 더 강하게 하면 첫 번째 n형 반도체에 있던 전자 중 일부가 p형 반도체를 통과해, 두 번째 n형

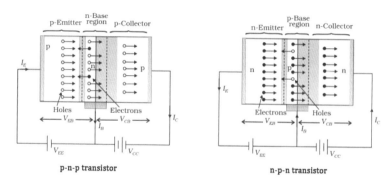

트랜지스터의 구조

진공관보다 훨씬 작고 효율이 좋은 트랜지스터

반도체로 이동하는 현상이 발생한다. 그래서 전류가 첫 번째 n형 반도체에서 p형 반도체로 흐르는 것과 더불어 첫 번째 n형 반도체에서 두 번째 n형 반도체로 흐르는 현상도 발생한다. 이렇게 2개의 n형 반도체 사이에 p형 반도체를 끼워 0과 1을 구현하는 소자를 트랜지스터라고 부른다. 트랜지스터는 규소 결정을 이용해 만든 소자로 진공관보다 크기도 훨씬 작으면서 따로 열을 가

트래딕

IBM 608

할 필요가 없어 열 방출 문제와 전기효율 문제가 해결되는 소자였다.

존 바딘, 윌리엄 쇼클리, 월터 브래튼 세 물리학자는 1947년 트랜지스터를 발명했고, 1956년 진공관보다 더 효율적인 소자를 발명한 공로를 인정받아 노벨 물리학상을 수상했다. 처음에는 라디오 등 증폭기능을 하는 소자로 활용했으나, 이내 0과 1 신호를 전달하는 2진법이 가능한 소자임을 활용해 컴퓨터에 진공관 대신 트랜지스터를 이용하는 시도가 일어났다. 1951년 미국 벨 연구소는 미공군이 요구한 트래딕TRADIC 스펙에 맞춰 작고 가벼운 트랜지스터를 이용했다.

덕분에 다른 컴퓨터보다 훨씬 가벼워 B-52 폭격기 안에 수납이 가능하며 에너지 효율도 좋았다. 미공군은 이에 만족했고 전술기에 탑재해 공중에서 컴퓨터 계산을 하는 용도로 사용했다.

이어 상업용 IBM도 트랜지스터를 적극적으로 활용해 컴퓨터 부피와 전력 소모량을 획기적으로 줄였다. IBM은 무려 컴퓨터 크기를 50% 가까이 축소하고 전력효율을 90% 이상 향상했다. 또 소음과 열도 이전보다 훨씬 작아져 사용감이 좋아졌다. 이렇게 컴퓨터는 출시한 지 약 10년만에 한 번의 대변화를 겪었다.

코볼, 세상에 등장한 고급 프로그래밍 언어

1940년대 말에 등장한 컴퓨터는 천공 카드의 구멍을 읽어 명령어를 읽는 기계로 구멍의 규칙에 대해 깊은 이해도를 가진 사람만이 컴퓨터에 명령을 내릴 수 있었다. 이 때문에, 천공 카드 대신 인간이 사용하는 언어로 바꾸면 좋겠다는 의견이 많았다. 영국에서 태어나 남편과 함께 미국을 여행하던 캐서린 부스는 존 폰 노이만에게서 폰 노이만 구조에 대해 학습했고 천공카드에 구멍을 뚫는 기계어에 불편함을 느껴 이를 인간이 사용하는 단어로 바꾸려고 시도했다.

컴퓨터에 삽입하는 천공 카드

```
M × R → cA.   Clear accumulator, multiply M by R and
              place L.H. 39 digits of answer in A and
              R.H. 39 digits in R.
A ÷ M → cR.   Clear register, divide A by M, leave
              quotient in R and remainder in A.
C → M₁.
C → M_T.
Cc → M₁.      If number in A ⩾ 0 shift control to M₁.
Cc → M_T.
A → M.
```

캐서린 부스의 어셈블리어

　1947년 그녀는 남편과 함께 〈A.R.C를 위한 코팅 Coding for A·R·C 〉이라는 논문과 함께 기계어를 영어 단어로 바꾼 어셈블리어를 발표했다. 존 폰 노이만은 기계어가 아닌 어셈블리어로 입력하는 것은 불필요한 일이라 생각했지만, 대부분은 기계어를 이해하기 어려워 어셈블리어를 선호했다. 1951년 케임브리지 대학교의 에드삭의 사용법을 설명하는 책은 프로그래밍을 어셈블리어로 명령하도록 제시했으며, 프로그래머들은 어셈블리어로 프로그래밍했다.

어셈블리어 예시

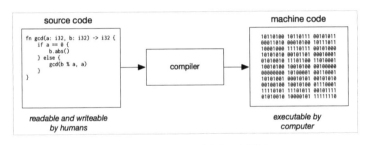

어셈블리어를 기계어로 번역하는 컴파일러

1947년 최초의 어셈블리어가 등장한 이후 프로그래밍은 어셈블리어로 이루어졌으나 여전히 최종 명령문은 기계어로 바꿔야 했다. 1952년 미국의 수학자 그레이스 호퍼는 미해군에 복무하며 컴퓨터를 다뤘는데, 처음 다루는 컴퓨터 언어에 많은 실수를 저질렀다. 이에 그녀는 사람들이 컴퓨터에 명령어를 입력하는 데 실수하지 않도록 어셈블리어를 기계어로 번역하는 번역기를

```
let n = readi
let x = vector 1::n of 0.0
for i = 1 to n do x( i ) := readr
!bubble sort starts here
for i = 1 to n - 1 do
    for j = 1 to n - i do
    if x( j ) > x( j + 1 ) do
    begin
        let temp = x( j )
        x( j ) := x( j + 1 )
        x( j + 1 ) := temp
    end
!now write out the answers
write "The sorted numbers are'n'n"
for i = 1 to n do write x( i ),"'n" ?
```

포트란 예시   알골 예시

구상했다. 그리고 A-0 system 언어를 기계어로 번역하는 컴파일러를 개발했다. 이 컴파일러는 완벽하지 않았지만, 어셈블리어와 기계어를 번역하는 컴파일러 개념이 등장한 덕분에, 컴퓨터과학자들은 더 과감한 고급 프로그래밍 언어를 만들고 이를 컴파일러를 이용해 기계어로 번역할 수 있게 되었다.

1950년대 기업들이 컴퓨터 생산에 뛰어들며 컴퓨터는 점점 발전했다. IBM은 컴퓨터 하드웨어와 그 컴퓨터를 사용할 소프트웨어도 만들어 함께 판매했다. IBM은 컴퓨터를 사용하기 편하게 하고자 포트란FORTRAN이라는 간단하고 직관적인 어셈블리어를 만들어, 사용자들에게 키보드로 포트란으로 공식을 입력해 계산 명령을 쉽게 내릴 수 있게 했다. 이 덕분에 미국 과학자들과

코볼 언어와 천공카드 입력　　　　　　　지금도 사용하는 코볼 프로그램

기관은 예전처럼 직접 컴퓨터 설정을 만지는 것 대신 키보드로 포트란을 이용해 명령어를 입력하면 되었고 상당히 편해졌다.

　미국에서 포트란이 대성공을 거두자, 유럽 과학계는 이에 대항해 1958년 알골ALGOL 이라는 프로그래밍 언어를 개발해 사용했다. 둘은 고유의 컴파일러를 보유해 어떤 종류의 컴퓨터에서도 명령을 입력하면 기계어로 번역해 입력해 명령을 잘 입력할 수 있었다. 이 덕분에 컴퓨터를 사용하는 주 고객층인 과학계는 포트란과 알골을 사용하며 컴퓨터를 활발하게 이용했다.

　포트란과 알골 등장 이후 등 여러 프로그래밍 언어들이 태동했다. 하지만 대부분의 프로그래밍 언어는 특정 용도로만 사용하는 언어로 사람들은 다른 일을 하려면 프로그래밍을 새로 배워야 하는 불편함을 겪었다. 이에 1959년 컴퓨터과학계는 학회를 열어 사무용으로 사용할 수 있는 범용 프로그래밍 언어가 필요하다는 의견을 공유했으며, 미국 국방부의 예산지원을 받아 코다실CODASYL 단체를 설립하고 기존 프로그래밍 언어를 분석했다.

코다실은 기존 언어의 문법을 수정해 코볼COBOL 이라는 새 프로그래밍 언어를 개발했다. 코볼은 수학 계산용이 아닌 사무용으로 사용되어 기존 프로그래밍 언어보다 더 복잡하고 난해했다. 하지만 사무용 프로그래밍 언어라는 범용성을 포기할 수 없던 미국 국방부는 코볼을 지원했고, 코볼은 여러 단계를 거쳐 업데이트되면서 더 편리한 고급 프로그래밍 언어로 성장했다. 코볼은 이후 등장할 프로그래밍 언어의 문법개념을 제시한 선구자였으며 절차 지향형 언어로 시작해 개량을 거쳐 객체 지향형 언어로 변화했다.

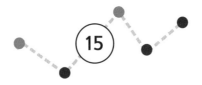

키보드, 성공한
인간 인터페이스

사람들은 타자기로 천공 카드나 자기 테이프에 명령을 입력했다. 특히 어셈블리어가 등장하며 알파벳이 적힌 타자기로 어셈블리어를 그대로 입력하면 천공 카드에 알아서 기계어로 입력되는 장치들이 등장했다. 어셈블리어, 포트란, 알골, 코볼은 기계어에 알파벳과 기호를 1대 1로 대입해 만든 프로그래밍 언어였고 손으로 코딩한 결과를 보고 그대로 타자기에 입력하면 되었다.

그래서 IBM과 컴퓨터 제조기업들은 타자기와 천공 카드, 손으로 코딩하는 용지를 함께 판매해 수익을 올렸으며, 사용성 향상을 위해 1800년대부터 사용된 쿼티QWERTY 배열을 도입했다. 로

1910년대 타자기

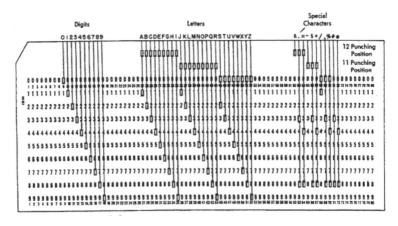

타자기에 기호를 입력하면 천공 카드에
자동으로 구멍이 뚫렸다

마 문자를 사용하던 유럽, 미국 문화권에서 많이 사용하는 알파
벳은 양손 위치에 가까이 두고 잘 사용하지 않는 알파벳은 중앙
과 극단으로 밀어낸 쿼티 배열은 미국의 발명가 크리스토퍼 숄
스가 1867년 발명한 배열이었다. 이 배열은 널리 사용되며 표준

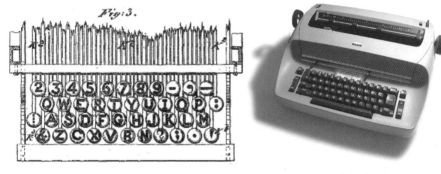

퀴티 배열   IBM 셀렉트릭 타자기

IBM 셀렉트릭의 키보드는 표준이 되었다

으로 자리 잡았고 많은 컴퓨터의 타자기에 도입되었다. 그러나
아직 뭔가 부족했고 사람들은 여러 타자기를 사용하며 하나같이
불편함을 느꼈다.

사람들이 무의식적으로 느낀 불편함은 타자기를 사용하면 종
이가 계속 움직이고 중간에 자판이 꼬여 입력이 어렵다는 점

이었다. 그 문제점은 1961년 IBM이 출시한 IBM 셀렉트릭IBM Selectric 으로 해결되었다. IBM 셀렉트릭은 타자기에 골프공보다 작은 구체에 알파벳을 세기고, 키보드에서 한 키를 입력하면 구체가 돌아 입력한 알파벳을 종이에 찍는 방식으로 작동했다. 이 덕분에 입력 속도가 이전보다 훨씬 빨랐고 키를 입력할 때마다 구체가 움직이며 글자를 입력했기에 종이는 가만히 있었다.

추가로 IBM은 Tab, Space, Backspace, Return 후에 Enter로 변경 등 기타 기능을 하는 키를 한자리에 전부 모아 사람들이 원하는 키를 바로 찾을 수 있게 했다. 사람들은 IBM 셀렉트릭에 편리함을 느꼈기 그것으로 모두 교체했다. IBM 셀렉트릭은 1961년 출시 이후 미국 타자기 시장에서 무려 75%의 점유율을 자랑하는 기염을 토했다. 사람들은 모든 키를 모아둔 IBM 셀렉트릭 키보드

IBM 셀렉트릭으로 자기 테이프에 코딩하는 모습

IBM 셀렉트릭과 자기 테이프를 읽는 컴포저

에 익숙해지면서, IBM 셀렉트릭 키보드는 표준이 되었다. 자연스럽게 컴퓨터에 명령어를 입력한다는 개념은 IBM 셀렉트릭 키보드에 기호와 알파벳 키를 누르는 행위임이 관념적으로 자리 잡았고, 키보드 없는 컴퓨터는 상상도 할 수 없는 세상이 되었다.

초창기 컴퓨터는 사용자 제어탁에서 스위치 버튼을 만지고 큰 키보드로 입력하며 사용해야 했기에, 사람들은 전문 교육을 받고 나서야 사용자 제어탁을 이용할 수 있었다. 하지만 시간이 흐르며 스위치는 자동화되어 굳이 노출할 필요가 없어지고 키보드로 명령어를 입력하는 타자기만 남았다. 이 흐름을 파악한 IBM은 타자기에 종이를 올려두고 다른 종이에 손으로 코딩한 코드를 그대로 입력하면 내부에 설치된 자기 테이프에 코딩이 그대로 입력되는 IBM 셀렉트릭을 출시했으며, 동시에 자기 테이프를 읽는 컴포저 Composer 를 같이 출시해 컴퓨터 입력의 혁신을 불렀다.

그 덕분에 컴퓨터를 이용하는 사람은 손으로 코딩한 뒤, IBM 셀렉트릭에 종이를 올려놓고 똑같이 작성한 뒤, 자기 테이프를 꺼내 옆에 둔 컴포저에 넣으며 컴퓨터를 이용했다. 이 편리한 방식 덕분에 1960년대 중반은 종이에 손으로 코딩한 뒤, IBM 셀렉트릭으로 코딩하는 풍경이 일상이 되었다. 10년 전인 1950년대에는 직접 배선과 스위치를 작동시켜 컴퓨터를 구동했던 것과 비교하면, 10년만에 너무도 달라진 풍경이 되었다. 모두가 키보드만 사용하자 키보드가 인체공학적으로 우수한 장치임을 증명했다. IBM 셀렉트릭을 시작으로 컴퓨터 자판기가 빠르게 성장했고 컴퓨터 자판기는 후에 키보드가 되었다. 그리고 지금도 사람들은 컴퓨터를 사용할 때 무조건 키보드를 두들겨 컴퓨터와 상호작용하니 키보드는 컴퓨터에서 가장 성공한 인간 인터페이스가 된 것이다.

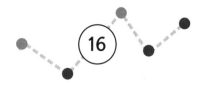

16

단말기와 CLI,
천공 카드에서 해방을

천공 카드로 명령을 내리던 시절에는 손으로 코딩한 뒤 한 문장씩 천공 카드에 구멍을 뚫어 명령어를 입력해야 했다. 게다가 한 천공 카드에 명령할 수 있는 명령어 용량이 적어 큰 용량의 명령어를 입력하려면 천공 카드 여러 개를 사용해야 했다. 만약 천공 카드를 하나라도 분실하면 처음부터 다시 만들어야 하는 재앙이 닥쳤다. 1960년대에 들어서 쓸데없이 많은 부피를 차지하고 불편한 천공 카드 대신 자기 테이프에 명령어를 입력하는 방식이 도입되었다. 그런데 자기 테이프 또한 한 번 코딩을 잘못하면 자기 테이프 자체를 교체해야 했고, 만일 오류가 있다면 어디가 오류가 났는지 확인하는 작업이 번거로웠다.

1969년 마가렛 헤밀턴이 작성한 아폴로 11호
컴퓨터 명령 천공카드

자기 테이프

 한편 컴퓨터의 시각 부분을 담당하는 모니터는 나날이 발전
했다. 모니터가 처음 적용된 컴퓨터는 1948년 완성된 에드삭으
로 3개의 작은 모니터 화면으로 출력 결과를 보여줬다. 에드삭
모니터는 크기가 너무 작아 사람이 보기 불편했으나, 눈으로 결
과물을 본다는 것 자체가 매우 간편한 일이어서 모니터 개선에
투자했다. 컴퓨터 제조업체는 브라운관으로 모니터를 만드는 시
도를 했는데 전자총에서 발사된 전자가 주변에 흐르는 강한 자
기장에 경로가 휜 상태로 마스크에 충돌해 빨간색, 초록색, 파란
색 빛을 화면에 비추고 이를 멀리서 보면 색의 병치 혼합 현상으
로 다양한 색이 보이는 원리를 응용했다. 브라운관은 이 방식으

에드삭 모니터

유니박의 유니스코프

로 모니터 화면에 시각적 이미지를 출력했고 컴퓨터 제조업체들
은 브라운관을 컴퓨터 실행 결과를 출력하는 시각적 출력물로
주목했다.

1950년대 말, 컴퓨터 장치가 아직 정립되지 않은 시절 MIT의 컴퓨터과학연구실은 효과적인 컴퓨터 장치 디자인을 연구했다. MIT의 인재들은 연구 결과 입력을 담당하는 입력장치와 출력을 담당하는 출력장치가 같이 존재해야 사용자가 사용하기 편리하다는 결론을내면서, 입력장치와 출력장치를 모아 입출력장치라는 개념을 만들었다.

미국의 컴퓨터 업체 양대산맥이던 레밍턴 랜드와 IBM은 MIT의 연구결과를 적극적으로 도입했다. 레밍턴 랜드는 유니박 시리즈에 유니스코프Uniscope 라는 입출력장치를 설치했고 IBM은 IBM 2260이라는 컴퓨터를 출시하며 단말기를 도입했다. 덕분에

IBM 2260 단말기

단말 에뮬레이터로 구동된 CLI

1978년 DEC이 출시한 VT100 단말기와
CLI 프로그램

컴퓨터를 이용하는 사람들은 더 이상 출력장치로 걸어가 명령어
를 입력하고 결과를 기다릴 필요 없이 단말기 앞에 앉아 키보드
로 좀 명령어를 치고 좀 기다리면 되었다. 그리고 단말기가 출시
되며 컴퓨터에 명령하는 방식 역시 변혁을 겪었다.

  결과물을 출력하는 단말기가 있다는 것은 입력하는 것 역시 시
각화할 수 있음을 의미했다. 그래서 MIT와 컴퓨터 기업은 타자
기의 키보드를 두드리면 종이에 글씨가 써지듯이 컴퓨터 키보드
로 명령어를 따라 두드리면 그 명령어가 모니터 화면에 나타나
는 방식을 시도했다.

  그래서 단말 에뮬레이터Terminal emulator 프로그램을 개발하고
그 프로그램에 타자기로 치는 것과 동일한 글자를 띄웠다. 그 문
서는 Command-line Interface라는 이름으로 명명되었고 줄여서

CLI로 불렸다. 최초의 CLI은 1971년 벨 연구소에서 개발된 톰프슨 셸이었다. 톰프슨 셸로 구현된 CLI은 타자기로 바로 명령어를 입력할 수 있었고 명령을 제대로 입력했는지 바로 확인하고 수정할 수 있었다. 그래서 이전보다 프로그래밍에 대한 부담이 훨씬 적어졌다.

단말기는 컴퓨터 구동에 대한 이해도가 없는 사람도 컴퓨터를 쉽게 사용할 수 있도록 진입장벽을 낮추었다. 그리고 입력장치에서 입력하고 출력장치에서 결과를 보는 방식이 아닌 단말기 앞에 앉아 입력하고 출력물을 보면 되는 것으로 바꿨다. 또한 CLI은 천공 카드, 자기 테이프를 컴퓨터에서 몰아내고 고급 프로그래밍 언어의 제약을 풀었다. 덕분에 더 좋은 기능을 가진 고급 프로그래밍 언어가 탄생했고 컴퓨터로 할 수 있는 일은 더욱 풍성해졌다.

집적회로, 컴퓨터 대혁명

트랜지스터가 등장했지만 컴퓨터 논리를 구현하기 위해서는 여전히 복잡한 트랜지스터 회로를 만들어야 했고, 트랜지스터 회로의 물리적 크기 때문에 컴퓨터는 거대한 기계였다. 그래서 기업은 복잡한 트랜지스터 회로문제를 해결해 컴퓨터 크기를 줄이려고 했다. RCA는 트랜지스터 회로를 얇게 만든 뒤 그것을 겹겹이 쌓아 층을 만들고 연결하는 마이크로모듈Micromodule 기술로, 이 기술 덕분에 작고 가벼운 컴퓨터를 만들어 미군에 납품했다. RCA 기술은 유망한 기술이었고 기업들은 마이크로모듈 개량에 투자했다.

1958년에 TI에 신입으로 입사한 잭 킬비는 다른 직원들이 휴

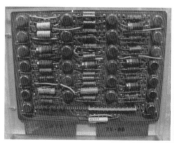
트랜지스터 회로

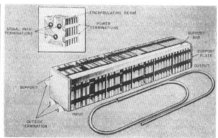
RCA가 연구한 마이크로모듈 방식

가를 떠나는 동안 홀로 휴가를 쓰지 못하고 연구소에 남았다. 그는 마이크로모듈이 지나치게 복잡하다고 생각했고, 한 소자 안에 전기적 신호전달 체계를 모두 구현해 소자 자체를 회로로 만들면 더 간단할 것이라고 생각했다. 그는 1953년 저마늄 한 조각에 트랜지스터, 저항, 레지스터 등 소자의 전기적 기능을 모두 구현한 뒤 금으로 회로를 만들어 연결했다. 이것은 하나의 소재로 모든 소자 기능을 구현해 회로 자체를 만든 집적회로Integrated Circuit 로 마이크로모듈보다 훨씬 간편하면서 작았다.

한편 잭 킬비와 다른 방식으로 집적회로에 접근한 인재들이 있었다. 그들은 트랜지스터를 개발한 윌리엄 쇼클리가 1956년 설립한 쇼클리 반도체 기업에서 트랜지스터를 연구하던 8명의 직원이었다. 윌리엄 쇼클리와 회사에 불만을 품은 직원들은 1957년 회사를 나가 페어차일드Fairchild 를 설립해 트랜지스터 연구를 이어갔다. 그들은 저마늄 대신 규소를 소재로 선택하고 트랜지

페어차일드의 인재 8명

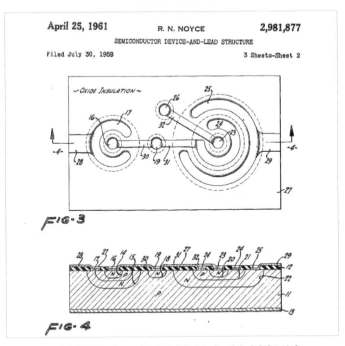

페어차일드의 로버트 노이스가 구현한 규소 반도체의 집적회로 특허

스터 오염 문제를 해결하는 방법을 연구했다. 1957년 진 호에르니는 트랜지스터 위를 산화막으로 덮어 트랜지스터를 오염물질에서 보호하는 평면 소자 공정을 설계했다. 이를 본 로버트 노이스는 산화물 코팅에 홈을 내고 그 자리를 금속으로 덮어 회로를 만들자는 아이디어를 냈고, 1959년 집적회로를 개발해 IBM에 납품했다.

페어차일드의 집적회로는 잭 킬비가 개발한 집적회로보다 저렴하고 안정성이 높았다. 그 덕분에 IBM은 집적회로를 몇 개만 넣어 컴퓨터를 설계해 크기를 줄이고 개발하는 데 상당한 비용을 절감하며 대량생산할 수 있었다. 그러나 집적회로는 아직 완벽하지 않았다. 소자의 집적도가 높아질수록 높은 전력 소모를 일으켰으며, 고 극단적인 경우, 전력 소모를 감당하지 못하고 컴퓨터가 고장나버렸다. 이 문제는 페어차일드에서 n형 반도체와 p형 반도체를 정렬해 전류를 최대한 적게 사용하며 정확한 논리회로를 구현하는 CMOS 기술로 해결됐다. 이 덕분에 집적회로는 컴퓨터의 소자로 매력적인 소자가 되었고 이내 트랜지스터를 밀어내고 컴퓨터의 부품이 되었다. 옷장 크기로 크고 무겁고 비싼 컴퓨터에서 서류 가방 크기로 작고 가볍고 전력도 적게 사용하는데, 비용도 저렴한 집적 컴퓨터로 빠르게 변하는 컴퓨터 대혁명을 맞이했다.

1960년대 이후 많은 공학자는 집적회로 크기는 더 줄이면서

매우 작아진 인쇄회로기판

더 많은 기능을 구현해 더 작고 더 성능이 좋은 집적회로를 설계하고 개발했다. 집적회로는 더 빠르게 발전했으며 집적회로를 회로 기판에 넣어 하나의 작고 완성된 기판 자체를 개발했는데, 그것이 인쇄회로기판Printed circuit board 이다. 인쇄회로기판 자체는 집적회로보다 오래되었지만 작으면서 많은 기능을 구현하는 집적회로가 인쇄회로기판에 추가되면서, 인쇄회로기판은 폭발적인 기능확장을 하게 되었다. 인쇄회로기판 하나가 컴퓨터 전체가 되었으며 이는 작은 물건에 컴퓨터를 장착하는 것이 가능함을 시사했다. 그래서 전자기기에 인쇄회로기판이 핵심 부품으로 들어갔으며 전자기기 자체가 상당히 작고 가벼워졌다. 전자기기는 폭발적으로 발전했으며, 인류는 작고 가볍고 똑똑한 전자기기를 마음껏 이용하며 편리한 생활을 영유했다.

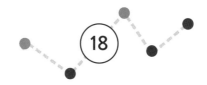

유닉스,
모든 운영체제의 아버지

단말기의 등장은 천공카드와 자기 테이프에 기록할 필요 없이 키보드로 명령어를 입력하고 모니터로 명령어를 확인한 뒤 실행하면 되는 편리함을 가져다줬다. 이렇게 컴퓨터 하드웨어는 단말기와 본체 구성이 표준이 되며 컴퓨터 하드웨어는 표준 규격을 잡아갔으나 소프트웨어는 아직 여러 소프트웨어가 난립했다. 기업은 각 컴퓨터에 맞으며 특정 임무만 수행하는 프로그램만 개발해 판매했고 사람들은 새 컴퓨터를 만나면 그 컴퓨터의 프로그램, 그리고 프로그래밍 언어를 다 따로 배워야 했다. 당시에 컴퓨터를 사용하는 사람들이 특정 직업군이었기에, 그들이 컴퓨터로 수행하는 일이 한정적이어서 큰 문제는 아니었지만, 불편

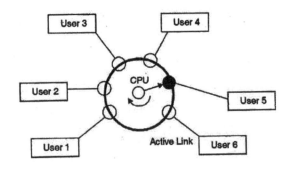

시분할 시스템

한 건 분명했다.

컴퓨터 연구원들은 컴퓨터 프로그램을 더 쉽게 이용할 수 있는 시스템을 원했다. 프로그램을 열고 실행하며 종료하는 과정을 일일이 설정하지 않고 간단하게 처리하는 것을 원했다. 그래서 그들은 어셈블리어로 한 프로그램을 이용하는 것을 쉽게 하는 기반 프로그램을 만들었는데, 그것이 운영체제Operating System 이다. 그러나 그들이 만든 운영체제는 한 번에 한 프로그램만 사용할 수 있어 다른 프로그램을 열 수 없다는 단점이 있었다. 그래서 연구자들은 CPU는 한 번에 한 프로그램만 실행할 수 있는 상황을 유지하면서 여러 프로그램을 실행하는 방식을 연구했다.

그리고 그들은 CPU의 시간을 쪼개 짧은 시간에 한 프로그램을 작동하고 다른 시간에 다른 프로그램을 작동하는 시분할 시스템Time sharing system 을 도입했다. CPU에게 1초는 매우 긴 시간이었고 1초를 매우 작은 단위로 잘게 쪼갤 수 있어, 1초 동안 여러 프로그램을 각각 하나씩 진행해 사람이 보기에는 여러 프로그램을 동시에 처리하는 걸로 보였다. 1964년 MIT와 협력해 AT&T 벨 연구소와 제너럴 일렉트릭 기업이 시분할 시스템을 적용한 운영체제 개발에 나섰다. 5년 후 그들은 멀틱스Multics 라는 운영체제를 개발했으나, 프로그램 용량이 크고 비용이 너무 부담스러워 초대형 컴퓨터에서만 작동했고 시장에서 성공하지 못했다. 하지만 사용자들이 여러 프로그램을 이용할 수 있도록 지원하는 멀틱스의 시스템은 매우 좋은 시스템이었으며, 멀틱스에 이어 더 성능이 뛰어난 운영체제가 태동했다.

멀틱스 개발에 참여한 데니스 리치와 AT&T 벨 연구소에서 몰래 게임을 만들던 켄 톰슨이라는 개발자는 더 좋은 운영체제 개

멀틱스

발이라는 공통 관심사를 공유했고, 작은 컴퓨터에서도 무리 없이 작동하는 운영체제를 함께 개발했다. 1971년 그들은 유닉스라는 운영체제를 개발해 멀티테스킹과 시분할 시스템을 지원하는 운영체제를 선보였다. 동시에 유닉스에서 작동하는 한 고급 프로그래밍 언어를 출시했는데, 그것이 바로 C 언어다. 당시에는 운영체제는 어셈블리어로 작성해야 작동한다는 것이 통념이었고, 고급 프로그래밍 언어로 운영체제를 설계하는 것은 금기로 여겨졌다. 그래서 프로그램은 고급 프로그래밍 언어로, 운영체제는 어셈블리어로 각각 따로 제작해야 했다. 이는 불편했고 고급 프로그래밍 언어로 운영체제도 설계하려는 시도가 있었다.

1969년 켄 톰슨 역시 B 언어를 만들어 고급 프로그래밍 언어로 운영체제를 설계하려고 했는데, 이를 데니스 리치가 개선해 1972년 C 언어를 개발했다. C 언어는 이전 언어보다 문법이 자연어에 더 가깝고 문법 자체가 단순하고 직관적이었으며, 운영체제는 어셈블리어로만 코딩해야 한다는 통념을 깨부수고 폭넓은 지원을 하는 고급 프로그래밍 언어가 되었다. 쉽고 간단한 C 언어는 유닉스에 최적화된 언어였으며 유닉스 운영체제에서 프로그램을 개발하고 고치기 매우 쉬워 개발자들과 컴퓨터를 이용하는 사용자 모두를 만족시켰다. 그 덕분에 소프트웨어 시장에서 C와 유닉스가 압도적인 점유율을 자랑했으며, 개발자들도 C와 유닉스를 적극적으로 사용했다. 그리고 많은 이들이 유닉스

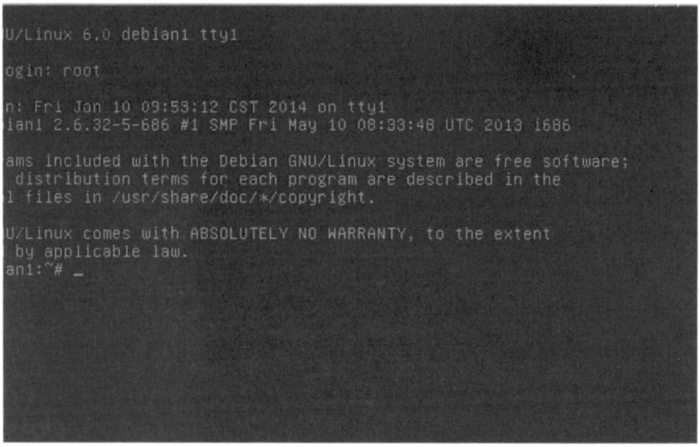

유닉스

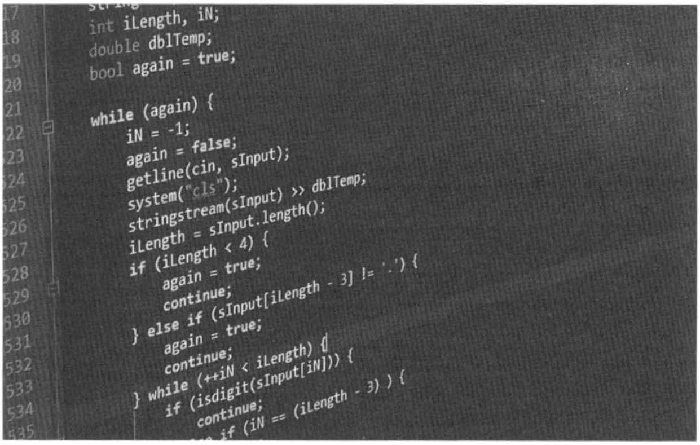

C 언어

를 개량하여 더 사용하기 편리한 운영체제를 발전시켰고 모니터 화면은 더욱 풍요로워졌다.

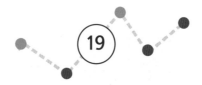

제너두 프로젝트,
컴퓨터로 정보를 연결하는 방법

1960년대 컴퓨터 안에 저장된 정보는 각각 따로 저장되어 있어 특정 정보를 찾으려면, 그 정보가 있는 경로를 직접 찾아가야 했다. 이 때문에 컴퓨터는 많은 정보를 담았지만, 그 정보를 열람하는 것이 어려웠다. 그래서 컴퓨터에서 정보를 쉽게 찾고 연결하는 방법에 관한 논의가 등장했다. 테드 넬슨 역시 그 문제를 심각하게 받아들였으며, 1960년 제너두 프로젝트Project Xanadu 라는 계획을 발표해 컴퓨터 안에서 정보를 연결하려는 연구를 시작했다. 그의 목표는 정보관리, 접근성, 창의적 표현의 자유를 제공하고 기존 문서 관리 시스템의 한계를 극복하는 것이었다. 그는 컴퓨터 안에서 정보가 자유롭게 접근되고 연결될 수 있어야

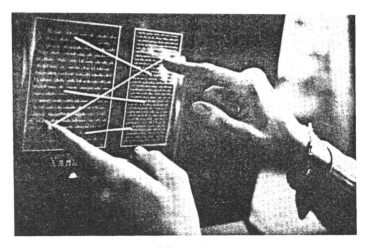

제너두 프로젝트

한다고 믿었다.

각각의 문서가 고립된 기존의 문서 시스템과 달리, 모든 문서가 서로 연결되고 참조될 수 있는 시스템을 원한 것이다. 이를 통해 지식의 전달 및 공유가 훨씬 더 효율적으로 이루어지고 컴퓨터 안 정보가 더 풍성해지리라고 생각했다. 그는 제너두 프로젝트에서 정보들 사이의 안전한 연결을 위해 원본 변조 없이 항상 보존되며, 변경사항을 추적할 수 있는 시스템을 제공해 문서의 영속성과 정확성을 보장하는 것을 중요하게 여겼다. 이를 통해 사용자는 컴퓨터에서 신뢰할 수 있는 정보를 제공받을 수 있고, 정보의 역사와 출처를 정확히 추적하며 정보를 추가하고 남이 추가한 정보를 열람하며 정보를 연결할 수 있게 하려고 했다. 창

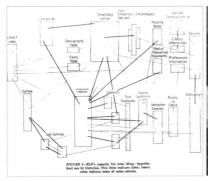

제너두 프로젝트 논문 내용　　　　　테드 넬슨

의적 표현과 협업을 촉진하는 시스템을 만들고자 한 넬슨의 비
전은, 사용자들이 서로 연결된 문서를 통해 협업하고 창의적으
로 표현할 수 있는 환경을 제공하는 것이었다.

　테드 넬슨은 1965년 〈복잡성, 변화, 불확실을 위한 파일 구조
연구 A File Structure for the Complex, the Changing, and the Indeterminate 〉
라는 논문에서 '하이퍼텍스트'라는 용어를 처음으로 사용했다.
이는 비선형적으로 연결된 텍스트와 문서들을 설명하기 위해 만
들어진 개념으로, 하이퍼텍스트는 정보를 더 유연하고 효율적
으로 접근할 수 있게 한다. 하이퍼링크는 문서의 특정 부분에서
다른 문서의 특정 부분으로 이동할 수 있게 해주는 기술로, 하이
퍼텍스트를 구현할 때 중요한 기술 중 하나였다.

　이외에도 넬슨의 제너두 프로젝트는 트랜스크루지아와 양방
향 링크 같은 혁신적인 개념들을 포함했다. 트랜스크루지아는

한 문서의 일부를 다른 문서에서 직접 참조하고 재사용할 수 있는 기능으로, 정보를 중복 없이 효율적으로 사용할 수 있게 했다. 양방향 링크는 문서 사이의 연결이 한 방향뿐만 아니라 양방향으로 가능하게 하여, 참조와 연결의 추적을 더 쉽게 하는 기술이었다. 이는 하이퍼링크로 구현할 수 있으리라 기대되었다. 마지막으로 비파괴적 편집 기능은 원본 문서를 수정하지 않고도 업데이트와 변경을 추적할 수 있게 하여, 다양한 버전 관리와 협업에 유리했다.

이어 1974년 테드 넬슨은 《컴퓨터 해방/꿈의 기계 Computer Lib/Dream Machines》를 출판하며 하이퍼텍스트 개념을 대중에 소개되면서 제너두 프로젝트를 본격적으로 추진했다. 그러나 제너두 프로젝트는 기술적 도전과 자금 문제로 어려움을 겪었다. 특히 1960년대에는 마우스가 없어 하이퍼링크를 선택하고 이용하려면 하이퍼링크에 번호를 지정한 뒤, 그 번호에 해당하는 키보드 숫자 키를 누르며 하이퍼링크를 선택해야 했다. 그마저 여

《컴퓨터 해방/꿈의 기계》

의치 않으면 CLI로 특정 하이퍼링크를 실행한다는 명령어를 입력해야 했다. 이 외에도 하이퍼텍스트를 보여주는 GUI가 발전하지 않아 CLI로 보여줘야 하는 등 당시 기술로는 사용하기 매우 불편했다. 1988년, 오토데스크Autodesk 에서 지원하며 기술적 진전을 이룰 수 있었으나 얼마 지나지 않아 지원이 중단되며 연구는 어려움에 빠졌다. 이후로 1990년대와 지금도 제너두 프로젝트를 진행하며 그가 원했던 청사진을 제시하고 있지만, 이미 더 좋고 간편한 정보연결기술이 나오면서 제너두 프로젝트는 세상에 큰 주목을 받지 못했다. 하지만 테드 넬슨의 제너두 프로젝트는 정보관리와 접근방식에 혁신을 가져왔으며, 현대 인터넷의 기초를 제공한 중요한 연구로 평가받고 있다.

마우스와 GUI,
누구나 쉽게 컴퓨터를

키보드로 모니터 안 화면에 CLI로 글만 쓰면 되는 작업은, 이전보다 훨씬 간편해서 처음에는 컴퓨터를 사용하는 사람들이 열광했다. 그러나 그것은 어디까지나 컴퓨터를 전문적으로 사용하는 사람들에게 해당이 되는 이야기였고, 컴퓨터를 처음 보는 사람은 CLI 프로그래밍 언어를 어려워했다. 그 때문에 컴퓨터를 사용하는 사람은 여전히 소수의 전문가였다. 또한 컴퓨터 전문가들 역시 CLI를 통한 프로그래밍에 불편함을 느껴 모니터에 뜬 화면을 눌러 명령을 내리고 싶어 했다.

키보드로 글자를 입력하는 것보다 원하는 부분을 누르는 것이 훨씬 직관적이었기 때문이다. 1963년 로봇 공학자인 이반 서덜

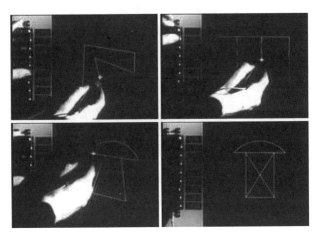

스캐치패드

랜드는 전용 펜을 링컨 TX-2Lincoln TX-2 컴퓨터의 모니터에 대
살짝 누른 상태에서 움직이면, 모니터 화면에 선이 그려지는 스
캐치패드Sketchpad 프로그램을 개발해 MIT 박사학위를 받았다.
펜으로 그림을 뚝딱 그리는 스캐치패드는 컴퓨터로 그림을 그리
고 디자인하는 기능을 할 수 있게 했으며, 본격적인 인간-컴퓨터
상호작용HCI, Human-Computer Interaction 연구가 출발한 기념적인
발명이었다.

　한편 1968년 스탠포드 연구소의 더글러스 엥겔바트와 빌 잉
글리쉬가 상하좌우로만 움직이는 바퀴 위에 나무상자를 얹고 그
위에 버튼을 설치한 마우스를 처음 개발했다. 둘은 나무상자 뒤
에 코드가 부착되어 있는 모습이 긴 꼬리를 가진 갈색 생쥐와 비
슷해서 마우스라고 불렀다. 최초의 마우스는 상하좌우로만 움직

이는 장치였지만 동작을 명령하는 장치라는 점에서 큰 의의가 있었다.

더글러스 엥겔바트는 마우스로 동작명령을 내리면 그 결과를 출력할 무언가가 필요했고 마우스 커서Mouse cursor 를 만들었다. 수직으로 뻗은 화살표 모양인 마우스 커서는 마우스가 움직이면 커서가 움직여 마우스로 컴퓨터에 내린 동작 명령을 시각화했다. 이는 1965년 하버드 대학교에서 시작된 제너두 계획에 큰 도움을 제공했다. 제너두 계획이 추구한 링크 안에 문서를 넣어 하이퍼텍스트 문서를 임의적이고 나열적으로 배치하자는 계획은 키보드로 치는 명령어로 이용하기 불편했다.

그러나 클릭으로 명령을 이행하는 마우스는 하이퍼링크에 마우스 커서를 두고 클릭하는 방식으로 명령했다. 이는 키보드보다 훨씬 직관적이어서 누구나 바로 이해할 수 있는 명령방식이었다. 그래서 그들은 마우스와 마우스 커서 개념을 도입해 마우스로 하이퍼링크 클릭하면, 하이퍼텍스트가 출력되는 명령을 수행하는 NLS 프로그램을 만들었다. 그 결과 컴퓨터에 대해 처음 보는 사람이나, 마우스를 처음 보는 사람도 조금만 사용하면 누구나 손쉽게 마우스를 이용해 하이퍼텍스트를 호출할 수 있었다. 그리고 하이퍼링크를 설명하기 위해 그림을 추가했다. 이런 하이퍼링크와 그림은 그래픽 사용자 인터페이스GUI, Graphic User Interface 로 CLI로 명령어를 입력하는 방식보다 훨씬 간편했다.

CLI로 몇 십 줄짜리 명령어 코드로 구현해야 하는 일을 GUI에서 마우스 커서를 한 번만 클릭하면 바로 수행할 수 있었다. 덕분에 누구나 GUI로 컴퓨터를 쉽게 이용할 수 있었고, CLI를 사용하는 전문가들 역시 CLI보다 GUI가 더 간편함을 인정했다. GUI로 구성된 프로그램과 마우스는 사용자에게 프로그램을 이용하는 난이도를 획기적으로 낮췄다. 누구나 조금 본 뒤 이해하고 명령을 내릴 수 있었기에 프로그래밍 언어를 모르는 일반인도 오직 마우스만 이용하면서 컴퓨터를 쉽게 사용할 수 있었다. 이 덕분에 컴퓨터를 사용할 수 있는 사람이 급격하게 증가했으며, 컴퓨터는 급증하는 수요에 따라 성능은 더 좋아지고 가격은 더 낮아지도록 압력을 받았고 그 방향으로 발전했다.

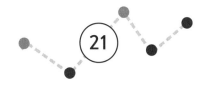

사이버네틱스,
계획경제의 희망과 좌절

1948년 미국의 수학자 노버트 위너는 〈사이버네틱스 : 혹은 인
간과 동물의 소통과 조정 Cybernetics: Or Control and Communication in
the Animal and the Machine 〉이라는 논문을 발표하며 사이버네틱스
Cybernetics 개념을 학계에 제시했다. 그는 인간, 동물과 기계는
목적이 있는 행동을 할 때, 행위에 대한 정보를 받아들이고 행위
를 피드백하며 제어하는 메커니즘으로 작동한다는 사실을 발견
했다. 그는 한 영역의 피드백 메커니즘을 다른 피드백 메커니즘
에 적용할 수 있을 거라는 아이디어를 도출했다.

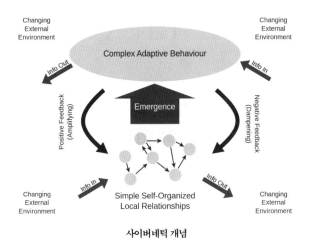

사이버네틱 개념

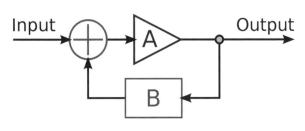

모든 학문에 적용된 사이버네틱 개념도

그래서 생물의 피드백 메커니즘을 밝혀내고 그 메커니즘을 기계에 작용해 기계를 제어할 수 있을 것이라는 아이디어를 발표한 것이었다. 이에 학계는 컴퓨터과학, 제어공학, 생물학, 생화학, 사회학, 환경학 등 광범위한 분야에서 현상의 제어 메커니즘을 밝히고 응용하려고 했다. 생물학자들은 생명체를 스스로 제어하는 유기기계로 보았으며, 기계공학자들은 정보를 입력하고 정보

소련 5개년 계획   소련의 키베르네티카 연구허가 결의안

를 판단한 뒤 그에 따라 제어하는 메커니즘을 기계의 기본 작동
원리로 적용했다. 그리고 사회학에서도 집단의 움직임을 사이버
네틱스로 판단하려는 움직임이 발생했다. 미국을 뜨겁게 달군
사이버네틱스 개념은 대양 건너 철의 장막에도 전해졌다.

공산주의를 경제이념으로 채택한 소련 또한 사이버네틱스에
관심을 보였다. 소련 학자들은 모든 것의 메커니즘을 밝혀 효율
적으로 통제하는 것을 목표로 하는 키베르네티카Кибернетика 에
큰 매력을 느꼈다. 마침 소련에 컴퓨터도 등장해 수학자와 관료
일부는 모든 것을 수학적으로 제어하는 키베르네티카를 인간이
제어하기에는 한계점이 너무도 분명한 소련 계획경제의 문제점
을 해결할 수 있는 기적의 기술로 생각했다.

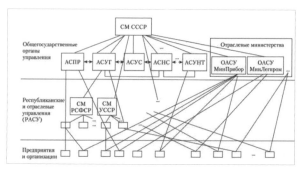

여러 기지국의 연결로 구성된
오가스 구상안

1965년 소련 전역에 보급된 베슴-6

아나톨리 키토프 대령은 드넓은 소련 국토의 컴퓨터를 연결해 군사정보를 수집하고 명령하는 체계를 만들려는 계획인 중앙국제통제망ЕГСВЦ, Единой государственной сети вычислительных центров 을 발표했다. 하지만 넓은 소련 국토를 연결한 연결망은 군사작전으로만 사용하기에는 너무 큰 비용이 들었기에, 군사용도 외에 다른 용도로도 사용하며 큰 비용이 드는 연결망을 유용하게 사용하자는 의견이 나왔다. 이에 빅토르 글루시코프는 소련 계획경제를 담당하는 관공서를 전화선으로 연결하자는 자동정보처리 및 회계연결체계 Общегосударственная автоматизированная система учёта и обработки информации, 줄여서 오가스ОГАС 계획을 당국에 발표했다.

하지만 소련 당국은 계획의 현실성과 실제로 체제를 구축하는데 소모되는 비용, 그리고 키베르네티카에 대해 남아 있는 불신 때문에 오가스 계획 추진에 무관심했고, 오가스는 청사진에서 멈췄다. 하지만 소련 학계는 이미 키베르네티카를 공산주의를 완벽하게 실현하는 기술로 여겨 도시 사이의 통신망 연결을 시도하며 조금씩 기계로 통신망을 연결해 자동 제어하는 체계가 발전했다.

1965년 총리 코시긴의 주도로 시작된 1965년 소련경제개혁에 컴퓨터를 연결해 키베르네티카를 실현하는 것을 주요 과제로 지정했다. 이에 따라 베슴-6 컴퓨터를 소련 전체에 보급했으며, 가까운 도시를 컴퓨터로 연결해 빠른 보고와 행정 처리에 성공하며 소련을 이끌 훌륭한 모델임을 입증했다. 하지만 소련은 모든 것을 설계하고 계획해 수행하는 계획경제 체제 때문에 컴퓨터를 대량 생산하지 못하고 소련 관공서 수만큼 생산하는 것에서 멈췄다.

이처럼 사이버네틱스는 계획경제를 실행해야 하는 공산주의 국가에서 계획경제를 실현할 수 있는 희망으로 여겨졌다. 하지만 아이러니하게도 모든 걸 계산하고 필요량만 생산하는 계획경제 때문에 사이버네틱스를 구현할 기술 발전과 인프라 구축에 실패했다. 한편 비슷한 시기 시장경제의 본고장인 미국 역시 컴퓨터를 연결해 사이버네틱스를 사회에 구현하자는 생각으로 새로운 기술개발에 도전했다.

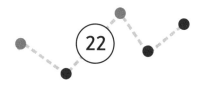

아르파넷,
공간을 초월한 연결

1957년 미국은 서로 물리적으로 멀리 떨어진 컴퓨터를 연결해 각 컴퓨터가 가진 자원을 효율적으로 공유하는 방법에 관한 연구에 흥미를 느끼고 투자했다. 당시 컴퓨터를 사용하는 비용은 비쌌고, 그 컴퓨터 안에 작업한 작업물은 다른 컴퓨터에 옮기는 것이 매우 어려웠다. 이를 해결하기 위해 전화선에 컴퓨터를 연결했지만, 전화선으로는 컴퓨터 데이터를 수신이 어려웠으며 컴퓨터마다 사양과 요구 조건이 달라 데이터를 어렵게 전송해도 그 데이터를 받아 읽지 못했다.

이 때문에 각 기지에 컴퓨터를 설치한 미군은 컴퓨터로 계산한 결과를 바로 공유하지 못하고 전신기나 기타 장비로 공유해 불

미국 국방부 산하의 국방고등연구계획국

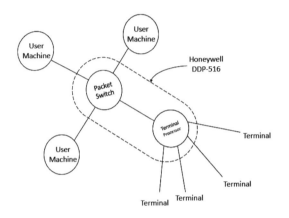

NPL 네트워크 개념도

편했고 긴박한 유사상황에 능동적으로 대처하지 못하게 되었다. 그 상황에서 원격으로 컴퓨터를 효율적으로 연결하는 방법에 관한 연구는 미국이 필요로 하던 연구여서 국방부는 해당 연구에 관심을 가지고 참여했다.

미국 국방부 산하의 국방고등연구계획국ARPA, Advanced Research Project Agency 는 전화선보다 더 진보된 방식으로 컴퓨터를 연결하는 연구를 직접 수행했다. 국방고등연구계획국의 목표는 각 대학교에 있는 컴퓨터를 연결하는 것으로 도널드 데이비스는 1965년 런던의 국립물리학연구소NPL, National Physical Laboratory 에서 제시한 NPL 네트워크 개념을 응용했다. NPL 네트워크는 근거리에 있는 복수의 컴퓨터를 한 통신 담당 컴퓨터가 담당해 연

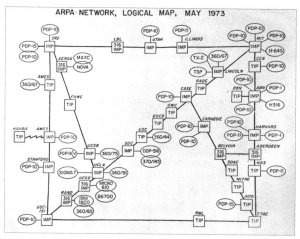

아르파넷으로 보낸 첫 신호

NCP 통신 규약을 적용한 아르파넷 구조

결하는 네트워크로 그는 통신 담당 컴퓨터를 터미널 프로세서 Terminal Processor 라고 불렀는데, 이것이 지금 라우터Router 로 불리는 컴퓨터이다.

그는 NPL을 응용해 데이터를 작은 패킷Packet 단위로 나눈 뒤 패킷을 하나씩 다른 네트워크를 통해 전송하는 패킷 스위칭 Packet Switching 기술을 개발했다. 패킷 스위칭은 원거리 컴퓨터 사이에 데이터를 안정적으로 전송할 수 있는 기술로 1969년 UCLA, 스탠포드 대학교, UCSB, 유타 대학교 4곳의 미국 명문 대학들이 각 대학교에 설치된 컴퓨터를 통신망으로 연결하는 거대한 실험을 시작했다. 이 통신망은 아르파넷ARPANET 이라는 이름으로 불렸으며 1969년 UCLA의 SDS 시그마 7SDS Sigma 7 컴퓨터로 데이터를 전송하는 첫 실험은 성공적이었다. 이에 1970

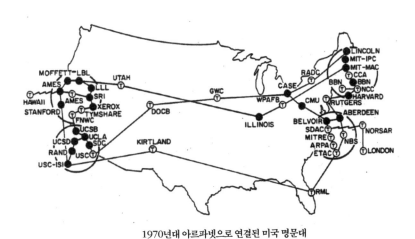

1970년대 아르파넷으로 연결된 미국 명문대

년 케임브리지 대학교와 MIT에도 연결하며 미국 명문대에 설치된 컴퓨터를 연결했다.

1969년 실시된 실험은 성공적이었지만 몇 가지 문제를 발견했다. 연구자들은 데이터를 패킷으로 보낸 뒤 잘 전송되었는지 확인하면서 문제가 있으면 재전송하는 기능이 필요함을 발견했다. 그래서 데이터 통신을 중간에 정리하는 체계를 추가했다. 먼저 두 컴퓨터가 서로 메시지를 보내 데이터를 송수신할 준비가 되었음을 확인하고, 전송하는 데이터 패킷 단위를 정해 그 단위로 데이터를 전송하며 그 통신망을 관리하는 체계를 구축했다. 이를 AHHP/ICP로 지정했고 AHHP/ICP를 수행하는 프로그램으로 NCP Network Control Program 를 개발해 사용했다.

그래서 NCP라는 전송 통신규약에 따라 아르파넷을 관리해 데이터 송수신에 오류를 줄였다. 데이터 송수신 문제도 상당히 해결되자 본격적으로 데이터를 전송하는 기술을 발전시켰다. 파일을 전문적으로 보내는 FTP를 개발했으며 FTP로 서로 파일을 보내며 통신하는 이메일 e-mail 이 등장했다. 1971년에는 레이 톰린스라는 연구원이 FTP 프로그램이 정상적으로 작동하는지 실험하기 위해 'QWERTYUIOP'라는 메시지를 적고 바로 옆 컴퓨터에 전송했다. 이때 그는 발신자와 발신 컴퓨터를 표시하기 위해 @ 문자를 사용했다. 실험을 위해 잠시 사용된 @ 문자는 이내 user@domain.com이라는 주소명으로 사용되어 e-mail의 표준으

1970년대 이메일을 사용하는 연구원

로 자리 잡았다. 1970년대에 들어서 더 많은 미국의 명문대들이 아르파넷에 참여해 미국 명문대를 아르파넷으로 연결했다. 처음에는 ARPA의 연구용으로만 사용되었으나, 아르파넷을 사용해 본 교수와 대학원생 들은 학회 때마다 넓은 미국 국토를 지나는 것 대신 이메일로 데이터를 송수신할 수 있다는 점에 흥미를 느끼고 이메일을 적극적으로 사용했다.

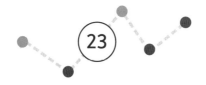

TCP/IP,
네트워크 표준

1960년대 후반, 미국 국방부 고등연구계획국_{DARPA} 주도로 개발한 아르파넷은 NCP를 사용해 데이터를 전송했다. 그러나 NCP는 기본적인 데이터 통신을 가능하게 했지만, 네트워크 확장성과 신뢰성 면에서 한계를 드러냈다. NCP는 아르파넷 초기의 데이터 전송 요구를 충족시키기에는 충분했지만, 네트워크 규모가 커지고 다양한 컴퓨터 시스템이 연결됨에 따라 몇 가지 주요 문제에 직면했다.

네트워크가 확장될수록 더 많은 연결을 효율적으로 관리하기 어려워졌고, 패킷 손실, 손상, 순서 변경 등의 오류가 빈번히 등장하면서 데이터 전송의 신뢰성이 약해졌다. 또 네트워크 중심의 신뢰성 모델을 채택했기에, 네트워크 자체의 복잡성이 증가해 감당하기 어려운 수준이 되었고, 호스트 간의 상호 운용성이 제한되었다. 이 때문에 NCP는 신뢰도가 떨어졌으며 정확한 정보를 받아야 하는 군대에서 이는 더욱 심각한 문제였다. 이러한 문제점으로 더 넓고 다양한 네트워크 환경을 지원할 필요성이 대두되었다.

이에 따라 빈트 세르프와 로버트 칸은 1973년에 새로운 프로토콜을 설계했다. 그들은 NCP의 한계를 보완해 TCP/IP를 발표했다. TCP/IP는 데이터 전송의 신뢰성을 보장하고, 네트워크의 확장성과 유연성을 고려해 설계된 통신 표준으로 데이터 패킷의 순서와 오류를 관리하고, 손실된 패킷을 재전송하여 신뢰성 있는 데이터 전송을 보장했다. IP는 데이터 패킷을 목적지까지 효율적으로 라우팅하며, 주소 지정과 패킷 전달을 담당했다.

새로 등장한 TCP/IP는 NCP에 없는 중요한 원칙을 따라 신뢰성을 높였다. 먼저 데이터 전송의 신뢰성은 네트워크가 아닌 송신자와 수신자가 관리해 네트워크의 복잡성을 줄이고, 다양한 네트워크와의 상호 운용성을 가능하게 했다. 또한 TCP와 IP는 각각의 역할을 분리하여 독립적으로 동작하며, 각자 역할에 충실한 모듈화 구조를 가져 더 우수한 성능을 발휘할 수 있었다. 이 덕분에 네트워크 확장성과 유연성이 크게 향상되었다.

1983년 TCP/IP는 아르파넷의 공식 프로토콜로 채택되었다.

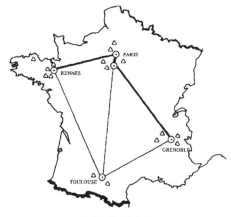

프랑스의 시클라데스

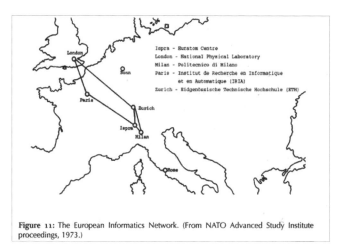

Figure 11: The European Informatics Network. (From NATO Advanced Study Institute proceedings, 1973.)

1970년대 유럽 정보 네트워크

이어 아르파넷 외 다른 네트워크에도 통신 프로토콜로 채택되었고, 미국을 넘어 프랑스와 영국, 일본 등 자유 진영을 채택한 서방 국가에 퍼져 세계적인 인터넷의 기본 프로토콜로 사용되었다. 사실 TCP/IP가 등장하기 전에도 이미 프랑스의 시클라데스CYCLADES, 영국의 NPL 등 미국의 아르파넷과 비슷한 다른 통신 기술이 있었다.

그리고 1976년 미국과 프랑스, 영국, 일본 등에서 난립한 많은 네트워크를 서로 연결하기 위해 X.25라는 ITU-T의 X 표준이 등장해 자유 진영을 하나로 연결했다. 이 X.25는 소련을 중심으로 하는 공산 진영의 공세에 대항해 바다로 단절된 자유 진 사이를 연결하며 학문적 교류와 군사적 교류를 하는 중요한 표준이었다. 그러나 이 중요한 역할을 한 X.25를 비롯한 각종 통신 프로토콜을 물리치고 TCP/IP가 최종 통신 표준이 되었다.

이것이 가능한 이유는 TCP/IP가 가진 장점들 덕분이었다. 먼저 TCP/IP는 다양한 네트워크 환경에서 효율적으로 작동하며, 새로운 네트워크 기술과 쉽게 통합될 수 있었다. 이는 네트워크가 확장되고 복잡해질수록 더욱 드러난 장점이었다. 또한 TCP는 데이터 패킷의 손실이나 손상을 감지하고, 이를 수정하며, 필요한 경우 패킷을 재전송해 통신의 신뢰성을 보장했다. 마지막으로 TCP/IP는 다양한 하드웨어와 소프트웨어 환경에서 호환되어, 글로벌 네트워크 상호 운용성을 보장했다. 미국, 프랑스, 영국, 서독, 이탈리아, 일본 등 통신강국뿐만 아니라, 기타 자유 진영 국가들에서도 쉽게 연결되며 자유 진영을 하나로 묶을 수 있었다. 이것이 자유 진영을 시작으로 국제통신표준이 되었다.

TCP/IP는 세계적인 통신의 표준이 되어, 수십 억 개의 장치가 연결되고 데이터를 주고받을 수 있게 했다. 데이터 전송에 신뢰와 효율을 제공했고, IT의 폭발적 성장을 가능하게 했다. 이는 디지털 연결과 정보 공유의 기반이 된 혁신적인 기술이며, 앞으로 디지털을 연결하고 확장해 거대한 세계를 만드는 데 기초가 된 중요한 프로토콜이다.

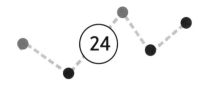

마이크로프로세서,
한 소자에 들어간 CPU

  페어차일드 세미컨덕터Fairchild Semiconductor의 창립자인 고든 무어는 1965년 4월 19일 잡지《일렉트로닉스》에 〈집적회로에 더 많은 구성요소를 집적하기Cramming more components onto integrated circuits〉라는 제목으로 논문을 실었다. 그리고 그 논문에서 '1) 반도체 집적회로의 성능이 18개월에서 24개월마다 2배로 증가한다, 2) 컴퓨팅 성능은 18개월마다 2배씩 향상된다, 3) 컴퓨터 가격은 18개월마다 2배씩 감소한다.' 세 법칙을 발표하며 무어의 법칙이라고 이름을 붙였다. 무어의 법칙은 1959년부터 1965년까지의 추세를 보고 그 추세를 미래에 그대로 적용한 법칙이었지만 그 법칙은 1965년에도 이어지며 현실이 되었다.

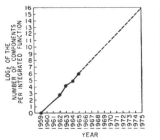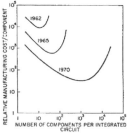

잡지 《일렉트로닉스》에 실린 무어의 법칙

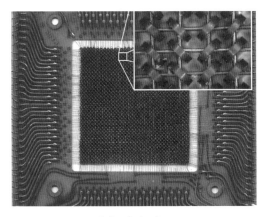

자기 코어 메모리

페어차일드 세미컨덕터는 집적회로를 개발하는 데 멈추지 않고 바로 다음 세대 기술 개발에 들어섰다. 기업이 주목한 소자는 임의접근 기억장치RAM, Random-access Memory 이었다. 중국계 미국인 왕안과 와이동우는 작은 자기 세라믹 링과 코어를 이용해 자기장을 형성하여, 그 자기장으로 배열된 자기 세라믹 링으로

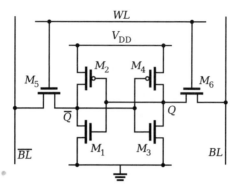

기억장치 구조도

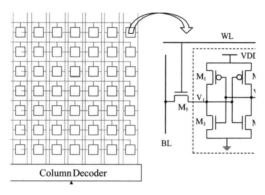

정적 임의접근 기억장치 구조도

비트bit 단위로 정보를 저장하는 자기 코어 메모리Magnetic-core Memory를 개발했지만 세라믹 링은 불안정했다. 이에 페어차일 드 세미컨덕터은 자기 세라믹 링 대신 반도체로 정보를 저장하 고 기억하는 방법을 연구했다. 그들은 6개의 트랜지스터로 신호 를 보내는 회로를 설계하고 1개의 워드라인Wordline과 2개의 비 트Bitline 단위로 구성되어 두 line의 신호변화로 정보를 저장하는 원리를 설계하며 독자적인 기술을 확보했다.

한편 무어의 법칙을 발표한 고든 무어와 집적회로를 개발한 로버트 노이스는 1968년 캘리포니아주 산타 클라라에서 Integrated Electronics를 줄여 인텔Intel 을 창립했다. 인텔은 임의접근 기억장치RAM 를 구현할 소자를 연구했다. 인텔의 연구원들은 임의접근 기억장치를 하나의 셀cell 단위로 지정해 여러 셀을 배치한 뒤

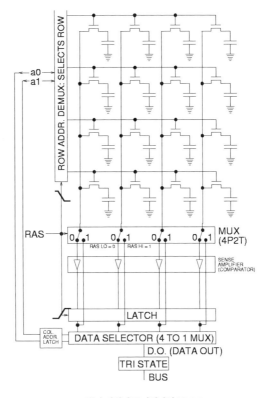

동적 임의접근 기억장치 구조도

그 사이로 워드라인과 비트라인을 배치해 정적 임의접근 기억장치 SRAM, Static Random-access Memory 를 설계했다.

인텔은 1969년 인텔 3101이라는 제품으로 정적 임의접근 기억장치 SRAM 를 처음 구현했고, 구조적 한계를 해결하기 위해 정보를 읽는 과정을 순차적으로 하는 것이 아닌 무작위로 읽는 구조를 만들었다. 그것이 동적 임의접근 기억장치 DRAM, Dynamic Random-access Memory 로 인텔은 1970년 인텔 1102 제품을 개발해 동적 임의접근 기억장치 DRAM 구조를 만들었다. 동적 임의접근 기억장치는 정적 임의접근 기억장치의 소비전력 문제를 해결했지만, 처리속도가 늦고 일정 주기로 재생해야 한다는 단점이 있었다.

인텔은 개발 경험을 밑바탕으로 하나의 소자에 컴퓨터 연산의 모든 것을 처리하는 소자를 개발했다. 인텔은 중앙처리장치 CPU 를 아주 작게 만들어 마이크로코드 Microcode 를 작성하고 정보를 모두 연산 처리하는 논리회로를 설계한 뒤, 그 회로를 최대한 작게 만들어 한 소자 안에 담았다. 그렇게 탄생한 소자가 초소형 연산처리장치, 원어로 마이크로프로세서 Microprocessor 이다. 인텔은 1971년 인텔 4004라는 마이크로프로세서를 처음 시장에 출시했다. 이는 많은 공간을 차지한 중앙처리장치를 한 소자로 함축해 회로기판 크기를 매우 줄였다. 이 덕분에 인쇄회로기판이 감당하지 못하는 복잡한 계산을 처리하는 회로기판 또한 획기적

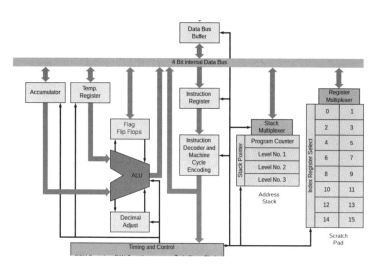

마이크로프로세서 구조도

으로 크기가 감소했고 컴퓨터 본체가 매우 작아졌다. 고든 무어
는 인텔을 설립하고 마이크로프로세서를 세상에 출시해 무어의
법칙을 스스로 지켰다.

　한편 1969년 제리 샌더스와 7명의 인재는 어드밴스트 마이크
로 디바이시스AMD, Advanced Micro Devices 를 설립하고 반도체 소
자와 전자제품, 임의접근 기억장치, 독자 마이크로프로세서를
개발했다. 어드밴스트 마이크로 디바이시스는 인텔 다음으로 마
이크로프로세서의 강자로 성장했으며 인텔과 함께 세계 반도체
시장을 석권하는 기업이 되었다.

알테어 8800,
민간에 나온 첫 컴퓨터

인텔과 AMD가 주도한 마이크로프로세서는 CPU를 한 소자에 모두 담아 컴퓨터 회로기판 크기를 획기적으로 줄이고 전력 소모도 줄였다. 마이크로프로세서는 인텔과 AMD뿐만 아니라 모토로라Motorola, 자일로그Zilog, RCA, 지멘스Simens, 미쓰비시, 도시바 등 다른 기업도 시장에 뛰어들며 서로 경쟁했다. 이 덕분에 마이크로프로세서 기술은 무어의 법칙에 따라 빠른 속도로 작아지고 성능이 향상되었다.

한편 1969년 설립된 MITS는 계산기를 판매하는 전자기기 기업이었다. MITS는 저렴한 계산기를 개발해 시장에 출시하며 시장에서 주목받았고 투자받았다. 하지만 1973년 제4차 중동전쟁

발발과 함께 석유파동이 일어나면서 MITS는 계산기 판매실적 부진에 빠졌고 투자금을 상환하지 못해 큰 빚더미에 내몰렸다. 위기에 빠진 MITS는 특정 소비층을 집중적으로 노리자는 전략으로 경영전략을 수정했다.

소비층은 컴퓨터를 이용하는 사람으로, MITS는 인텔의 인텔 8800 intel 8080 을

MITS 계산기 광고

소자로 채택해 개인용 조립식 컴퓨터를 개발했고 1975년에 시장에 출시했다. 그 컴퓨터가 알테어 8800 Altair 8800 으로 397달러라

알테어 8800 광고

알테어 8800

는 매우 저렴하고 작은 컴퓨터였다. 그래서 알테어 8800은 컴퓨터를 사용하는 사람들의 큰 주목과 기대를 받았다. 하지만 기대는 이내 실망으로 바뀌었다. 알테어 8800을 주문하면 부품이 따로 전달되어 가정에서 부품을 조립해 사용해야 했으며, 소프트웨어와 단말기가 따로 없어 에니악처럼 스위치로 작동하는 컴퓨터였다. 그래서 일반인은 물론 컴퓨터 전문가들도 불편함을 겪어 시장에서 큰 성공을 이루지 못했다. 하지만 첫 민간용 컴퓨터의 등장은 많은 사람들을 놀라게 했다.

홈브루 컴퓨터 클럽 회보

알테어 8800은 사용성이 매우 불편했지만, 컴퓨터에 관심을 가진 사람들은 첫 민간 컴퓨터의 등장에 주목했다. 1975년 3월 고돈 프렌치와 프레드 무어는 알테어 8800 및 다른 컴퓨터를 조립하고 사용하는 방법을 공유하기 위해 홈브루 컴퓨터 클럽 Homebrew Computer Club 을 만들었다. 처음에는 컴퓨터를 취미로 사용하는 사람들끼리 모여 컴퓨터를 사용하는 법을 공유하는 모임이었지만, 인재들이 모이며 더 대중적이고 쉬운 컴퓨터에 대한 아이디어를 나누는 모임이 되었다. 홈브루 컴퓨터 클럽의 회원들은 알테어 8800이 사용하기 불편한 컴퓨터라는 점에 동의했기에, 알테어 8800을 개선해 누구나 컴퓨터를 쉽게 사용할 수 있는 설계를 논의했다. 홈브루 컴퓨터 클럽은 정규적인 모임으로 성장했으며, 독자적인 회보를 내며 실리콘밸리의 소식을 기고하며 민간 컴퓨터에 대한 아이디어가 꽃피운 보금자리였다.

한편 알테어 8800을 주목한 두 하버드 대학생이 있었다. 그는 빌 게이츠와 폴 앨런으로 둘은 잡지로 알테어 8800 출시 소식을 알게 된 후, 곧 컴퓨터가 소프트웨어로 사업을 할 수 있는 수준으로 가격이 하락할 것이라고 예상했고 미리 준비할 필요를 느꼈다. 빌 게이츠가 회장, 폴 앨런이 부회장이 되어 몬트 데이비도프를 고용하고 알테어 8800의 인터프리터Interpreter 알테어 4K 베이직Altair 4K BASIC, 알테어 8K 베이직Altair 8K BASIC을 자체 개

알테어 8K 베이직

발했다. 그 프로그램을 홈브루 컴퓨터 클럽에 판매해 큰 실적을 냈다. 처음에는 클럽 회원들이 알테어 베이직Altair BASIC 을 남에게 추천하는 과정에서 별다른 생각 없이 복제해 전해줬는데, 빌 게이츠는 회보에 알테어 베이직을 무단 복제하지 말 것을 경고하며 소프트웨어를 구매해 이용하는 상품으로 여길 것을 강조했다.

빌 게이츠, 폴 앨런, 몬트 데이비도프는 알테어 4K 베이직은 150달러, 알테어 8K 베이직은 200달러, 알테어 베이직 확장판은 350달러에 판매하며 수익을 창출했다. 이에 빌 게이츠와 폴 앨런은 본격적인 사업을 위해 뉴멕시코주 앨버커키에 기업을 설립했다. 그 기업이 마이크로소프트Microsoft 다. 마이크로소프트는 1975년 알테어 베이직으로 사업을 시작해 1977년 ASCII 마이크로소프트ASCII Microsoft 를 개발해 판매하며 컴퓨터 소프트웨어 사업을 주도하는 기업으로 성장했다.

우수한 계산기로 시작한 컴퓨터는 다양한 기능이 추가되고 더 우수하게 사용하기 위한 철학적 고민이 반영되어 모든 일을 하는 복합기계로 성장했다. 그리고 그 컴퓨터는 민간에 등장해 인류 개개인의 삶에 스며들었다. 인류는 컴퓨터로 원하는 모든 것을 할 수 있었고, 컴퓨터는 인간 사회와 경제, 개개인의 삶을 재편성했다.

Chapter 2

혁명

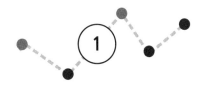

애플 I,
더 쉬운 개인용 컴퓨터

조립식 컴퓨터인 알테어 8800이 1974년 시장에 출시되자 컴퓨터에 관심을 가진 수많은 실리콘밸리의 인재들이 조립식 컴퓨터에 관심을 가졌다. 알테어 8800은 회로기판만 주고 본인이 직접 모든 걸 조립해 만들어야 하는 불편한 컴퓨터로 많은 사람들이 컴퓨터를 조립하는 방법조차 몰라 서로 모여 정보를 교환해야 했으며, 컴퓨터 조립법을 공유하고자 인재들은 홈브루 컴퓨터 클럽에 모였다. 그들은 알테어 8800 조립법을 배우고 또 다른 방법으로 조립하며 노하우를 익혔다. 어느새 홈브루 컴퓨터 클럽은 전자공학, 컴퓨터과학, 소프트웨어 공학 등 각 방면으로 우수한 실력을 보유한 인재가 만나는 모임이 되었고 그 클럽에서

알테어 8800은 회로기판을 조립하는 조립식 컴퓨터였다

미래를 바꿀 아이디어가 나왔다.

알테어 8800은 이전 에니악처럼 토글 스위치로 작동하는 컴퓨터였기에 컴퓨터에, 깊은 이해가 있는 공학자가 아니면 사용할 엄두를 내지 못하는 물건이었다. 홈브루 컴퓨터 클럽의 회원들은 이미 컴퓨터를 매우 잘 이해한 인재들이어서 잘 이용했지만, 그들도 알테어 8800의 높은 진입장벽을 잘 알았다. 회원이었던 스티브 워즈니악 역시 그런 생각을 가진 인재 중 하나였다. 훌륭한 컴퓨터 공학자였던 스티브 워즈니악은 컴퓨터 회로기판을 설계하고 수작업으로 만들었다. 그의 수제 컴퓨터를 본 친구 스티브 잡스는 1976년 스티브 워즈니악이 만든 컴퓨터에 애플 I Apple I이라는 제품명을 붙여 홈브루 컴퓨터 클럽에 666달러에 판매하

며 클럽에 컴퓨터를 본격적으로 보여주었다.

천재적인 컴퓨터 공학자인 스티브 워즈니악은 홈브루 컴퓨터 클럽에 처음 참여할 때 주고받은 아이디어 덕분에 애플 I을 개발할 수 있었다고 밝혔다. 홈브루 컴퓨터 클럽에서 태동한 애플 I은 더 간편하고 집에서 사용하기 충분한 컴퓨터의 가능성을 보여줬다. 그 가능성을 본 스티브 잡스와 친구들은 당시 HP에서 근무하는 스티브 워즈니악에게, 천재를 알아보지 못하는 HP에서 근무하지 말고 기업을 설립하자며 설득했다. 근무와 창업 사이에서 갈등한 스티브 워즈니악은 HP에 개인용 컴퓨터 아이디어를 제시했지만, HP는 그의 제안을 무시했고 이에 그는 잠재성을 아는 친구들을 믿고 창업의 길에 나섰다.

홈브루 컴퓨터 클럽 모습

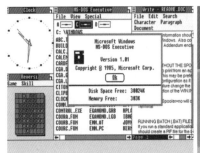
스티브 워즈니악이 만든 애플 I

애플 I에 단말기를 연결한 모습

1950년대에 등장해 1970년대까지 빠른 속도로 발전한 컴퓨터는 이제 가정에서 사용할 수 있는 모든 조건을 충족하며 세상을 지배할 준비를 마쳤다. 그리고 1974년 MITS의 알테어 8800의 실패를 밑바탕 삼아 1976년 애플 I이 등장했고, 애플 I을 시작으로 개인용 컴퓨터들이 등장해 모두의 삶을 바꾸었다. 복잡한 계산을 빠르게 수행하는 컴퓨터에 여러 소프트웨어가 추가되며, 가정에서 컴퓨터 앞에 앉아 모든 걸 처리할 수 있는 시대가 도래했다. 이제 사람들은 더 이상 발로 뛰고 소식을 기다릴 필요 없이 컴퓨터 모니터 앞에 앉아 모니터만 보면 모든 것이 순식간에 해결되는 혁명을 목격했다.

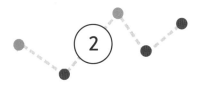

애플 II,
개인용 컴퓨터 시대를 연 주역

　스티브 워즈니악은 1976년 애플 I을 개발해 홈브루 컴퓨터 클럽에 소개했다. 애플 I은 자기만의 컴퓨터를 조립하는 걸 선호한 홈브루 컴퓨터 클럽 회원들을 만족시켰지만, 컴퓨터를 모르는 일반인에게는 여전히 진입장벽이 높았다. 누구나 쉽게 사용하는 컴퓨터를 원한 그는 차세대 애플 컴퓨터를 만들기로 결정했다. 스티브 워즈니악은 컴퓨터에 완전히 무지한 일반인도 바로 컴퓨터를 이용할 수 있게 컴퓨터 제품을 설계해야 한다는 철학을 가지고 있었다. 그래서 그는 1997년 조립식 컴퓨터가 아닌 완전히 조립되어 나오는 애플 II 일체형 컴퓨터를 완성해 스티브 잡스에게 소개했으며, 두 사람은 애플 II의 로고를 무지개색 사과로 바

애플 I   애플 II

꾼 뒤 시장에 출시했다.

1977년 출시된 애플 II는 키보드와 모니터, 마우스, 전용 테이프 외부 기록장치가 한 세트로 구성되어 있어 누구나 쉽게 컴퓨터를 이용할 수 있었다. 그리고 제품 디자인을 중요시한 스티브 잡스는 제리 마녹을 고용해 컴퓨터 표면을 곡면으로 처리했으며, 가벼운 컴퓨터를 구현하기 위해 플라스틱으로 제작해 컴퓨터를 전혀 모르는 사람들도 애플 II 외관을 보고 흥미를 느끼게 했다. 대중은 예쁘면서도 뭔가 엄청난 기능이 있는 듯한 애플 II에 주목했고 언론들도 개인들이 사용할 수 있는 컴퓨터가 세상에 나왔다며 찬사를 보냈다. 스티브 잡스는 사람들이 애플 II을 이용하려면 미적 우수성도 중요하지만, 소프트웨어가 중요함을 잘 알아 우수한 소프트웨어를 준비했다.

스티브 잡스는 알테어 베이직을 개발한 마이크로소프트에 접

애플 II 신문광고

근해 애플 II 전용 내장 소프트웨어를 개발할 것을 의뢰했고, 마이크로소프트는 1977년 애플소프트 베이직Applesoft BASIC 을 출시해 애플 II 전용 소프트웨어를 제공했다. 애플소프트 베이직을 탑재한 애플 II가 등장하자 1978년 애플 II 전용 워드프로세서인 워드스타WordStar 가 출시되면서 사무실에 워드스타를 탑재한 애플 II가 보급되었다. 그리고 1979년에는 데이터베이스 관리 프로그램인 디베이스dBASE 가 등장해 방대한 데이터를 일괄적으로 처리해야 하는 직종에 혁신을 불어 넣었다. 이어 등장한 비지컬크VisiCalc 는 몇 번 클릭으로 완벽한 표를 만들어주는 프로그

애플소프트 베이직

워드스타

디베이스

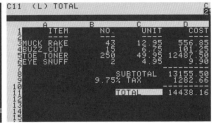

비지컬크

램으로, 사무업무를 보는 사람들에겐 간편하면서 빠르고 배우기
쉬워 프로그램이었다. 기업과 개인은 간단하게 사무업무를 수행
하게 지원하는 비지컬크를 이용하기 위해 애플 II를 구매했으며,
애플 II 판매량은 10배로 뛰어올랐다.

　워드스타, 디베이스, 비지컬크는 애플 II를 기업 사무실에 보급
한 주역 소프트웨어였고 사무원들은 애플 II 컴퓨터를 배우며 업
무를 수행했다. 이 소프트웨어만 존재했다면 애플 II는 흔한 사
무기기 중 하나에서 멈췄겠으나, 애플 II에 또 다른 생명을 불어
넣은 소프트웨어 또한 바로 등장했다. 그것은 게임으로 누구나

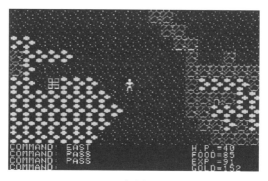

울티마

컴퓨터로 즐기는 대표 프로그램이었다. 컴퓨터에서 할 수 있는 비디오 게임을 연 주인공은 리처드 개리엇이다.

영국에서 태어나 미국에서 프로그래밍을 공부한 그는 1979년 〈아칼라베스: 파멸의 세계 Akalabeth: World of Boom 〉을 개발했고 1980년 〈울티마 1: 제1 암흑기 Ultima I: The First Age of Darkness 〉를 출시했다. 주인공이 악의 무리를 격퇴하고자 던전을 탐험하는 간단한 내용을 담은 〈울티마 1: 제1 암흑기〉는 애플 II에 탑재되어 사람들에게 컴퓨터를 사무업무 외에도 일상에서 즐길 수 있는 전자기기임을 보여줬다.

이렇게 소프트웨어들이 등장하며 애플 II는 시장에서 대성공을 거두며 성공신화를 기록했다. 하지만 1977년에 애플 II만 존재하는 것은 아니었다. 코모도르 인터네셔널 Commodore International 기업에서 코모도르 PET 2001 Commodore PET 2001 컴

코모도르 PET 2001, 애플 II, TRS-80 모델 I

퓨터가 출시되었고 탠디 코퍼래이션Tandy Corporation에서 TRS-80 모델 I TRS-80 Model I이 출시되었다. 이들은 1977년 3대 컴퓨터로 불렸고 치열하게 경쟁했다. 그러나 애플 II에 비지컬크가 탑재되어 사무용 컴퓨터의 표준으로 자리를 잡자, 코모도르 PET 2001과 TRS-80 모델 I은 순식간에 밀렸다. 우수한 소프트웨어를 가진 애플 II는 경쟁자를 밀어내고 개인용 컴퓨터의 주인공이 되었다.

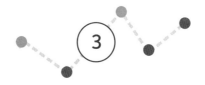

IBM PC,
급히 등장한 역작

1977년 세상에 등장한 애플 II는 여러 소프트웨어의 지원을 받아 빠르게 기업 사무실을 차지했다. 애플은 애플 II 돌풍에 힘입어 애플 II를 더 간편하게 개량해 애플 II 시리즈를 시장에 내세웠고, 기업들은 조작이 더 쉽고 간편한 애플 II 시리즈를 기다렸다. 자신감을 얻은 애플은 애플 II 시리즈에 이어 차세대 컴퓨터들을 출시했다. 1980년 애플은 애플 III를 출시를 준비했으나 개발 도중 치명적인 결함이 발견되어 개발 일정이 밀리다 못해 중단되었다. 애플 III는 시장에서 크게 실패했고, 애플은 애플 II 시리즈판매로 여전히 큰 수익을 보았으나 뼈아픈 시행착오를 겪었다.

애플 II series · 애플 III

애플이 등장하기 직전만 해도 컴퓨터 시장은 IBM이 주도하고 있었다. IBM은 당시 가장 우수한 컴퓨터를 만드는 기술을 보유한 기업이었고, 소비자들은 고성능 컴퓨터를 찾는 특정 직종이었다. 그래서 IBM은 거대한 본체와 우수한 성능을 가진 컴퓨터를 고객에게 판매하며 한 번에 많은 수익을 벌어들였다. 하지만 저성능을 가진 애플 II가 가벼움과 아름다움, 그리고 이용하기 쉬움을 무기로 컴퓨터 시장을 빠르게 장악하자, IBM은 위기감을 느꼈다. IBM은 특정 직업군만 고객이 되었지만, 애플은 모든 사무직을 고객으로 끌어들였기에 시장 규모 자체가 차원이 달랐기 때문이다.

IBM은 애플의 추격을 진지하게 위기로 바라보았고 1980년 IBM은 자사 최고의 개발자 12명을 모아 "시장에 나온 어떤 컴퓨터보다 저렴하고 빠른 컴퓨터를 만들어 1년 안에 출시할 수 있도록 하라"라는 특명을 내렸다. IBM의 정예원 12명은 '더티 더즌

1977년 출시된 IBM 3033   IBM의 특명을 받은 더티 더즌

the Dirty dozen'이라 불렸으며, 그들은 특명을 받자마자 시장에 출시된 개인용 컴퓨터를 분석하고 급히 컴퓨터 재료를 모았다. 더티 더즌은 인텔과 반도체 구매 계약을, 마이크로소프트와 컴퓨터 소프트웨어 계약을 맺으며 속전속결로 컴퓨터를 개발했다.

하지만 IBM은 오직 1년밖에 시간이 없었기에 핵심 기술은 인텔, 마이크로소프트와 계약을 맺는 것으로 처리하고 하드웨어만 IBM 기술로 완성했다. 1981년 IBM은 개인용 컴퓨터 Personal Computer의 약어인 PC를 앞세워 IBM PC로 이름을 붙인 컴퓨터를 시장에 출시했다. 이때까지만 해도 IBM은 IBM PC를 생산할 공장 파이프라인조차 완성하지 못했으며, 인텔과 마이크로소프트와 독점 계약조차 맺지 못한 채 출시하는 등 여러모로 급하게 PC를 출시했다.

IBM PC

IBM PC 키보드에 Ctrl, Alt, Del 키가
새로 추가되었다

    그렇다고 IBM PC에 IBM의 핵심 기술이 전혀 들어 있지 않은 것은 아니었다. IBM PC의 비장의 무기는 키보드에 새로 도입된 세 키로 모두 젊은 박사 데이비드 브래들리의 손에서 탄생했다. 그가 설계하기 전 키보드 키는 Control-Alt-Escape였으나 Control, Alt, Escape 키 모두 키보드 왼쪽에 몰려 있어 사용자가 실수로 재부팅을 할 가능성이 높다는 문제점이 있어, 그는 Control 키와 Alt 키를 왼쪽에 배치하고 Delete 키를 오른쪽에 배치해 사용자가 실수로 재부팅을 담당하는 세 키를 동시에 누르지 않도록 방지했다. 이는 단순한 발명이었지만 사람들이 컴퓨터를 사용하며 저지르는 흔한 실수인 재부팅을 획기적으로 줄였다. 마이크로소프트는 Ctrl-Alt-Del 조합을 재부팅으로 적극적으로 홍보해 Ctrl-Alt-Del 인지도를 높였다.

    1981년 IBM은 IBM PC를 1,565달러에 출시했다. 1977년 애

플이 애플 II를 1,298달러에 출시한 것과 비교하면 애플 II의 가격이 더 낮았다. 하지만 IBM PC는 인텔의 고성능 반도체로 성능이 애플 II보다 더 좋았으며, 마이크로소프트라는 막강한 소프트웨어 기업의 소프트웨어로 무장했다. 그 덕분에 IBM PC는 애플 II와 가격이 비슷하면서 성능은 더 좋아 부유한 가정집에서 교육 및 취미 목적으로 구매하는 컴퓨터가 되었다. 그리고 IBM PC는 애플 II보다 할 수 있는 일이 많았는데, 대표적인 것이 IBM PC 소프트웨어의 근간이 되는 마이크로소프트의 MS-DOS였다.

MS-DOS,
운명을 바꾼 운영체제

알테어 베이직, 애플 소프트 베이직 소프트웨어를 판매하며 수익을 창출하고 컴퓨터 시장에 이름을 알린 마이크로소프트는 여전히 작은 기업이었다. 그리고 인텔의 마이크로프로세서를 기반으로 하는 운영체제를 개발하는 기업은 마이크로소프트보다 훨씬 거대한 기업인 디지털 리서치Digital Research 였다. 1974년 게리 킬달이 설립한 디지털 리서치는 인텔 8080/85를 기반으로 하는 운영체제 CP/M을 개발해 대박을 터트렸다. 디지털 리서치는 CP/M 하나로 큰 기업으로 성장했고 이어 인텔을 비롯한 반도체 기업의 반도체를 기반으로 하는 운영체제를 개발하며 소프트웨어 시장을 석권했다.

Loading CPM.SYS...

CP/M-86 for the IBM PC/XT-AT, Vers. 1.1 (Patched)
Copyright (C) 1983, Digital Research

Hardware Supported :

```
          Diskette Drive(s) : 3
          Hard Disk Drive(s) : 1
          Parallel Printer(s) : 1
            Serial Port(s) : 1
              Memory (Kb) : 640
```

```
0os:
A>dir
A: PIP      CMD : STAT   CMD : SUBMIT  CMD : ASM86   CMD
A: GENCMD   CMD : DDT86  CMD : TOD     CMD : ED      CMD
A: HELP     CMD : HELP   HLP : SYS     CMD : ASSIGN  CMD
A: FORMAT   CMD : CLDIR  CMD : WRTLDR  CMD : BOOTPCDS SYS
A: BOOTWIM  SYS : CPM    H86 : WINSTALL SUB : FD     CMD
A: WCPM     SYS : DISKUTIL CMD
A>_
      User 0    0:00:11       Jan. 1, 2000
```

당대 최고 소프트웨어 기업
디지털 리서치

인텔 8086 기반 CP/M-86

한편 1년 안에 저렴하며 성능이 좋은 컴퓨터를 개발해야 했던 IBM은 1980년 마이크로소프트에 인텔 8086 기반 CP/M 운영체제를 개발해달라는 의뢰를 넣었는데, 인텔 8086 기반 CP/M 소유권은 디지털 리서치에 있었기에 마이크로소프트는 IBM과 디지털 리서치 사이를 주선했다. 하지만 디지털 리서치는 IBM의 의뢰를 거절했고, 조급했던 IBM은 마이크로소프트에 CP/M이

```
A:asm mon

Seattle Computer Products
Copyright 1979,80,81 by Se




Error Count =      0

A:hex2bin mon

A:
```

86-DOS

아니어도 좋으니 인텔 8086 기반 운영체제를 개발할 것을 의뢰했다. 마이크로소프트는 IBM의 요구를 받아들여 마이크로소프트만의 운영체제 개발에 나섰다. 이는 IBM과 디지털 리서치, 마이크로소프트의 운명을 바꾼 금세기 최고의 거래였다.

1980년 7월 마이크로소프트는 IBM에서 독자 운영체제 개발 의뢰를 받았는데 주어진 시간은 약 1년이었다. 운이 좋게도 마침 마이크로소프트는 시애틀 컴퓨터 프로덕츠Seattle Computer Products 기업의 팀 패터슨을 고용하여, 그가 개발한 86-DOS도 구매했다. 소프트웨어와 인재 모두 얻은 마이크로소프트는 86-DOS를 의뢰업체인 IBM의 규격에 맞춰 재조립해 MS-DOS를 빠르게 완성했다.

마이크로소프트는 1981년 연초에 IBM에 MS-DOS를 선보였다. 마이크로소프트는 IBM에게 먼저 의뢰받은 베이직을 완성해 IBM에 제출했지만, 더 큰 사업을 위해 MS-DOS 판매에도 열을 올렸다. 베이직은 운영체제 없이 작동했지만 마이크로소프트는 여러 프로그램을 관리하는 운영체제가 큰 수완이 될 것임을 예견했다. IBM의 새 컴퓨터의 운영체제는 MS-DOS가 되어야 한다고 생각해 IBM에게 MS-DOS를 제안했다. 하지만 IBM은 새 운영체제 대신 이미 시장에서 신뢰를 얻은 CP/M-86을 새 컴퓨터의 운영체제로 선호했다. 그럼에도 IBM은 일단 IBM PC에 MS-DOS가 호환되게 하는 걸 허용하며 마이크로소프트에게

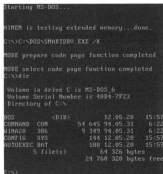

플로피 디스크로 출시된 MS-DOS   MS-DOS 명령 프롬프트

기회를 제공했다.

　1981년 IBM은 IBM PC를 발표했고 디지털 리서치는 CP/M-86을, 마이크로소프트는 MS-DOS를, 캘리포니아 대학교 샌디에이고는 UCSD p-System을 시장에 출시했다. 처음에는 이미 시장에서 성능을 검증받은 CP/M-86 판매실적이 좋았지만, CP/M-86은 250달러인 반면, MS-DOS는 40달러이면서 성능도 CP/M-86과 비슷해 사람들은 MS-DOS를 선호했다. 그래서 시간이 지나자, MS-DOS 판매량이 증가하며 CP/M-86을 꺾고 소프트웨어 시장의 승자가 되었다. 게다가 IBM PC 역시 IBM도 예상하지 못한 대성공을 거두면서 자연스럽게 MS-DOS 판매량도 증가했고 컴퓨터에 대해 전혀 모르던 대중들도 마이크로소프트라는 작은 기업들을 들어보고 관심을 가졌다.

IBM PC의 운영체제를 MS-DOS가 독식하며 IBM PC의 소프트웨어를 마이크로소프트가 석권하자, 사람들은 MS-DOS를 이용하며 IBM보다 마이크로소프트에 더 친숙해졌다. 그래서 IBM PC가 성공하자 IBM의 인지도는 떨어지고 마이크로소프트의 인지도가 상승하는 희한한 현상이 발생했다. 이처럼 MS-DOS는 마이크로소프트를 작은 기업에서 거대한 기업으로 발돋움하게 도와준 운명의 소프트웨어였다. 하지만 MS-DOS는 명령어로 명령을 입력하는 CLI였고 명령어를 모르는 사람들은 입문에 어려움을 느꼈다. 애플은 이를 파악하고 만반의 공격을 가했다.

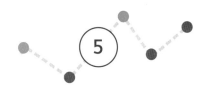

매킨토시 128K,
GUI를 널리 알린 컴퓨터

애플 III가 치명적 결함으로 사업이 부진해진 틈을 타 IBM이 애플 II와 가격은 비슷하면서, 성능은 더 좋은 IBM PC를 출시해 사무실과 가정에 빠르게 침투했다. 대기업의 역습에 놀란 애플은 IBM PC의 약점을 수색해 찾아냈는데, 그 약점은 CLI, 다시 말해 명령어로만 이루어진 MS-DOS를 운영체제로 사용해 명령어를 모르는 사람들은 사용에 불편함을 겪는다는 것이었다. 애플은 CLI 대신 누구나 사용할 수 있는 GUI를 무기로 삼아 반격을 준비했다.

시각적 디자인을 중시한 애플은 GUI에도 크게 투자하여, GUI에 대한 철학을 담아 1983년 GUI를 탑재한 애플 리사Apple Lisa

애플 리사

매킨토시 128K

를 출시했다. 하지만 애플 리사는 모든 사무용 기능을 탑재해 10,000달러라는 너무 비싼 가격이 나와 시장에서 외면받았다. 이어 애플은 애플 리사의 실패 원인을 분석하고 필수기능만 탑재하면서 가격을 낮춘 컴퓨터를 개발해 1984년 다시 시장에 출시했다. 그것이 매킨토시 128K Macintosh 128K 였다.

스티브 잡스는 매킨토시 128K는 GUI로 프로그램을 이용해 모두가 편하게 컴퓨터를 이용할 수 있음을 강조하면서, 맥 라이

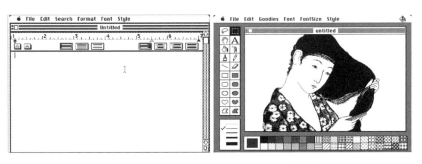

맥 라이트   맥 페인트

트Mac Write와 맥 페인트Mac Paint를 공개했다. 맥 라이트는 흰 바탕에 글씨를 키보드로 타이핑하고 상단의 버튼을 클릭해 이용하는 너무도 직관적이고 간편한 프로그램이었다. 한편 맥 페인트는 마우스를 이용해 컴퓨터로 그림을 그릴 수 있는 프로그램으로, 사람들에게 마우스를 사용하는 즐거움을 알려주었으며 컴퓨터를 단순히 사무 업무를 수행하는 사무용품을 넘어 평소에 창작 등 사용자들이 즐거운 활동을 할 수 있는 도구라는 인식을 심었다. 매킨토시 128K는 모든 프로그램을 GUI로 바꿔 어린아이도 컴퓨터에 빠르게 적응해 컴퓨터를 즐길 수 있게 도왔다.

애플은 매킨토시 128K를 광고하면서, 매킨토시 128K이 1984년에 나온 것을 응용해 조지 오웰의 소설 《1984》를 패러디했다. IBM을 빅 브라더로 묘사하고 애플을 빅 브라더에 대항하는 영

매킨토시128K를 사용하는 학생들

웅으로 묘사하였는데, 스타트업인 애플이 대기업인 IBM을 물리치고 컴퓨터 시장의 주역이 되겠다는 자신감을 드러냈다. 그리고 애플의 예상대로 매킨토시 128K는 사람들의 주목을 받으며 다시 한 번 신드롬을 일으켰다.

매킨토시 128K의 GUI 덕분에 명령어로만 이루어진 MS-DOS를 이용하기 어려워하는 비전문가들은, MS-DOS가 내장된 IBM PC와 호환 기종 대신 매킨토시 128K를 이용하며 업무를 수행했다. 이 덕분에 컴퓨터와 전혀 상관없던 업무를 보던 사무실에도 매킨토시 128K가 보급되며 사람들의 입소문에 올랐다. 애플은 매킨토시 128K 성공신화를 주도하면서, 애플이

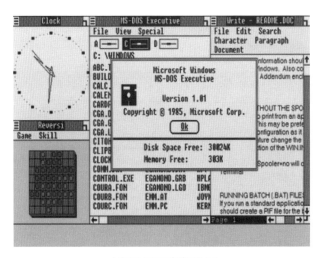

마이크로소프트의 윈도우 1.0

매킨토시 128K보다 IBM PC 호환 기종이 훨씬 더 많다

다시 컴퓨터 시장을 석권할 것을 기대했다.

하지만 IBM과 마이크로소프트는 만만치 않은 상대였다. 마이크로소프트는 매킨토시 128K의 성공요인을 GUI로 판단하여, 1985년 CLI인 MS-DOS를 대대적으로 수정해 GUI인 윈도우 1.0Windows 1.0 을 출시했다. 마이크로소프트의 윈도우 1.0은 애플의 GUI만큼 깔끔하지 않았지만 이미 사람들이 MS-DOS를 사용하며 익숙해진 상태였다. MS-DOS에 그래픽을 입힌 윈도우 1.0이 등장하자, 사람들은 MS-DOS가 훨씬 간편해졌다며 윈도우 1.0에 열광했다.

또한 매킨토시 128K는 컴퓨터 구조와 소프트웨어를 공개하지 않았지만, IBM PC는 아키텍처를 투명하게 공개하여, 다른 사람들이나 기업이 보고 마음껏 따라 하고 새로운 제품을 개발하는 것을 허가했다. 그 덕분에 매킨토시 128K는 타 기업이 제작한 소프트웨어 및 하드웨어와 호환되지 않았지만, IBM PC는 모두 호환되어 더욱 풍부한 사용성을 보유한 컴퓨터로 성장했다. 일반인은 매킨토시 128K보다 더 풍부하고 질이 좋은 프로그램을 이용해 훨씬 다양한 일을 할 수 있는 IBM PC를 선택했으며, 사무실과 가정집 자리를 둔 개인용 컴퓨터 쟁탈전에서 IBM PC가 승리했다. 더불어 IBM PC의 PC Personal Computer 가 당시의 유행어가 되며 컴퓨터 = PC라는 인식이 사람들에게 상식으로 자리 잡으면서, 매킨토시 128K는 경쟁에서 더더욱 밀렸다.

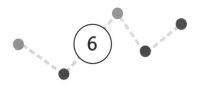

테트리스,
비디오 게임의 걸작

1980년 초반 컴퓨터를 이용한 비디오 게임을 개발하는 게임사들이 생기기 시작했다. 게임사들은 컴퓨터로 즐기는 비디오 게임을 출시했으나, 아케이드 게임의 거장인 닌텐도와 소니가 게임시장을 완전히 장악하여 컴퓨터 비디오 게임은 주목받지 못했다. 그러던 중 미국이나 일본이 아닌 전혀 다른 곳에서 PC 비디오 게임의 희망이 등장했다.

1977년 미국을 흥분시킨 애플 II는 철의 장벽 너머에 있는 공산주의 국가에도 알려졌다. 체코슬로바키아는 일찍이 서유럽 국가들과 제한적으로 교류하며 미국의 컴퓨터를 도입했다. 체코슬로바키아를 통해 서방 컴퓨터 정보를 받은 소련은 개인용 컴퓨

소련의 개인용 컴퓨터 아가트

아가트의 체스 게임

터인 애플 II를 흥미롭게 바라보았고 미국에 밀렸다는 위기감을
가졌다.

그래서 소련은 급히 간첩을 미국으로 보내 애플 II+를 구매해
소련으로 밀반입하여, 그것을 분해하고 역설계해 1984년 아가트
Arat 를 개발했다. 소련은 개인용 컴퓨터에 대한 개념이나 기술이
전혀 없었기 때문에 애플 II+의 부품과 소프트웨어 모두 그대로
모방해 아가트를 생산했다. 공산당은 당국의 허가를 받은 기업,
대학교, 공산당에 충직한 인민만 아가트를 이용할 수 있는 기회
를 제공했다.

모스크바 소비에트 과학원의 연구원이었던 알렉세이 파지트노
프는 소비에트 과학원에 설치된 아가트를 이용했다. 그는 아가트
에 어셈블리어를 연구했고 어셈블리어를 일렉트로니카 60호 Элект
роника 60 컴퓨터에 응용했다. 그는 펜토미노라는 전통 퍼즐 게임

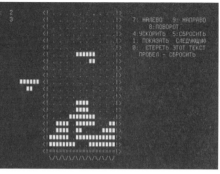

소련의 게임 테트리스   IBM 버전의 게임 테트리스

을 좋아했고 컴퓨터용 펜토미노 게임을 만들려고 했다. 하지만 당시 개인용 컴퓨터는 복잡한 펜토미노 블록을 구현할 수 없자, 그는 펜토미노 블록을 간소화해 7개의 블록을 만들었고 테니스 경기에서 영감을 얻어 하늘에서 떨어지는 블록을 회전시켜 공간을 채우는 게임을 만들었다.

1985년 그는 소비에트 과학원에서 새 게임을 완성했는데 그 게임이 테트리스Тетрис 였다. 그는 일렉트로니카 60호에 테트리스를 설치했고 소련의 과학자들과 몇몇 인민들이 잠깐 쉬는 시간에 간단히 즐기는 게임이 되었다. 테트리스는 배우기는 쉬우나 임무를 완수하기 매우 어려운 게임으로 플레이어들이 쉽게 접근했다가 파고들고 몰입하게 되는 마성의 게임이었다.

1985년 개발된 테트리스는 소수의 인민이 즐기다 1986년 소련 전역에 퍼졌고 소련 너머 폴란드, 체코슬로바키아, 헝가리, 루

마니아 등 공산주의 국가에 널리 퍼져 공산주의 국가의 인민들이 즐기는 게임이 되었다. 특히 헝가리 부다페스트에 수많은 테트리스 프로그램이 유통되었고 일부가 영국을 거쳐 미국에 전해졌다.

미국 게임회사들은 놀랍도록 중독적인 테트리스가 돈이 될 것임을 파악했고, 철의 장벽에서 온 게임이라며 테트리스를 홍보하며 소비자들의 이목을 사로잡았다. 소비자들은 1분만에 배울 수 있으면서도 게임을 완료하기 정말 어려운 게임에 열광했다. 테트리스는 이내 IBM PC, 애플 II, 애플 II+ 등 미국의 모든 개인용 컴퓨터에 이식되어 비디오 게임을 이끌어갔다. 사람들은 테트리스에 열광했고 일부는 테트리스를 하기 위해 컴퓨터를 구매할 정도였으며 개인용 컴퓨터와 비디오 게임 시장은 한 게임의 인기에 힘을 얻어 성장했다. 이처럼 테트리스는 철의 장벽에서 혜성처럼 등장해 PC용 비디오 게임을 이끈 신화가 되었다.

테트리스 네스

닌텐도 게임보이 테트리스

게임기 시장을 차지한 닌텐도는 갑자기 철의 장벽에서 등장한 테트리스가 비디오 게임 시장의 희망으로 떠올라 아케이드 게임을 위협하자, 1989년 테트리스 네스Tetris NES 라는 닌텐도 게임기 전용 테트리스 게임을 출시했다. 닌텐도는 모스크바의 상징인 성 바실리 대성당과 테트리스 전용 음악을 삽입해 사람들에게 깊은 인상을 남겼고 세계 사람들이 마성의 테트리스에 중독되게 만들었다. 이렇게 테트리스는 소련에서 시작해 미국, 일본을 거쳐 세계를 장악했다.

VGA, 화면에
더 풍부한 이미지를

1984년 애플이 GUI로 무장한 매킨토시 128K를 출시하자 IBM PC는 긴장했다. GUI는 모든 면에서 CLI보다 사용성이 우수했기에 많은 사람이 쉽게 컴퓨터에 접근하게 하는 기술이었다. 그래서 IBM PC의 소프트웨어를 담당하는 마이크로소프트도 1985년 GUI로 구성된 운영체제인 윈도우 1.0을 출시하며 매킨토시 128K에 대항했다. 같은 해 마이크로소프트의 추격을 받던 디지털 리서치 역시 GEM이라는 GUI 기반 운영환경을 개발하며 GUI 포석을 마련했다.

1983년 아타리 쇼크_{Atari Shock}, 비디오 게임 위기로 위기에 처한 아타리는 회생을 위해 GUI에 뛰어들었다. 아타리는 아타리 ST _{Atari}

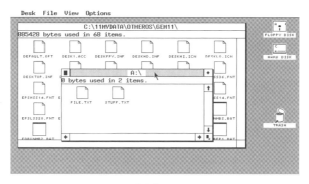

아타리 TOS

ST 라는 컴퓨터를 개발하며, 그 컴퓨터의 운영체제로 GEM 기반 아타리 TOS Atari TOS 를 개발해 시장에 출시했다. 아타리 TOS는 IBM PC 호환 운영체제로 IBM PC에서도 작동했다. 아타리 외에도 많은 기업들이 IBM PC를 모방해 IBM PC 호환 프로그램을 개발하며 GUI 시장은 급격히 커졌다.

IBM PC 호환 프로그램이 대규모로 출몰해 IBM PC와 호환되는 상황은 IBM에 좋은 상황이었다. IBM은 적은 노력으로도 수많은 기업과 연합관계를 맺어 애플에 대항하는 구조를 형성했기때문에 시간이 지날수록 IBM PC와 매킨토시 128K 사이의 격차는 벌어졌다. 하지만 많은 기업들이 GUI를 개발하자 IBM PC가 감당할 수 있는 그래픽 처리량 이상의 그래픽 처리수요가 발생하는 문제가 생겼다. 그래서 IBM은 IBM PC 그래픽 처리능력을 더 업그레이드할 필요성을 느꼈다.

인텔 80386 CPU

IBM PS/2 광고

  IBM은 1981년 IBM PC를 발표한 이후 기업들이 IBM PC를
모방한 컴퓨터를 생산하면서 IBM PC의 시장 점유율이 감소
하기 시작했다. 1985년 이후로는 IBM PC보다 성능이 더 좋은
IBM PC 호환 기종이 시장에 등장하자, IBM PC 다음 세대 컴퓨
터 개발에 나섰다. IBM은 1985년 인텔이 성능이 훨씬 좋아진 인

VGA

640×480 해상도

텔 80386를 출시하자, 인텔 80386을 CPU로 하는 새로운 컴퓨터 IBM PS/2를 출시했다. IBM PS/2는 인텔 80386에 맞춰 전체적인 성능을 더 향상했다. 그리고 모든 걸 투명하게 공개한 IBM PC가 IBM에 이득이 되지 않는다는 경험을 바탕으로 IBM PS/2는 부품 및 내장 소프트웨어를 제한적으로 공개했다.

그럼에도 IBM PS/2는 IBM PC나 매킨토시 128K보다 성능이 월등히 좋아 소비자들이 선호하는 컴퓨터가 되었다. 무엇보다도

IBM PS/2는 이전보다 우수한 그래픽 처리 기술이 있어 GUI로 구성된 모니터를 보기 편하다는 장점이 있었다. IBM PS/2의 깔끔한 그래픽 처리는 VGA Video Graphics Array 덕분이었다. IBM PS/2는 그래픽을 깔끔하게 처리하기 위해 모니터를 640×480 해상도로 향상했고 고해상도를 구현하기 위해 VGA Video Graphics Array 라는 카드를 개발했다. 기존 그래픽 처리를 담당하는 카드는 10개 이상의 이산 논리 칩의 배열로 구성된 카드여서 크기가 매우 컸지만, VGA는 이산 논리 칩 배열을 하나의 칩으로 대체해 작은 카드로 개발되었다. 그래서 크기는 작아지고 성능은 더 좋아져 640×480 해상도 그래픽을 처리할 수 있었다.

하지만 당시에 너무 혁신적인 기술이어서 VGA 카드 가격이 너무 비싸 시장에서는 외면받았다. 하지만 업체들은 VGA의 놀라운 그래픽 처리기술에 감탄했고 그 기술을 확보하기 위해 IBM PS/2를 뜯고 역설계해 VGA 카드를 모방했다. 그리고 각자의 기술을 접목해 VGA 카드를 저렴하게 만들었다. 애플을 제외한 기업들이 VGA 카드를 모방하자 VGA는 그래픽 카드 표준이 되었다.

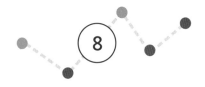

미니텔, 프랑스를 연결한
통신 네트워크 서비스

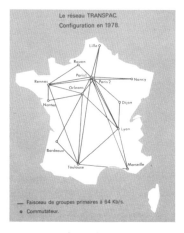

프랑스 트랜스팩

컴퓨터 산업은 미국이 주도 했지만, 프랑스 역시 컴퓨터 산업에서 뒤떨어지지 않는 나라였다. 프랑스는 미국의 아르파넷 다음으로 시클라데스라는 네트워크를 개발했으며, X.25가 서방 네트워크 표준이 된 후 X.25를 트랜스팩 Transpac 이라는 프랑스 국영 네트워크로 개조해 이용했다. 프랑스는 국가 주도로 네트워크 발전에 투자했으며, 1970년대 중반 종이 가격이 폭등하자 종이 대신 단말기로 정보를 처리하는 디지털화에 주목했다.

프랑스 우정통신국PTT, Postes, Télégraphes et Téléphones 은 전화기에 단말기를 탑재해 시각 정보 통신으로 프랑스 전국을 통신하는 사업을 기획했다. 우정통신국은 그 사업을 텔레텔Télétel 로 불렀고, 23,000,000개의 전화선을 전국에 설치에 가정마다 전화번호부 서비스를 단말기로 전하는 것을 목표로 했다.

미국과 함께 세계적인 정보통신 강국인 프랑스는 텔레텔로 정보화 사회 실현에 도전했고 영국과 기타 나라들에서 투자금을 받아 텔레텔 사업을 준비했다. 우정통신국은 텔레텔 네트워크로 연결할 단말기를 개발했는데, 그 단말기가 미니텔Minitel 이다. 우정통신국은 전화번호부를 조회하는 서비스를 제공하는 텔레텔 사업계획을 세웠기 때문에, 미니텔을 모니터와 키보드만 존재하는 단말기로 개발했다.

1980년 우정통신국은 미니텔 개발을 완료했고 1982년 민간에 공개해 프랑스 전국에 보급했다. 당시 집권한 프랑수아 미테랑 대통령과 여당인 사회당은 정보격차 해소를

텔레텔의 단말기 미니텔

프랑스 가정에 보급된 미니텔   아일랜드에 보급된 미니텔

중요하게 여겼고 텔레텔 민간보급을 적극적으로 추진했다. 사회
당은 미니텔과 텔레텔 요금을 무료로 풀면서 미니텔을 프랑스
가정에 빠르게 보급했다. 초기에 프랑스 국민은 미니텔로 전화
번호부를 확인했지만 이내 프랑스 기업들은 미니텔에 날씨확인,
열차예약, 수강신청, 결과조회, 메일 등 다양한 서비스를 제공하
는 프로그램이 추가했다.

  그래서 프랑스 국민들은 미니텔로 서로 소식을 주고받고 모
임을 가졌다. 다른 나라들의 국민은 비싼 비용을 내고 컴퓨터 네
트워크를 이용해야 하던 시기에, 프랑스는 국민이 무료로 텔레
텔을 이용하며 활발하게 정보를 교류할 수 있었으며, 텔레텔 안
에 새 직업이 등장하고 고용시장이 열리며 프랑스 사회가 새로
형성되었다. 그 덕분에 1985년 우정통신국은 10억 유로 매출을
올렸으며, 매출을 미니텔 프로그램 기업에 분배하며 함께 성장

실패한 영국 프레스텔 서비스

했다. 미니텔은 프랑스 전체를 바꾸었으며 프랑스 국민은 다른 나라에서는 하기 어려운 컴퓨터 통신을 할 수 있다는 것에 애국심이 올랐다. 아일랜드는 텔레콤 에이렌Telecom Éireann 라는 국영 통신기업이 1988년 텔레텔 서비스를 도입하면서, 미니텔로 아일랜드를 연결했다. 그 덕분에 아일랜드 국민도 미니텔로 전화, 메일, 신문, 쇼핑, 은행 서비스를 활발하게 이용할 수 있었다.

프랑스 텔레텔이 크게 성공하자 다른 나라들도 텔레텔에 관심을 보였다. 영국은 1979년 프레스텔Prestel 이라는 통신 네트워크 서비스를 시범운영했으나, 마가렛 대처의 신자유주의 정책에 따라 단말기 및 서비스 이용 요금이 비싸게 책정되어 보급에 실패했다. 네덜란드는 1980년 비디텔Viditel 을 개발해 1980년 시범 운영하고 민간에 보급했으며, 이어 비데오텍스 네덜란드Videotex Nederland 도 보급했다. 이외에도 남아프리카공화국은 벨텔Beltel , 이탈리아는 비데오텔Videotel , 서독은 문자 서비스만 제공하는 빌드슈림텍스트Bildschrimtext , 브라질은 비데오텍스토Videotexto , 캐나다는 알렉스Alex , 핀란드는 PTL-Tele, 스페인은 에베르텍스Ibertex 를 개발해 서비스를 제공했다. 유럽은 1980년 중반부터 1990년 초반까지 텔레텔을 모방한 통신 네트워크 서비스를 제공했으며 대체로 긍정적인 평가를 얻었다.

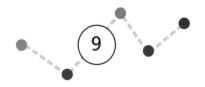

WWW, 모두를 위한
정보 연결망

  1980년 유럽입자물리연구소CERN 에 옥스퍼드 대학교를 졸업
한 컴퓨터 과학자 팀 버너스리가 입사해 근무했다. 당시 유럽입
자물리연구소는 수많은 컴퓨터가 존재했고 각 컴퓨터마다 중요
하고 방대한 데이터가 담겨 있었다. 하지만 유럽입자물리연구소
는 각각 다 다른 컴퓨터를 사용했으며 심지어 프로그램과 운영
체제마저 다 달라 서로 호환이 어려웠다. 그래서 연구원들은 어
쩔 수 없이 필요한 정보를 찾으려면 수많은 컴퓨터 중 그 정보가
있는 컴퓨터를 찾아 그 정보를 찾아야 했다. 그 과정에서 자신이
쓰던 컴퓨터와 소프트웨어가 달라, 사용이 불편했고 연구원들의
불만이 높았다.

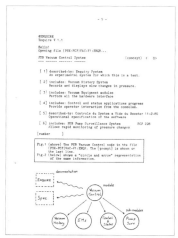
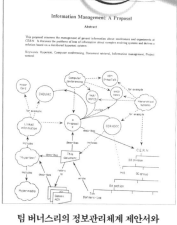

엔콰이어 매뉴얼
팀 버너스리의 정보관리체계 제안서와
마이크 센달의 '모호하지만 흥미롭군' 답변

팀 버너스리는 유럽입자물리연구소 내 컴퓨터들이 가진 데이터를 쉽게 찾을 수 있는 프로그램을 개발하라는 임무를 받았다. 그래서 그는 유럽입자물리연구소에 저장된 데이터를 분류해 연관성이 있는 데이터끼리 하이퍼텍스트 링크로 연결하고 확인하는 구조를 만들었다. 그가 어릴 때 읽던 백과사전Enquire Within Upon Everything 의 이름을 따 엔콰이어ENQUIRE 라는 이름을 붙였다. 하지만 그는 6개월 계약직이어서 엔콰이어를 완성하지 못한 상태로 계약 만료되었지만, 1984년 유럽입자물리연구소의 제의를 받고 재입사했다.

그는 엔콰이어의 규모를 더 키워 모든 데이터를 하이퍼텍스트에 담아 누구나 하이퍼텍스트로 연구소의 정보를 열람할 수 있는 체계를 구상했다. 그리고 그 구상안을 정리해 제안서를 쓰고 상사 마이크 센달에게 보고했다. 마이크 센달은 제안서 첫 장의 위 공백에 "Vague but exciting…모호하지만 흥미롭군…"을 휘갈겨 쓰며 허가했다. 이를 받은 팀 버너스리는 유럽 입자물리연구소 연구원들을 설득했지만, 그들은 그의 제안보다는 검증된 유닉스Unix와 TCP/IP를 선호해 그의 아이디어는 호응을 얻지 못했다.

다행히 그의 아이디어의 가치를 본 인재들이 등장했으며, 그들의 도움으로 넥스트NeXT 컴퓨터를 구매해 GUI로 하이퍼텍스트를 기반으로 하는 그의 소프트웨어를 개발했다. 1990년 팀 버너스리는 그를 지지하는 팀의 지원을 받아 새 제안서를 제출했는데, 그 제안서에 World Wide Web이라는 용어를 처음 제시했다. 그는 여러 기업에 협업을 제안했지만 모두 거절당했고 결국 서

팀 버너스리가 사용한 넥스트　　　　　**세계 최초의 웹페이지**

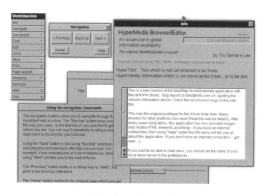

WorldWideWeb 웹브라우저

버와 브라우저를 다 만들기로 결정했다. 1990년 개발을 시작한 그는 성탄절에 WorldWideWeb 웹브라우저로 http://info.cern.ch 웹 서버에 접속해 웹페이지를 구현했다. 이것이 세계 최초의 웹 페이지였다.

단순히 흰 바탕에 검은 글씨들이 작성되어 있고, 하이퍼링크 가 있는 이 웹페이지는 하이퍼링크를 마우스로 클릭만 하면 그 안에 있는 하이퍼텍스트가 열리고 그 안에 필요한 정보를 원하 는 만큼 담고 읽을 수 있었다. 그는 World Wide Web을 개발하 며 HTTP라는 프로토콜, URL 개념을 창시했고 마크업 언어 HTML도 개발했으며, World Wide Web을 이용하기 위해 웹브 라우저에 접속한다는 방법도 창안했다. 그는 WorldWideWeb 브 라우저로 World Wide Web을 이용했고 유럽입자물리연구소 직 원에게 이용을 권했다.

팀 버너스리가 개발한 World Wide Web은 WorldWideWeb 브라우저로만 열 수 있었는데, World Wide Web은 넥스트스텝 NeXTSTEP 컴퓨터에서만 작동했기에 유럽입자물리연구소 내 넥스트스텝 컴퓨터에서만 이용할 수 있었다. 하지만 팀 버너스리는 World Wide Web은 반드시 누구나 이용할 수 있어야 한다고 생각해 막대한 수익을 포기하고, 1991년 World Wide Web과 WorldWideWeb 브라우저를 무료로 공개했다. 그 덕분에 누구나 새로운 기술인 Web에 접근해 Web을 공부하고 WWW 세계를 탐험하며 아이디어를 추가할 수 있었다. 또한 팀 버너스리가 제시한 웹브라우저 개념은 많은 개발자들의 흥미를 이끌었다. 개발자들은 웹브라우저를 이용한 정보의 열람과 추가에 관심을 가졌고 더 좋은 웹브라우저를 개발하려는 시도를 가했다.

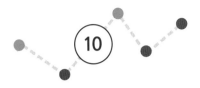

인터넷 익스플로러,
웹으로 가는 문

팀 버너스리가 제시한 웹브라우저는 사용자가 인터넷에 접속해 웹사이트를 탐색하고, 정보를 검색하며, 다양한 애플리케이션을 사용할 수 있도록 URL을 처리하고, HTTP/HTTPS 요청과 응답을 처리하며, HTML과 CSS를 해석해 웹사이트 화면을 구현하는 소프트웨어였다. 다시 말해 웹사이트를 돌아다니며 정보를 열람하고 추가하기 위해 웹에 들어가는 문이었다.

그리고 팀 버너스리가 웹브라우저 World Wide Web을 무료로 공개하자 개발자들이 새 웹브라우저를 개발했다. 가장 먼저 등장한 웹브라우저는 모자이크Mosaic로 1993년 일리노이 대학교 어배너-샘페인의 NCSA에서 개발된 최초의 그래픽 웹 브라우

201

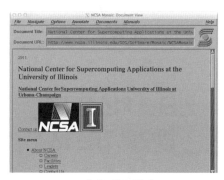

모자이크 웹브라우저

저였다. 학생이던 마크 앤드리슨과 에릭 비나가 개발한 이 브라우저는 텍스트뿐만 아니라 이미지를 함께 표시할 수 있는 기능을 제공해, 글씨와 하이퍼링크만 존재하던 World Wide Web보다 더 풍부한 정보를 담았다. 또한 모자이크는 사용이 간편하고 직관적인 GUI를 제공해 일반 사용자들이 인터넷을 쉽게 접할 수 있게 만들었다. 모자이크는 크게 성공해 웹브라우저 및 웹의 대중화를 이끌었고, 많은 웹브라우저가 탄생하는 것에 큰 영향을 미쳤다.

모자이크를 개발한 마크 앤드리슨과 짐 클락은 넷스케이프 커뮤니케이션Netscape Communications 라는 기업을 설립했고, 1994년 넷스케이프 네비게이터Netscape Navigator 를 출시했다. 넷스케이프 네비게이터는 빠르고 사용하기 편리한 브라우저로, 빠르게 인기를 얻으며 1990년대 중반까지 웹브라우저 시장에서 지배적인 위치를 차지했다. 특히 이 브라우저는 자바스크립트JavaScript

인터넷 익스플로러

를 도입하여 웹사이트의 동적 기능을 구현하는 데 큰 영향을 미치면서 웹사이트를 더욱 즐겁게 만들었다. 그러나 넷스케이프 네비게이터의 전성기는 오래 가지 못했다.

뛰어난 운영체제 개발 기술을 보유한 마이크로소프트는 웹브라우저에도 눈독을 들였다. 그러나 마이크로소프트는 웹브라우저 개발기술이 없었기에, 1994년 스파이글래스 모자이크Spyglass Mosaic 과 라이선스 계약을 맺고 웹브라우저 개발 기술을 얻었다. 그리고 그 기술을 이용해 윈도우 운영체제에 적합한 웹브라우저 인터넷 익스플로러Internet Explorer 를 개발했다. 1995년 마이크로소프트는 새 운영체제를 공개하며 그 안에 인터넷 익스플로러를 추가했다.

인터넷 익스플로러는 초기에는 경쟁자 넷스케이프 네비게이터에 비해 기능이 부족했지만, 마이크로소프트는 대대적인 개발

및 업데이트로 빠르게 기능을 개선하고 공격적인 마케팅으로 시장 점유율을 확대하려고 시도했다. 1995년 넷스케이프 커뮤니케이션의 넷스케이프 내비게이터와 마이크로소프트의 인터넷 익스플로러는 웹브라우저 자리를 두고 브라우저 전쟁을 벌였으며, 1998년 인터넷 익스플로러가 브라우저 전쟁에서 승리했다. 그리고 패배한 넷스케이프 내비게이터는 1998년 타 기업에 인수되며 왕좌에서 물러났다.

1994년 등장한 웹브라우저는 바로 대중의 관심을 받았다. 초기 웹브라우저는 업로드 기능이 잘 실행되지 않아, 일반인은 웹페이지를 돌아다니며 원하는 정보를 찾는 일만 하는 등 불편한 점이 많았다. 하지만 그저 마우스를 움직이며 하이퍼링크를 클릭해 원하는 정보를 바로 얻을 수 있다는 것은 신선한 충격으로 다가왔다. World Wide Web은 누구나 순식간에 간단하고 편리하게 정보를 얻을 수 있는 세상을 열었으며, 세계에 있는 정보를 모두의 것으로 만들었다. 사람들은 과거의 정보를 쉽게 찾을 수 있었고 바로 등장하는 새 정보도 바로 얻을 수 있었다. 정보는 더 이상 특권층의 전유물이 아닌 모두의 공유 자원이 되었고 정보 불평등은 순식간에 감소했다.

이후 World Wide Web을 개발한 팀 버너스리는 2012년 런던 올림픽에서 세계를 향해 'This is for Everyone'이라는 간단한 문구를 전했다. 이 짧은 문장은 World Wide Web의 철학이었을 뿐

his is for Everyone

이지만, 기어코 세상을 완전히 바꾸어 놓았다. 누구나 쉽게 정보에 접근하고 소통하며 시간과 공간의 경계를 허문 정보화시대의 시작을 알린 짧지만 위대한 한 문장이었다. 그 문장 덕분에 인류는 1995년 World Wide Web이 연 새로운 세상에 진입하게 되었다.

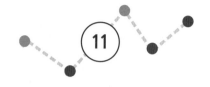

윈도우 95, 모두가 보는
깔끔한 창

　1981년 IBM이 IBM PC을 출시한 후 IBM PC 호환 기종 컴퓨터들이 세상에 등장해 일상에 빠르게 자리 잡았다. 하지만 IBM은 IBM PC라는 새 패러다임을 개척했으나 정작 IBM은 그 대가를 받지 못하고 마이크로소프트가 모두 가져간 것을 부당하게 여겼다. 그래서 IBM은 운영체제를 온전히 IBM의 운영체제로 탈바꿈하고 싶어 했다. 그러나 IBM은 운영체제 개발능력은 없었고 어쩔 수 없이 마이크로소프트에 IBM만의 운영체제 개발을 의뢰했다. 그리고 아직 작은 기업이던 마이크로소프트는 IBM의 속셈을 잘 알면서도 어쩔 수 없이 불리한 제안을 받아들여야 했다. 마이크로소프트는 IBM의 의뢰를 받아 IBM 운영체제를

개발하면서, 윈도우 운영체제를 한층 더 발전시키는 사업을 몰
래 진행했다.

  IBM과 마이크로소프트는 당장 결렬하고 싶었지만, 예쁜 컴퓨
터 하드웨어와 간편한 GUI로 무장한 애플의 공세를 함께 막아
야 했기에 동맹을 유지했다. 그래서 IBM과 마이크로소프트는
IBM PS/2 컴퓨터의 운영체제인 OS/2 개발을 공동으로 진행했
고, 1988년 OS/2 1.1 버전부터 GUI로 구성해 사람들이 쉽게 운
영체제를 이용할 수 있게 해 운영체제 시장을 차지했다. 그러나
공로는 IBM에게 돌아갔고 마이크로소프트는 IBM만 좋은 일을
해줄 생각이 없었다.

  1990년 마이크로소프트는 몰래 개발한 윈도우 3.0을 출시
했다. 윈도우 3.0은 간편한 GUI와 쉬운 사용으로 시장에서 크게
주목받았고 OS/2의 입지를 위협했다. IBM은 마이크로소프트의

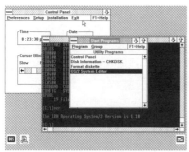

OS/2 1.1 버전   윈도우 3.0 버전

윈도우 3.0 출시를 배신으로 여겨 OS/2 공동 개발을 철회했으며, 1992년 멀티태스킹 기능을 탑재한 OS/2 2.0을 출시하며 윈도우 3.X 버전을 성능으로 압도했다. 마이크로소프트는 예상보다 강한 IBM의 보복에 위기감을 느꼈고 더 좋은 운영체제를 개발해야 한다는 압박감을 받았다.

IBM의 OS/2가 32비트를 지원하는 운영체제로 성장하자 마이크로소프트는 인텔 80386을 최소 사양으로 하는 운영체제 개발에 매진했으며, 더 좋은 성능보다는 사용자 친화적인 기능을 강화하는 방향으로 개발 방향을 잡았다. 마이크로소프트는 고객 지향 운영체제 개발을 목표로 했기 때문에 모든 활동을 GUI로 할 수 있게 하는 것에 집중했다. 그리고 1995년 마이크로소프트는 윈도우 95라는 새 운영체제를 세상에 선보였다. 윈도우 95는 이전 운영체제보다 훨씬 깔끔한 화면으로 사람들의 눈길을 끌

윈도우 95 화면　　　　　　　　　　시작 버튼은 많은 프로그램을 깔끔하게 정리해
　　　　　　　　　　　　　　　　　찾기 쉽고 보기 편한 사용자 경험을 제공했다

었다. GUI는 명확한 색의 대비를 두어 입체감을 주면서 버튼의
크기와 모양을 분명하게 했고 글씨체와 그림을 깔끔하게 디자인
해 누가 보더라도 깔끔한 느낌을 제공했다.

　특히 윈도우 95의 시작 버튼은 컴퓨터에 설치된 프로그램을
모두 몰아넣어 평상시에는 깔끔한 화면을 제공했으며, 필요할
때 빠르고 간편하게 프로그램을 열 수 있는 사용자 경험을 제공
했다. 또 누가 보더라도 눈에 띄게 디자인해 사람들이 윈도우 95
화면을 보고 자연스럽게 시작Start 버튼을 눌러보고 신기한 경험
을 하도록 유도했다. 덕분에 사용자들은 컴퓨터를 실행하면 깨
끗한 화면으로 심리적 편안함을 느끼고 필요할 때만 잠깐 시작
버튼을 눌러 프로그램을 바로 찾았다. 이 정도만 해도 상당히 좋
은 사용자 경험을 제시했지만, 마이크로소프트는 여기에 만족하
지 않고 인터넷 익스플로러로 웹에 쉽게 접속하게 지원하고 마

이크로소프트 오피스Microsoft Office 라는 사무 프로그램 패키지를 제공해 쐐기를 박았다.

깔끔한 디자인, 시작 버튼으로 프로그램을 쉽게 호출하는 방법, 인터넷 익스플로러로 쉽게 웹에 접속하는 체계, 사무원들의 동반자 마이크로소프트 오피스, 이런 네 가지 핵심 요소를 제공한 윈도우 95는 어떤 운영체제도 넘볼 수 없는 막강한 사용성을 자랑했다. 그래서 OS/2, Mac OS, NeXTstep OS 등 다른 운영체제는 빠르게 시장에서 퇴출했으며, 윈도우 95가 운영체제 시장을 완전히 장악했다. 전 세계의 정보는 윈도우 95의 인터넷 익스플로러 웹브라우저를 통해 웹에 담겼다. 윈도우 95 덕분에 세계를 하나로 연결한다는 World Wide Web이 비로소 실현된 것이다. 그래서 사람들은 윈도우 95가 등장한 1995년을 시공간을 초월해 정보를 주고받는 정보화 사회의 출발점으로 보고 있다.

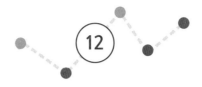

리눅스, 모두를 위한
운영체제

1991년 헬싱키 대학교의 학생이었던 리누스 토르발스는 자신이 공부하던 미닉스MINIX 운영체제의 한계를 느끼고, 더 나은 운영체제를 만들고자 결심했다. 그는 새로운 운영체제를 개발하면서, 소스 코드를 공개하여 누구나 수정하고 배포할 수 있게 기회를 제공했다. 이는 리처드 스톨먼의 GNU 프로젝트와 자유 소프트웨어 운동의 영향을 받은 것으로, 리누스는 자유 소프트 라이센스General Public License 하에 자신의 소프트웨어를 배포했다. 이렇게 탄생한 리눅스Linux 는 오픈소스 커뮤니티의 활발한 참여와 기여로 빠르게 발전했고, 유닉스, 윈도우, MacOS 등 쟁쟁한 운영체제 시장에서 주요 운영체제로 혜성처럼 등장했다.

리눅스를 개발한 리누스 토르발스

이것이 가능한 이유 중 하나는 리눅스가 제공한 커널에 있었다. 커널은 운영체제의 핵심 구성 요소로, 하드웨어와 소프트웨어 사이의 중개자 역할을 수행한다. 커널은 CPU, 메모리, 디스크 등 컴퓨터 시스템의 자원을 관리하고, 응용 프로그램들이 하드웨어를 효율적으로 사용할 수 있도록 컴퓨터 하드웨어와 소프트웨어 사이를 직접 연결했다. 그 덕분에 커널을 이용해 프로세스 관리, 메모리 관리, 파일 시스템 관리, 디바이스 드라이버 관리, 네트워크 관리 등의 기능을 더 자유롭게 수행할 수 있게 되었다.

또한 커널은 모듈화되어 있어 필요에 따라 기능을 추가하거나 제거할 수 있으며, 이는 다양한 하드웨어 플랫폼과 용도에 맞게 조합할 수 있는 유연성을 제공한다. 이 특성 덕분에 리눅스는 윈도우나 MacOS처럼 컴퓨터 단말기의 운영체제가 되는 것을 넘어 서버와 내장 컴퓨터 등 다양한 환경에서 사용할 수 있다.

리눅스는 내장 컴퓨터에서 매우 유용하게 사용되었다. 내장 컴퓨터는 제한된 자원을 가진 소형 컴퓨터로, CCTV나 전기밥솥 등 다양한 전자기기에 사용되는 컴퓨터이다. 이렇게 상황에 맞춰 특정 명령을 이행해야 하는 내장 컴퓨터는 코드를 삽입해 필

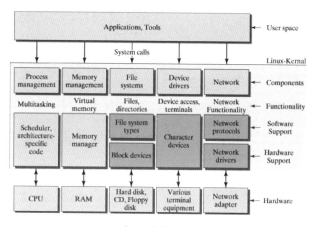

리눅스 커널 구조도

요한 기능을 포함하고, 한정된 자원을 유용하게 사용하고자 필요한 기능만 골라 최적화해야 했다. 그 때문에 필요에 맞게 소스코드를 수정하고 최적화할 수 있다는 점, 모듈화된 커널 구조로 필요한 기능만 포함할 수 있다는 점, 그리고 다양한 하드웨어 아키텍처를 지원한다는 점에서 리눅스가 가장 적합했다. 리눅스 덕분에 내장 컴퓨터는 기능을 효율적으로 이용하며 전자기기의 기능을 끌어올렸다.

서버에서도 리눅스가 운영체제로 인기를 얻었다. 리눅스는 안정성과 보안성이 뛰어나기 때문에 서버 환경에서 신뢰할 수 있었고, Nginx, Apache 등 다양한 서버 소프트웨어와 호환되며 최적화된 성능을 발휘하게 지원했다.

마지막으로 리눅스는 무료여서 비용 면에서 매력적이었고 개발자 커뮤니티의 활발한 지원을 받아 더 좋은 운영체제로 개량할 수 있었다. 마지막으로 리눅스는 높은 확장성을 제공하여 대규모 트래픽을 효율적으로 처리할 수 있어 서비스를 안정적으로 이용할 수 있게 지원했다. 이 때문에 리눅스는 서버 운영체제로 사랑받고 있으며, 서버를 담당하는 백엔드 개발에서 리눅스를 압도적으로 많이 이용했다.

리눅스 덕분에 다양한 정보를 제공하고, 사용자의 요청을 처리하며, 데이터를 안전하게 관리하는 백엔드가 이전보다 더 발전했고, 이에 따라 인터넷에는 더 많은 정보가 축적되고, 효율적으로 관리되었다. 전자상거래 등 웹사이트를 이용한 다양한 서비스는 백엔드를 통해 데이터를 처리하고 사용자에게 제공함으로써 관리되었고 인터넷의 정보 생태계를 풍부하게 만들었다.

이렇게 리눅스는 커널의 유연성과 강력한 기능 덕분에 내장 컴퓨터의 운영체제가 되어 전자기기를 더 똑똑한 기계로 만들었고, 서버 운영체제가 되어 더 많은 데이터를 저장하고 관리하며 인터넷 안에 질 좋은 서비스를 넣으며 모든 사람이 서비스를 이용하고 인터넷 안에 방문하며 인터넷을 더욱 풍요로운 세계로 만들었다.

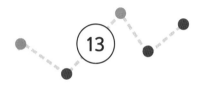

닷컴버블,
아직은 멀고 먼 희망

1995년 출시된 윈도우 95는 전 세계에 큰 반향을 불러일으켰다. 윈도우 95와 인터넷 익스플로러가 출시되며 사람들은 컴퓨터 사용법을 전문적으로 배우지 않고 몇 시간만 좀 이용해보면 누구나 쉽게 컴퓨터를 잘 이용할 수 있으며, 웹페이지 통해 필요한 정보를 너무도 쉽게 찾을 수 있다는 것에 흥분했다. 많은 이들은 인터넷으로 공지사항이나 소식을 들었고 방구석에서 바깥 내용을 쉽게 알 수 있는 혁신에 감탄했다.

1995년은 그레고리력과 율리우스력으로 2000년을 5년 앞둔 시기였다. 사람들은 곧 다가올 21세기를 기다렸고, 21세기에 펼쳐질 미래를 상상했다. 전문가들은 윈도우 95가 제시한 웹이 21

세기의 모습이라고 주장했으며, 사람들은 컴퓨터 안에 펼쳐질 미래를 상상하며 희망에 찼다. 사회적으로 사이버펑크가 유행했으며 컴퓨터로 모든 일을 순조롭게 수행할 수 있을 것이라는 희망과 낙관이 사회에 만연했다. 정부와 기업은 인터넷 세상이 21세기를 지휘하는 세상이 될 것으로 생각해 인터넷에 투자했으며 '정보화시대'라는 표현이 유행했다. IT 스타트업은 웹페이지를 만들어 사업에 뛰어들었고, 펀드 회사들은 IT 스타트업에 집중적으로 투자했다. 특히 미국과 일본, 프랑스, 독일, 대한민국 등에서 IT 스타트업들이 대거 등장했다.

1995년 윈도우 95가 세상에 등장한 이후 수많은 신생 IT 스타트업은 온라인 쇼핑 사업에 뛰어들었다. 그들은 웹페이지를 만들어 상품을 온라인으로 주문받고 배송하며 수익을 창출하는 수익모델을 구상했으며 투자자들을 만나 사업을 설명했다. 그리고 '정보화시대' 유행을 민감하게 받아들인 투자자는 IT 스타트업들에 상당한 투자를 하며 그들을 적극적으로 지원했다. 그 덕분에 IT 기업들의 주가

AOL과 타임워너의 빅딜
뉴스가 실린 《타임스》

216

는 폭발적으로 성장했고 엄청난 투자 붐이 일어났다.

미국에서는 인터넷의 선두기업 AOL이 인터넷으로 사업을 하며 엄청난 시가총액을 기록했고, 2000년 미국 최대 엔터테인먼트 기업 타임 워너Time Warner 를 인수하며 몸집을 키웠다. 그래서 투자자들은 AOL에 더 많은 투자를 했고 AOL 주가는 무서운 속도로 성장했다. 어느 나라든 사업에 IT라는 단어가 있는 기업들은 이유를 불문하고 전폭적인 투자를 받았으며, 주가는 고공 행진하며 투자자들은 막대한 이익을 얻었다. 사람들은 급상승하는 주식에 놀라 입소문을 냈고 너도나도 투자에 뛰어들어 주가에 날개를 달았다.

하지만 1990년대 말 인터넷은 ISDN으로 연결되었고 속도가 너무 느려 이용이 불편했다. 웹사이트에 방문할 때 버퍼링이 심해, 이용자들이 인내심의 한계를 느꼈고 오랜 기다림 끝에 웹사이트에 방문해도 웹사이트를 이용하기 불편하고 성능이 좋지 않아 실망했다. 1995년 막대한 투자를 받은 IT 기업들은 투자자들의 기대에 훨씬 못 미치는 서비스를 제공하자, 이용자수가 감소해 위기를 겪었다. 결국 2001년 천정부지로 상승한 주가는 빠르게 추락했다. 이것이 닷컴버블로 IT 기업에 사형선고를 내린 대사건이었다.

많은 기업이 순식간에 파산했으며 IT 부서가 증발했다. 투자자들은 약 5조 달러의 투자금을 잃었고 수많은 IT 기업들은 2000

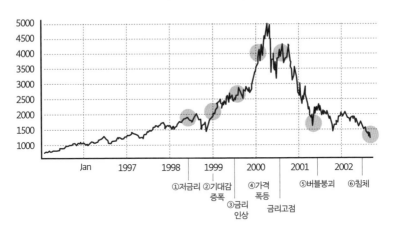

닷컴 버블 붕괴 미국 나스닥 지수추이
(1995. 01~2002. 10)

①저금리 ②기대감 ④가격 ⑤버블붕괴 ⑥침체
증폭 폭등
③금리 금리고점
인상

2000년 3월에 촉발된 '닷컴 버블'은 버블 붕괴 사이클의 전형이다

년에서 2001년 사이에 줄도산했다. 21세기를 맞이한 사람들은 '정보화시대'에 따라 모든 것을 컴퓨터로 할 수 있을 것이라는 희망을 품었지만, 막상 2000년과 2001년 IT 기업들이 형편없는 서비스를 제공하고 줄도산하자 크게 실망했다. 사람들은 IT 기업과 IT 산업에 대한 기대를 접었고 다시 제조업이 부활했다. 이렇게 '정보화시대'에 대한 희망은 차갑게 식었다.

2001년 닷컴버블은 IT 산업에 내려진 사형선고였다. 역동적으로 성장한 IT 산업은 순식간에 초상 분위기가 되었고 사람들은 IT 산업에서 눈을 돌렸다. 오래 전부터 IT 산업을 주도한 대기업 역시 닷컴버블로 막심한 손해를 보며 위기를 맞이했다. 그리고 IT 스타트업은 전멸했다. 그러나 그 가운데에서도 아주 극소수의 기업들은 살아남았고 이들은 폐허에서 조용히 부활을 준비했다.

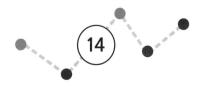

클라우드,
IT의 부활 신호탄

1994년 미국 월스트리트의 거대한 펀드기업 디이쇼D. E. Shaw & Co. 의 부회장이었던 제프 베이조스는 부회장 자리를 사퇴하고 시애틀로 옮겨 작은 기업을 설립했다. 그 기업은 카다브라 Cadabra 로 책을 웹사이트를 이용해 판매하는 온라인 서점사업을 하는 기업이었다. 그러나 변호사가 카다브라를 시체를 의미하는 카데바Cadaver 와 혼동하자, 그는 기업 이름을 카다브라에서 아마존Amazon 으로 변경했다. 1995년 사업을 시작한 아마존은 많은 이용자를 순식간에 모았고 많은 인터넷 전자상거래 기업 중에서 압도적인 1위를 차지했다.

아마존은 1997년 나스닥에 상장되었으며 전자상거래 기업 중

온라인 서점으로 시작한 아마존

사람들에게 큰 관심을 받은 기업으로 성장했다. 하지만 2000년 닷컴버블이 터져버렸고, 아마존 주가는 무려 90%나 추락하는 재앙을 맞이했다. 불행 중 다행으로 닷컴버블로 다른 전자상거래 기업들이 줄도산했지만, 아마존은 겨우 살아남았다. 그러나 살아남은 뒤에도 아마존은 언제 망할지 모르는 풍전등화에 놓였다. 제프 베이조스는 아마존을 살리기 위해 각종 물품을 판매하는 등 더 공격적인 사업과 마케팅을 하며 어떻게든 위기에서 벗어나려고 했다. 하지만 아마존은 막대한 적자의 늪에서 헤어나오지 못했다. 이에 제프 베이조스는 아마존을 살리기 위해 IT 기업의 오랜 고민거리였던 서버 문제를 사업화하는 아이템에 도전했다.

미국의 전자상거래 기업은 미국 연중 가장 큰 규모의 쇼핑이 열리는 블랙 프라이데이를 절대 놓칠 수 없었는데, 문제는 블랙

프라이데이 당일 기업의 서버가 감당할 수 없는 수준으로 주문이 폭주했다. 그래서 서버가 다운되면 소비자들이 주문할 수 없고, 기업은 좋은 기회를 날리고 기업 이미지에도 타격을 입었다. 그렇다고 블랙 프라이데이 단 하루를 위해 대규모 서버를 구축하고 운영하기에는 비용이 부담스러웠다. 제프 베이조스는 이를 정확히 파악했고 소규모 전자상거래 기업들에 서버를 제공하고 그 대가를 받는 사업을 생각했다.

그는 학계에 주목을 받았던 클라우드 컴퓨팅 Cloud computing 에 주목했다. 클라우드 컴퓨팅은 네트워크와 서버, 단말기 등 인터넷을 구성하는 복잡한 관계를 굳이 알지 않아도 인터넷을 이용할 수 있게 내부처리를 하는 기술로, 단말기와 서버 사이의 복잡한 네트워크를 구름 Cloud 으로 표현한 것에서 유래했다. 그래서 해당 기술을 이용하면 사용자는 복잡한 네트워크를 알 필요 없이 언제 어디서나 컴퓨터 자원을 이용할 수 있었다. 그는 아마존

클라우드로 서버를 제공하는 사업 아이템

2006년 AWS 로고

에서 클라우드 서버 Cloud server 를 구축해 많은 소규모 IT 기업에 클라우드 컴퓨팅 서비스를 제공하는 사업을 기획했다.

그는 2002년 개발자들에게 클라우드 서버를 개발하라고 지시를 내렸고, 2006년 아마존 내부에서 클라우드 서버를 완성했다. 아마존은 바로 AWS Amazon Web Service 라는 이름으로 서비스를 공개했다. 닷컴버블의 폭풍에서 살아남은 스타트업이나 신생 스타트업은 자체 서버 구축 대신 사용료를 지불하고 AWS를 이용해 AWS 사업이 대박이 났다. 2003년 적자에 허덕이던 아마존은 AWS로 부활했으며 온라인 쇼핑 사업도 확장해 미국의 대표적인 전자상거래 기업으로 성장했다.

AWS는 아마존에게만 이득을 주지 않았다. 닷컴버블에서 겨우 살아남은 소수의 IT 기업들은 서버 문제로 좀처럼 사업을 진전시키지 못했는데, 갑자기 등장한 AWS가 그들의 구원자가 되었다. 그들은 서버 구축에 자원을 따로 투자할 필요 없이 그들이 원하는 서비스를 마음껏 개발하고 구현해 시장에 출시하면 되었다. 그래서 그들의 역량을 가감 없이 보여줄 수 있었고 훨씬 더 양질의 서비스를 제공할 수 있었다. 기업들은 AWS가 없으면 사업을 할 수 없는 지경에 이르렀고, 아마존은 IT 산업을 손에 쥔 제국이 되었다. 닷컴버블이라는 시간을 견딘 아마존은 2000년대 후반에 제국으로 성장했고 지금도 세계적인 빅테크로 신화를 새로 작성하고 있다.

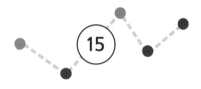

페이팔과 알리페이,
핀테크를 연 선구자

1995년 윈도우 95가 등장한 이후 미국에서는 웹사이트로 물건을 판매하는 전자상거래 기업이 대거 등장했다. 이베이 eBay 역시 그 중 하나였다. 이란계 미국인 피에르 프로그래머 오미디야르는 재미로 옥션웹 AuctionWeb 을 개설한 뒤 망가진 레이저 포인트를 판매한다는 글을 올렸다. 그러나 누군가 그 레이저 포인트를 구매했고 흥미를 느낀 그는 1997년 옥션웹을 키워 이베이를 설립했다. 그는 이베이로 판매자와 소비자 사이의 거래를 성사시키고 물건을 대신 배달하는 중계역할을 하는 사업을 진행했다. 하지만 판매자와 소비자에게 전적으로 거래 권한을 맡기자, 판매자가 판매를 불응하거나 소비자가 금액을 지불하지 않

이베이 초창기 홈디자인

으면 거래가 잘 성사되지 않는다는 한계점이 있었다.

한편 태평양 건너 중국은 많은 공장을 운영하며 경제성장을 이뤘다. 그리고 중국 안에 등장한 많은 공장은 생존을 위해 부품과 재료, 완제품 등을 신속하게 납품하고 받아야 했다. 그러나 중국에는 너무 많은 소규모 공장들이 있었고 중국 사업가 역시 그 공장들을 다 알지 못했다. 그런 난처한 상황에서 1995년 마윈은 왕루网络 를 이용한 전자상거래 사업을 계획했다. 1999년 마윈은 알리바바阿里巴巴 를 창립하고 기업과 기업을 온라인으로 중계하는 사업을 추진했다. 그는 2000년 손 마사요시에게서 2,000만 달러라는 거액의 투자금을 받아 중국 내 공장들을 연결하고 중국 기업과 해외 기업을 연결했다.

알리바바 로고

이취 로고

타오바오왕 로고

　중국과 해외의 기업들이 전자상거래를 이용할 것이라는 마윈의 예상은 적중했다. 2001년 알리바바에 등록된 사업자수가 100만 명을 넘어서고 흑자 전환에 성공하며 중국 내 거대한 기업 간 연결망으로 성장했다. 이에 기업 대 기업 뿐만 아니라 기업 대 개인 사업에도 손을 뻗었다. 그러나 미국의 이베이가 먼저 이취易趣를 인수하며 중국 소매시장에 진출했다. 이에 알리바바는 이베이에 대항해 타오바오왕淘宝网 을 열고 수수료를 무료로 하는 공격적인 정책을 펼쳤다. 타오바오왕은 이베이처럼 개인과 개인이 서로 물건을 매매하는 중계 연결망으로, 구매자가 판매자에

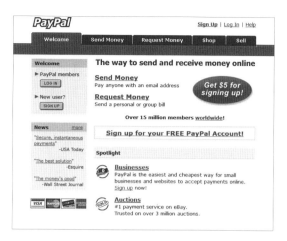

페이팔 홈페이지

게 돈을 보내면 판매자가 소비자에게 물건을 보내고 타오바오왕이 포장과 운송을 담당해 소비자에게 물건을 전달하는 역할을 했다. 하지만 사업 초창기에는 중국인들끼리 신용을 확신할 수 없어 타오바오왕을 잘 이용하지 않았다.

한편 미국에서는 1999년 일론 머스크가 창업한 X.com이 온라인 뱅킹 서비스를 개발했다. 사업을 위해서는 높은 보안이 필요했고, 2000년 X.com은 보안 소프트웨어 기업인 콘피니티 Confinity를 인수해 페이팔paypal로 출발했다. 일론 머스크는 온라인에서 신속한 금융거래를 서비스한다는 목표로 다른 기능은 과감하게 삭제하고 온라인 결제 서비스에 집중했다. 2002년 페이팔은 기업을 공개했고 바로 이베이의 자회사로 편입되었다. 이베이는 페이팔 서비스를 추가해 이베이 안에서 상품을 간편하고

알리페이

빠르게 거래하는 서비스를 제공했다. 그 덕분에 사람들은 이베이에서 마음에 드는 물건을 고른 뒤 힘들게 은행계좌로 돈을 송금할 필요 없이, 이베이 웹사이트에서 바로 페이팔로 돈을 보낼 수 있고 바로 입금 받을 수 있었다. 그래서 미국인들은 페이팔로 이베이를 이용했고 페이팔은 세계적인 온라인 결제 기업이자 선구자가 되었다.

알리바바 역시 타오바오왕을 이용한 거래문제를 기업이 책임지는 방식으로 난관을 해결했다. 마윈은 2004년 간편한 결제를 제공하는 알리페이支付宝, 즈푸바오를 출시했으며, 기업이 손수 보증하자 중국인들도 안심하고 타오바오왕을 이용했다. 위조지폐가 성행하고 카드 가맹점들이 파편화되어 있어 신용카드를 이용하기도 불편한 중국에서 알리페이가 등장하자 인민들은 위조 없이 자본을 송금하는 간편 결제를 신뢰했다. 그래서 중국인들은 현물과 카드 대신 알리페이를 사용했고 알리바바는 알리페이를 여러 분야에 확장했다. 그 덕분에 중국은 빠르게 현금 없는 사회로 변했다.

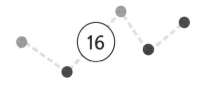

야후!, 웹에 생명을
불어넣은 웹 포털

1995년 등장한 인터넷 익스플로러는 웹 브라우저라는 개념을 세계에 널리 알렸다. 사람들은 인터넷 익스플로러 그림에 마우스 커서를 대고 버튼을 누른 뒤 조금 기다린 후 접속하면 웹사이트에 방문해 필요한 정보를 찾았다. 하지만 사람들은 하이퍼링크를 열심히 찾고 클릭하며 정보를 찾아야 했다. 이는 여간 귀찮은 일이 아니었고 하이퍼링크로 원하는 정보를 찾는 내공이 필요했다.

그런 불편함을 인지한 기업은 이내 웹사이트를 더 쉽게 찾게 하는 사업을 생각했고, 바로 원하는 정보를 쉽게 찾도록 지원하는 웹 포털Web portal 을 개발해 지원했다. 웹 포털은 정보를 조회

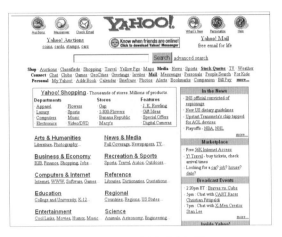

다양한 웹사이트 연결을 지원한 야후!

해 원하는 정보를 포함한 관련된 정보를 쉽게 찾아주는 검색엔 진을 제공해, 사용자가 원하는 정보를 키보드로 입력한 뒤 엔터 Enter 버튼을 클릭하면 원하는 정보를 담은 웹사이트 목록을 보 여줬다. 추가로 이메일 서비스도 추가해 사람들이 쉽게 작업하 기 위해 웹 포털을 이용하도록 유도했다.

1995년부터 수많은 웹 포털이 등장했는데 이는 곧 하나의 웹 포털로 통일되었다. 그 웹 포털은 야후! Yahoo! 로, 1994년 스탠퍼 드 대학교의 재학생인 제리 양과 데이비드 파일로가 개발한 웹 포털이다. 야후!는 초기에는 하이퍼링크만 존재했지만 이내 검 색엔진과 이메일, 각종 웹 서핑 하이퍼링크 등을 도입했다. 뉴스, 쇼핑 사이트, 온라인 백과사전 등 사람들이 굳이 찾아보려고 하 지 않는 사이트들을 고의적으로 검색엔진 아래에 노출했다. 그

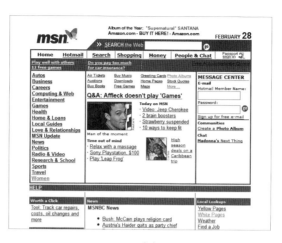

MSN 사이트

래서 사람들에게 필요하지는 않지만 흥미로운 정보를 담은 웹사이트를 추천했는데, 사람들은 야후!에 이끌려 그 정보를 접했다.

이는 웹 서핑Web surfing으로 불렸으며 웹 서핑은 사람들의 새로운 취미가 되었다. 사람들은 그리 필요하지는 않지만, 자극적이고 흥미로운 정보를 구경하는 흥미에 중독되었고 야후!를 자주 방문했다. 이에 많은 기업이 야후!에 웹사이트를 올려 사람들에게 주목받기를 원했고 웹 세계는 폭발적으로 팽창했다. 소프트웨어 시장의 절대 강자인 마이크로소프트는 웹 포털 세계를 장악하려는 야후!에 대항해 MSN이라는 웹 포털을 개발했으나 이미 사람들은 야후!에 익숙해졌고 MSN은 바로 잊혔다.

야후!는 게시판처럼 다양한 웹사이트의 하이퍼링크를 배치해 사람들이 웹 서핑을 하도록 유도하며 큰 성공을 거두었고, 이 신

화를 본 기업들은 야후!를 따라했다. 대한민국에서는 야후!를 모방한 네이버 Naver 와 다음 Daum , 네이트 Nate 가 등장해 서로 경쟁했다. 이에 네이버는 대한민국 포털 사이트 자리를 장악하기 위해 차세대 경제활동 인구가 될 어린이에 주목했고 쥬니어네이버라는 어린이 전용 포털 사이트를 만들어 어린이를 공략했다. 놀이를 좋아하는 어린이들은 주니어네이버에서 게임을 즐기며 네이버의 충성 고객이 되었으며, 네이버는 그들을 품으며 대한민국 포털 사이트 시장에서 왕좌를 차지했다.

한편 야후!의 방향인 웹 서핑과 반대로 검색 기능에 충실한 웹 포털들도 등장했다. 1998년 스탠퍼드 대학교의 두 유대인 학생은 한 검색엔진을 개발해 익사이트 Excite 에 판매하려고 했으나 거절당하자 바로 웹 포털 시장에 뛰어들었다. 그 검색엔진이 구

1999년 구글 사이트

글Google로 당시에는 주목받지 못했지만, 구글은 서서히 정보를 흡수하며 비상을 준비했다. 1997년 러시아에서는 얀덱스Яндекс가 등장했다. 야후!가 장악하지 못한 키릴 문자권의 공백을 얀덱스가 빠르게 차지해 러시아, 우크라이나, 카자흐스탄, 우즈베키스탄, 벨라루스, 아제르바이잔, 튀르키예의 주요 검색엔진이 되었다. 2000년에는 중국에서 리옌훙이 개발한 바이두百度가 등장했다. 바이두는 구글처럼 검색 기능에 충실했고 중화권 문화와 정보를 더 정확하게 전달한다는 이념으로 야후! 차이나Yahoo! china를 집중 공격하며 중국 내 점유율을 높였다. 특히 바이두는 웹 서핑을 지향한 야후! 차이나와 달리 검색창을 주축으로 필요한 정보만 깔끔하게 전달하는 전략을 세웠고 중국인들의 마음을 사로잡아 중국의 대표 웹 포털로 성장했다.

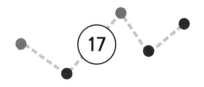

유튜브, 플랫폼 혁명

페이팔이 이베이에 인수되며 승승장구하던 2000년대 초반, 페이팔에서 근무하던 채드 헐리, 스티브 첸, 자베드 카림은 2005년 작은 사무실에서 Youtube.com이라는 도메인 주소를 열고 새로운 웹사이트를 개발했다. 그들이 개발한 웹사이트는 Tune In Hook Up이라는 온라인 데이팅 웹사이트로 사람들은 원하는 상대의 조건을 검색해 찾고 그 상대와 소통하며 연애할 짝을 찾는 웹사이트였다. Tune In Hook Up은 짝을 이어주기 위해 원하는 사람을 검색해 찾는 기능, 본인의 이야기를 녹화한 영상을 업로드하고 다른 사람의 영상을 보는 서비스를 제공했다. 하지만 Tune In Hook Up은 거대한 온라인 데이팅 웹사이트 시장에서

Tune In Hook Up

살아남지 못했다.

한편 2004년 미국에서 열린 제38회 슈퍼볼 경기에서 니플게이트라는 사건이 터져 미국 전체에 큰 이슈가 되었다. 그리고 Tune In Hook Up을 설립한 채드 헐리, 스티브 첸, 자베드 카림은 그 사건을 찍은 동영상을 찾아볼 수 없다는 점을 발견했고, 누구나 쉽게 동영상을 공유할 수 있는 웹사이트가 큰 사업이 되겠다고 생각했다. 그래서 그들은 2005년 Youtube.com에 Me at the zoo라는 짧은 동영상을 시험으로 올리며 누구나 쉽게 동영상을 올릴 수 있는 웹사이트를 준비했다. 2005년 세 개발자는 유튜브 Youtube 라는 이름으로 동영상 공유 웹사이트를 베타 버전으로 세상에 출시하고, 여러 투자 회사의 투자금을 받아 유튜브를 완성했다. 영상 시청 횟수, 댓글, 좋아요 등 사람들이 동영상을 보고 제공하는 피드백을 수치화하는 업데이트를 진행했고 사람들이 많이 본 동영상 순으로 동영상을 나열해 노출했다.

2005년 유튜브

유튜브는 누구나 쉽게 동영상을 올리고 남이 나의 동영상을 어떻게 평가하는지 피드백을 확인할 수 있는 서비스를 제공했다. 그리고 남이 올린 동영상을 구경하고 피드백을 남기는 재미도 제공했다. 사람들은 유튜브에 재미로 동영상을 업로드했고 다른 사람이 올린 동영상을 구경하거나 원하는 동영상을 검색해 찾아봤다. 누구나 쉽게 동영상을 올려 즐거움을 얻을 수 있는 유튜브는 많은 사람들이 동영상을 업로드하는 웹사이트가 되었고 1년이 지나기도 전에 단순한 웹사이트를 넘어 거대한 동영상 웹 포털로 성장했다. 하지만 시간이 지날수록 너무 많은 사람이 유튜브에 접속하고 동영상을 업로드하자 감당할 수 없는 수준에 이르렀다. 그래서 유튜브는 동영상 공유 웹사이트를 개발하려다 실패한 구글에 주목했고 방대한 데이터를 흡수하는 기술이 있는 구글과 협상해 구글의 자회사로 편입되었다.

유튜브는 구글이라는 거대한 검색엔진의 도움을 받아 세계를 장악한 동영상 웹 포털이 되었다. 카메라를 가진 사람은 누구나 동영상을 녹화해 유튜브에 올릴 수 있었고 세계에 일어나는 소식들은 누군가 유뷰브에 올려 사람들이 바로 확인할 수 있었다. 유튜브는 기존 뉴스와 언론보다 더 빨리 새 소식을 알렸고 오랜 편집과 검수, 검열을 거쳐야 하는 기존 TV 방송업체들과 달리 그대로의 정보를 신속하게 올릴 수 있어 사람들의 믿음을 샀다.

거기에 유튜브 동영상에 삽입된 광고의 수익을 동영상을 업로드한 사람에게 일부 제공하는 유튜브의 정책은 더 많은 생산자를 인터넷 강의를 하는 강사들은 부수입을 얻기 위해, 유명 인사들은 그들의 영상을 업로드해 더 많은 팬을 끌어들이고 팬과의 결속을 강화하기 위해 유튜브에 주기적으로 동영상을 업로드했다. 나중에는 유튜브에 동영상을 업로드하는 것을 직업으로 하는 유튜브 크리에이터Youtube Creator 라는 직업마저 등장했다. 이처럼 유튜브는 콘텐츠를 끝없이 재생산하는 구조를 만들었고 새 정보를 흡수하는 플랫폼으로 성장했다.

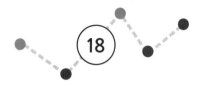

인스턴트 메신저,
모니터 사이를 넘나드는 간편한 소통

21세기 초반 웹사이트는 놀라운 속도로 성장했으며 일부 기업들은 이미 레드오션이 된 웹사이트 대신 다른 기능을 제공하는 서비스를 제공하는 것에 도전했다. 그 서비스는 이메일 외 다른 방법으로 인터넷에서 서로 소통하는 서비스였다. 1980년대 기업과 대학교에는 이미 컴퓨터가 보급되었고 사람들은 컴퓨터 안의 이메일로 소통하는 것에 익숙해져, 이메일 외 다른 소통방법에 대해 딱히 흥미를 느끼거나 필요성을 느끼지 못했다. 그 때문에 새로 등장한 인터넷 소통 사업은 대부분 실패로 끝났다. 그럼에도 이메일과 분명한 차별점이 존재하는 서비스는 존재했고 그서비스는 21세기에 빠르게 성장했다.

마이크로소프트 메일   **ICQ 메신저**

1996년 이스라엘의 미라빌리스מיראבילס 는 ICQ라는 새로운 메
신저를 공개했다. 이는 이메일에 접속하지 않고 바로 바탕화면
에 메신저 창을 띄우는 메신저였다. 그래서 사람들은 이메일에
접속하기 위해 여러 단계를 거칠 필요가 사라졌으며 자연스럽게
속도가 빨라졌다. 우편을 보내듯이 메시지를 받고 보내는 과정
을 과감하게 생략하고 말을 하듯이 글을 바로바로 주고받는 메
신저 기능은 편리했기에, 사람들은 이메일 대신 메신저를 즐겨
이용했다. 이에 1997년 세계적인 대기업 중 야후!는 야후! 메신
저를, 마이크로소프트는 MSN 메신저를 출시했고 사람들은 둘
을 많이 이용했다.

특히 윈도우 기반으로 설치된 MSN 메신저는 세계인들이 기
본으로 인터넷에서 사용한 메신저였다. 이를 본 AOL 역시 1997
년 AIM AOL Instant Messenger 을 출시했으며 실시간으로 빠르게 채

팅할 수 있는 기능을 넣어 진짜로 서로 마주 보고 대화하듯이 소통할 수 있게 했다. 사람들은 컴퓨터를 이용해 멀리 떨어진 사람과 수다를 떨 수 있다는 것에 놀라워하며 AIM을 활발하게 이용했다. AOL은 AIM 인기에 힘입어 1998년 ICQ를 인수하며 거대한 메신저 기업으로 성장했다.

미국에서 인스턴트 메신저 규모가 커지자 중국에도 인스턴트 메신저 사업을 시도한 기업이 등장했다. 1999년 설립된 텐센트 腾讯는 Open ICQ를 줄여 OICQ라는 인스턴트 메신저를 내려고 했지만 이미 AOL에서 1998년 ICQ를 인수했기에 OICQ와 ICQ 사이의 상표 문제가 발생해 OICQ를 큐큐$_{QQ}$로 이름을 바꾸고 출시했다. 큐큐는 바로 중국인들의 마음을 사로잡았고 중국에서 가장 인기 있는 인스턴트 메신저로 부상했다. 2000년 중국에서 큐큐 계정이 없는 중국인은 거의 없었고 텐센트는 큐큐

야후! 메신저   AIM 메신저

OICQ 메신저   큐큐 메신저

의 대박으로 단숨에 중국 최고 기업으로 성장했다. 텐센트는 큐
큐에 단순한 인스턴트 메신저 기능과 캡처 기능, 게임, 음악 등
다양한 기능을 추가해 중국인들이 큐큐로 일상생활을 하는 인프
라를 마련했다.

　한편 대한민국은 MSN 라이브 메신저MSN Live Messenger 가 가
장 큰 인기를 얻었는데, 국내 기업들이 도전장을 내밀었으나 모
두 MSN 라이브 메신저의 아성을 이기지 못했다. 그리고 네이트
의 네이트온 역시 다른 메신저와 같은 운명을 맞이할 뻔했다. 하
지만 2003년 같은 해에 SK커뮤니케이션즈가 싸이월드를 합병하
며 싸이월드와 네이트온을 합쳤고, 자기만의 작은 공간을 운영
하는 싸이월드가 대한민국에서 큰 유행을 얻자 자연스럽게 네이
트온도 관심을 받았다. 한국인은 싸이월드에서 꾸민 방을 네이
트온으로 공유하고 만난 친구들과 수다를 떠는 것이 일상이 되
었다. 이처럼 컴퓨터 바탕화면에서 바로 소통하는 인스턴스 메

MSN 라이브 메신저   네이트온 메신저

신저는 21세기의 새로운 소통수단이 되었으며 컴퓨터 안 작은

인간사회가 되었다.

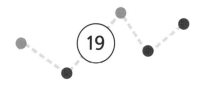

블로그, 일반인이
만든 정보의 바다

1994년 스와스모어 대학교의 학생인 저스틴 홀은 자신만의 웹 사이트에서 일기를 작성했다. 그는 단순한 문장으로 그의 대학 교에 대해 짧은 평가를 재미있게 남겼고, 일부 중요한 단어에 하 이퍼링크를 걸어 다른 웹사이트로 이동하게 했다. 웹사이트로 일기를 남기는 것은 간단하지만 흥미로운 기능이었기에 언론 에서 보도되었으며 개인 웹사이트를 이용한 일기가 인기를 얻 었다. 1995년에는 매일, 또는 일정 시간 동안 찍은 사진을 웹사이 트에 올리는 것이 유행했고 일부 웹사이트는 뉴스 기사를 스크 랩해 올렸다. 개인 웹사이트가 많아지자, 1997년 존 버거는 이를 웹 web 과 로그 log 를 합쳐 웹로그 weblog 라고 명명했으며, 시간이

Justin's Home Page

Welcome to my first attempt at Hypertext

Howdy, this is twenty-first century computing... (Is it worth our patience?) I'm publishing this, and I guess you're readin' this, in part to figure that out, huh?

High Stylin' **on the Wurld Wyde Webb**

This is a Hypertext server using MacHTTP v1.2.3 running on a Powerbook 180 w/ 8 RAM and a 120 HD. It is currently being broadcast from the depths of Willets dorm nestled in the shrubbery here at Swarthmore College in Swarthmore, Pennsylvania.

I put this together with MacHTTP and the assistance of NCSA's HTML Primer that was invaluable. I would recommend it to anyone who is interested in creating t own statements out here in the waste vastland. More general information about HyperText Mark-up Language is also available. For information about the World Wide Web and Mosaic, here's a recording of someone's voice: here.

Swarthmore College Shit

저스틴 홀의 웹사이트

웹로그

홀러 블로그blog 로 불렸다. 블로그는 양질의 뉴스 기사를 스크
랩해 정리하거나 일부는 직접 속보를 블로그로 전달하며 뉴스를
대신하는 언론의 역할을 하는 등 다양한 종류로 분화했다.

초기에는 HTML을 아는 개인이 HTML로 직접 블로그를 만
들고 운영했으나, HTML을 모르는 사람들도 블로그에 관심을
가지면서 블로그를 위한 도메인 주소를 대신 관리하고 양식을
주는 블로그 호스팅이 필요하다는 수요가 증가했다. 1999년 미

국인 프로그래머인 브래드 피츠패트릭은 라이브조널LiveJournal 이라는 블로그 호스팅 프로그램을 개발했으며, 러시아에서 이를 지보이 주르날живой журнал로 번역해 활발하게 이용했다. 1999 년에는 구글에서 블로거Blogger가 등장했으며, 텀블러Tumblr, 워드프레스Wordpress 등 블로그 생성 및 운영을 돕는 프로그램도 등장했다. 개인이 블로그를 제작하기 쉬워지자 프로그래밍에 대한 지식이 없는 일반인도 블로그를 생성하고 운영하기 쉬워졌다. 기자들은 검열이 심한 방송사 대신 검열이 없는 블로그를 만들고, 본인이 취재한 내용을 왜곡 없이 올리며 진상을 알렸고 블로그는 언론을 대신해 진실을 전하는 수단 중 하나로 주목받았다.

블로그는 특히 2003년 발발한 이라크 전쟁에서 활약했다. 미국 정부는 베트남 전쟁 때 언론이 전쟁상황을 고발해 미국 내에 반전여론을 형성해 미국이 전쟁에서 패배했다는 경험을 잊지 않았고 이라크 전쟁 때는 언론을 철저하게 통제했다. 그래서 미국인들은 마치 게임처럼 미군이 승승장구하는 모습만 접했고 이라크 전쟁을 정의로운 전쟁으로 생각했다. 하지만 이라크 블로거인 살람 팍스와 리버벤드는 블로그에 이라크 전쟁의 실상을 고발했다. 이에 전 세계 사람들은 미국 언론 대신 살람 팍스와 리버벤드의 블로그를 보며 정보를 접하고 이라크 전쟁을 비판했다. 이 사건으로 블로그는 소수만 즐기는 마니아 문화에서 대중적인

지보이 주르날

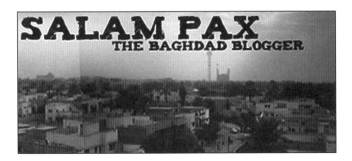

살람 팍스 블로그

워드프레스

인터넷 문화로 성장했다. 일반인도 그들이 목격한 진실을 블로그에 업로드해 사람들에게 알렸고, 블로그는 평범한 자들의 이야기를 담아 인터넷을 정보의 바다로 만들었다.

2003년 창작자에게 블로그 생성 등에 완전한 자유를 제공하는 워드프레스가 등장해, 마크업 언어나 프로그래밍 지식이 조금 있는 사람들은 자유롭게 나만의 블로그를 만들어 포스팅할 수 있게 지원했다. 컴퓨터 언어에 대한 지식이 없는 사람들을 위해 블로거Blogger, 시나웨이보新浪博客, 이글루스, 네이버 블로그, 티스토리 등 웹 포털에서 다양한 블로그 서비스를 제공해 누구나 블로그를 쉽게 생성하고 이용하게 지원했다. 특히 웹 포털의 블로그는 웹 포털 안에 수많은 정보를 담는 그릇이 되었다.

사람들은 더 많은 정보를 담은 웹 포털을 이용했고 때문에 웹 포털은 저렴한 가격에 많은 정보를 끌어 모으기 위해 웹 포털이 지원하는 블로그에 투자했다. 사람들은 더 쉽게 만드는 블로그 서비스를 이용하고 블로그를 올려 정보를 제공했으며, 그 정보는 고스란히 웹 포털의 정보로 저장되었다. 웹 포털은 광고를 통한 수익을 약속하며 블로거들을 모으며 웹 포털에 정보를 축적했다. 이렇게 웹 포털은 일반인들의 작은 이야기를 흡수하며 저렴한 비용으로 웹 포털을 거대한 정보의 바다로 만들었다.

노트북,
들고 다니는 컴퓨터

　1970년대와 1980년대 초, 컴퓨터는 상자 크기로 무거운 데다 전원선, 전화선 등 유선을 연결해 사용해야 했기에 주로 사무실이나 연구소에 고정된 상태로 사용되었다. 이러한 고정된 컴퓨팅 환경은 일부 상황에서 불편했다. 특히 출장 중이거나 외부 미팅을 자주 해야 하는 사람들은 이동 중에도 데이터를 처리하고 문서를 작성해야 했기에 밖에서도 컴퓨터를 이용할 수 있게 되기를 원했다. 컴퓨터 기술의 발전과 함께 반도체 및 배터리 기술도 발전하면서, 컴퓨터를 소형화하고 휴대할 수 있는 기회가 열렸다. 이러한 배경에서 노트북이 등장했다.

세계 최초의 노트북 오스본 1

세계 최초의 노트북 컴퓨터는 1981년에 발매된 오스본 1 Osborne 1 이다. 애덤 오스본이 설립한 오스본 컴퓨터 회사에서 개발한 이 기기는 당시로서는 혁신적인 이동성을 제공했다. 오스본 1은 약 10.7kg의 무게로, 오늘날의 노트북과 비교하면 매우 무거웠지만, 이동이 가능한 최초의 컴퓨터였다. 이 기기는 질로그 Zilog Z80 프로세서를 탑재하고, 64KB의 RAM, 5인치 CRT 모노크롬 디스플레이와 듀얼 5.25인치 플로피 디스크 드라이브를 갖추고 있었으며, CP/M 2.2 운영 체제를 사용했다. 또한 오스본 1은 출장이 잦은 사무원을 위해 워드스타 WordStar 와 슈퍼칼크 SuperCalc 등 사무업무 지원 소프트웨어도 내장되어 있었다. 오스본 1은 비록 크고 무거웠지만, 이동 중에도 컴퓨터를 사용할 수 있음을 증명한 제품이었다.

1980년대와 1990년대에는 다양한 혁신적인 노트북들이 등장하며 컴퓨터 시장에 변화를 불렀다. 1983년에 출시된 컴팩 포터블 Compaq Portable 은 IBM PC와 호환되는 첫 번째 휴대용 컴퓨터로 주목받았다. 약 12kg의 무게와 인텔 8088 프로세서를 갖춘 이 기기는, 이동이 가능한 IBM PC 호환 컴퓨터를 원하는 사용자

IBM 컴팩 포터블　　　　　　　IBM 씽크패드 700C

들에게 큰 인기를 끌었다. 또한 1982년에 출시된 그리드 컴퍼스
GRiD Compass 1100은 최초로 모니터와 키보드 사이에 경첩이 있
어 컴퓨터를 접고 펼 수 있는 클램셸 디자인을 도입하며 노트북
의 기본 디자인을 확립했다.

　1990년대에 들어서, IBM의 씽크패드ThinkPad 700C는 블랙박
스 디자인과 레드 트랙포인트로 많은 주목을 받았다. 10.4인치
TFT 컬러 디스플레이와 인텔 486SLC 프로세서를 탑재한 이 제
품은 비즈니스 전문가들에게 인기가 많았다. 애플이 1991년 출
시한 파워북PowerBook 100은 인체공학적 디자인과 2.3kg의 비교
적 가벼운 무게로 큰 호응을 얻었다. 모토로라Motorola 68000 프
로세서와 20MB 하드 디스크를 갖춘 파워북 100은 작고 가벼워
가방 안에 들어갔고, 이동 중에도 편리하게 사용할 수 있었다.

　1995년에는 일본의 세계적인 전자기기 기업인 도시바가 다이
나북스DynaBooks J-3100SS를 출시했는데, 다이나북스 J-3100SS

도시바가 다이나북스 J-3100SS   HP의 옴니북 300

는 성능과 휴대성의 균형을 잘 맞춘 모델로 인기를 끌었다. 인텔 펜티엄 Pentium 프로세서와 500MB 하드 디스크를 탑재한 이 제품은 다양한 업무 환경에서 사용될 수 있어 일본 회사원과 미국 회사원이 애용했다. 1993년 등장한 HP의 옴니북 OmniBook 300 은 초경량 노트북으로, 특히 프레젠테이션용으로 많은 사랑을 받았다.

이러한 노트북들은 이동성과 편리성 덕분에 특정 사용자 그룹들 사이에서 큰 인기를 끌었다. 비즈니스 전문가, 연구원, 정부 기관 등 다양한 분야에서 노트북의 수요가 급증했다. 초기 노트북들은 비싸고 무거웠지만, 이동 중에도 컴퓨터를 사용할 수 있는 능력은 생산성을 크게 향상했다. 시간이 지나면서 기술이 발전하고 가격이 하락하면서 더 많은 고객이 노트북을 찾고 이용했으며, 1990년대 중반부터는 노트북이 대중화되어 누구나 사용하는 단계에 막 접어들었다. 결국 노트북 컴퓨터는 이동성과 생산성을 높이기 위한 사용자들의 요구를 충족시키며 현대 컴퓨팅의 중요한 요소로 자리 잡았다. 노트북의 발전은 컴퓨터 기술의 혁신과 사용자 요구의 결합을 잘 보여주는 사례가 되어 IT 발전의 모범이 되었다.

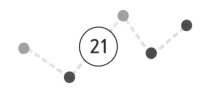

와이파이, 선이 사라진 세상

　1914년 오스트리아-헝가리 제국에서 태어난 헤디 라마르는 배우로 활동하면서 열렬한 파시즘 신봉자인 남편을 따라 이탈리아와 독일의 군사기밀과 신무기 기술을 엿들었다. 그녀는 이탈리아와 독일의 전쟁 준비에 환멸을 느껴 남편과 이혼하고 미국으로 건너가 낮에는 할리우드에서 배우로 활동하고, 밤에는 유럽에서 엿들은 기술을 공부하며 공학자의 길을 걸었다. 그러던 중 제2차 세계대전이 발발했고 연합국 해군은 라디오파로 어뢰를 원격 조종하며 추축국 잠수함을 공격했는데, 추축국 잠수함은 방해전파를 발사해 연합국 해군의 어뢰 원격조종을 방해했다.

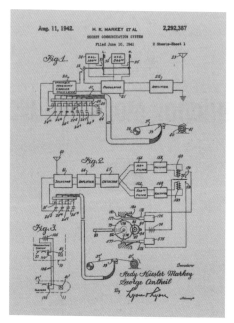

헤디 라마르의 주파수 도약 특허

이에 헤디 라마르는 사용할 라디오파의 주파수를 미리 정하고 그 주파수들을 수시로 변경하며 교란하는 아이디어를 생각했고 작곡가 조지 안타일과 함께 1942년 주파수 도약이라는 이름으로 특허를 제출했다. 미 해군은 특허를 흥미롭게 봤지만, 당시 기술력으로는 실현 불가능했다. 그러나 아이디어는 인정받아 후에 공학자들이 통신기술을 개발할 때 참고했다.

1970년대 초, 하와이 대학교의 노먼 아브라모슨과 그의 팀은 여러 섬으로 나뉜 하와이에서 컴퓨터를 유선으로 연결하기 어렵다는 문제에 직면했고 이를 무선통신으로 연결하려고 했다. 그래서 무선통신 기술인 알로하넷ALOHAnet을 개발해 세계 최초로 컴퓨터를 무선통신으로 연결하는 것에 성공했다. 이를 시작으로 복수의 컴퓨터를 무선으로 연결하려는 연구가 등장했고 속속히 신기술이 개발되었다.

또 1990년대 인터넷이 민간에 공개되고 대중화되며 많은 사람들이 인터넷을 이용했다. 마침 하드웨어 기술 발전으로 들고 다니는 컴퓨터인 노트북도 등장해 사람들은 실내와 야외에서 컴퓨터를 이용했다. 그러나 유선으로 연결해야 인터넷을 이용할 수 있었고, 야외에서 노트북을 이용하는 사람들은 인터넷을 이용하지 못했다. 하지만 사람들은 야외에서도 인터넷을 이용할 수 있는 환경을 원했고 이를 가능하게 하는 기술의 요구가 증가했다. 유선 네트워크의 제약을 극복하고, 더 유연하고 편리한 네트워킹 환경을 제공할 필요성이 대두된 것이다.

이런 사회적 배경은 학계와 기업에 무선 인터넷 통신의 필요성을 상기했고 새로운 시장으로 다가왔다. 이에 IEEE는 등장한 수많은 무선통신 기술을 합쳐 하나의 무선통신으로 모든 컴퓨터를 연결해야 한다고 생각해 무선 LAN 표준화를 준비했다. IEEE는 학회를 열어 무선 LAN 표준 후보를 골랐고, 1997년에 첫 번째 IEEE 802.11 표준이 발표되면서 와이파이Wi-Fi 기술의 기초가 마련되었다. 이 표준은 초기에는 최대 2Mbps의 데이터 전송 속

와이파이 로고

도를 제공하며, 2.4GHz 주파수 대역을 사용했다.

와이파이는 무선 LAN 기술 중 하나로, 라디오 주파수를 사용하여 데이터를 무선으로 전송했다. 와이파이 네트워크는 주로 무선 신호를 송수신하는 액세스 포인트Access Point 와 와이파이 네트워크에 연결되는 클라이언트 장치로 구성되었다. 와이파이는 주로 2.4GHz와 5GHz 대역을 사용하며, OFDM 등의 변조 기술을 이용해 데이터 신호를 라디오 신호로 변환해 정보를 송신했다. 그리고 역으로 라디오 신호를 데이터 신호로 변환해 정보를 불러오고 확인하는 기술이었다.

와이파이는 주파수 대역 내에서 여러 채널을 사용할 수 있으며, 채널 본딩을 통해 여러 채널을 결합해 더 넓은 대역폭을 제공할 수 있어 많은 컴퓨터 사이 무선통신을 가능하게 했다. 한편 데이터를 보호하기 위해 WEP, WPA, WAP2 등 다양한 보안 프로토콜을 사용해 높은 보안성과 안정성을 보유했다. 와이파이는 데이터를 송신하기 전 먼저 근처의 AP를 탐색하고, 인증절차를 거쳐 연결된 후 데이터를 송수신하는 방식으로 이루어졌기에 자원 낭비가 적었고 보안성도 뛰어났기에 국제 무선 LAN 표준으로 선정되었다. 와이파이 기술은 1997년 최대 2Mbps 속도를 가진 IEEE 802.11 표준을 시작으로 1999년 최대 54Mbps 속도와 5GHz 대역을 사용하는 IEEE 802.11a, 2009년 최대 600Mbps 속도와 5GHz 대역을 사용하는 IEEE 802.11n이 등장하며 시간이 지날수록 속도와 대역폭이 증가하고 있다.

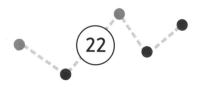

블루투스,
무선 컴퓨터의 등장

1990년대 후반, 급격한 전자기기의 보급과 함께 다양한 기기 간의 데이터 전송 및 통신을 위한 효율적이고 표준화된 통신 방법이 필요하게 되었다. 특히 당시 전자기기는 대부분 유선으로 연결했으나 사람들이 전자기기를 더 활발히 사용하며 실내와 야외 등 장소를 가리지 않고 이용하기를 원했다. 이에 따라 컴퓨터, 휴대전화, PDA, 프린터 등 전자기기들을 유선 케이블 없이 서로 통신하게 하는 방법이 절실히 요구되었으며, 이는 곧 무선연결 기술의 개발로 이어졌다.

1998년, 스웨덴의 통신기업 에릭슨Ericsson 은 이러한 필요성을 해결하기 위해 전자기기 사이의 무선 연결기술 개발을 준비했다. 에릭슨은 초기 이동통신 장비와 휴대전화를 개발하는 과정에서 무선통신의 중요성을 깨달았고, 이를 해결하기 위한 연구에 착수했다. 에릭슨은 새로 개발하는 기술에 블루투스 Bluetooth 라는 이름을 붙였는데, 이는 10세기 덴마크와 노르웨이의 왕이었던 하랄드 블루투스에서 유래했다. 하랄드 블루투스 왕은 덴마크와 노르웨이를 통일한 것으로 유명한데, 이처럼 블루투스 기술도 다양한 전자기기들을 통일해 연결한다는 의미를 담았다.

블루투스 로고

블루투스는 2.4GHz ISM 주파수 대역을 사용하며, 여러 주파수 채널을 빠르게 전환하며 통신하는 주파수 호핑 확산 스펙트럼 FHSS 기술을 활용해 특정 주파수 대역에서 발생할 수 있는 간섭을 피하고, 보안성을 높이며, 통신의 안정성을 보장했다. 또 블루투스를 이용한 네트워크는 하나의 마스터 장치와 최대 7개의

블루투스 SIG 건물

슬레이브 장치 사이를 연결하는 네트워크인 피코넷 Piconet 과, 여러 피코넷이 서로 상호 연결된 네트워크인 스캐터넷 Scatternet 구조를 가져 많은 전자기기를 동시에 연결할 수 있게 했다.

에릭슨은 효율도 중요시 해 블루투스를 데이터를 주소, 데이터 및 오류 검출 코드 등 작은 패킷으로 나누어 전송해 통신효율을 높였고, 다양한 전력 관리 모드를 도입해 에너지를 효율적으로 관리했다. 마지막으로 보안을 위해 페어링 Pairing 과정을 거치며, 암호화 키를 교환하여 데이터 전송을 암호화해 해킹 공격에 대비했다.

이처럼 블루투스는 훌륭한 기기들 사이의 무선통신 기술이었다. 그러나 에릭슨은 혼자 이 기술을 표준화하는 데 한계를 느껴 다른 기업들과 협력을 결정했다. 이에 따라 1998년, 에릭슨을 중심으로 IBM, 인텔, 노키아, 도시바 등이 참여해 블루투스 Bluetooth SIG Special Interest Group 을 결성했다. 이들은 블루투스 기술의 표준을 개발하고, 이를 전 세계적으로 보급하는 역할을 맡았다. 덕분에 21세기 초반 블루투스는 빠르게 세계로 퍼져 세계적인 무선 통신 표준이 되었다.

블루투스는 일상에 큰 변화를 가져왔다. 초기에는 통신 모듈의 크기와 비용 때문에 제한적으로 사용되었으나, 기술발전과 함께 소형화되고 비용도 절감되면서 다양한 소비자 전자기기에 널리 사용되기 시작했다. 특히 무선 이어폰, 무선 마우스, 스마트폰, 차량용 핸즈프리 시스템 등에서 블루투스 기술이 많이 사용되며, 우리 모두를 케이블의 번거로움에서 벗어나게 해주었다. 또한 사물인터넷IoT 시대에 맞춰 더 많은 기기와 연결되며, 스마트 홈, 웨어러블 기기, 헬스케어 기기 등 다양한 분야에서 혁신을 이끌고 있다. 거기에 블루투스만의 저전력과 안정적인 통신성능 덕분에 이러한 새로운 응용 분야에서도 중요한 역할을 하고 있다. 블루투스는 와이파이와 함께 무선통신의 새로운 장을 열었으며, 우리의 생활 방식을 혁신적으로 변화시켰다.

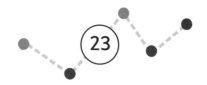

터치 스크린,
더 간편한 인터페이스

 키보드와 마우스가 개발되며 사람들은 컴퓨터를 편하게 이용할 수 있었다. 하지만 단순히 하이퍼링크를 마우스로 드래그하는 것이 아닌 그림을 그릴 때는 키보드와 마우스는 불편했다. 그래서 오토캐드AutoCAD나 어도비 일러스트레이터Adobe Illustrator 같은 그림을 그리는 프로그램을 이용할 때는 패드 등 전용장치를 따로 조작해 이용해야 했다. 그리고 그마저도 손 따로 모니터 따로 움직였기에 자연스럽지 않았다. 그래서 공학자들은 키보드와 마우스가 아닌 물체가 모니터를 직접 만져 작동시키는 아이디어를 생각했고 연구했다.

 1965년 영국 왕립 레이더 설치국의 직원인 에릭 존슨이 손가

1987년 오토캐드

락으로 눌러 명령을 내릴 수 있는 터치 스크린에 대한 짧은 논문
을 발표하며 터치 스크린 연구의 포문을 열었다. 그의 터치 스크
린은 한 번에 한 손가락을 이용한 명령만 되었고 불투명해 불편
했으나 공학자들은 더 얇고 더 투명한 터치 스크린을 연구했다.
1972년 일리노이 대학교에서 적외선 위치 센서를 16×16으로
배열한 터치 스크린에 대한 특허가 나왔고, 1973년 유럽입자물
리연구소의 프랑크 벡과 벤트 스톰페는 투명 터치 스크린을 개
발해 유럽입자물리연구소 사무실 컴퓨터에 시범적으로 사용
했다.

투명 터치 스크린은 기술이 발전하며 더 정밀한 감지가 가능
해졌으며, 1983년 휴렛 팩커드Hewlett-Packard에서 모니터에 투명
터치 스크린을 덮은 HP-150을 출시했다. HP-150은 소니의 모

터치 스크린을 장착한 HP-150

니터에 투명 터치 스크린을 덮은 제품으로, 터치 스크린이 모니
터를 완전히 덮은 것이 아닌 터치 스크린과 모니터 사이의 공간
이 있어 사용할 때마다 매번 먼지를 털어내야 했다. 또한 인식하
는 범위 역시 사람 손가락보다 더 커 사용성이 불편했고 한 번에
한 터치만 인식했다. 하지만 HP-150은 터치 스크린을 상용화한

터치펜을 이용한 제품 설계를 지원한 카티아

홈 오토메이션 시스템

최초의 전자기기라는 기념비적 제품이었으며 1982년 토론토 대학교에서 처음으로 여러 터치를 동시에 할 수 있는 멀티 터치 기술 확보에 성공하고 이후로 보완이 개량하며 순식간에 편리해졌다.

1982년 다쏘Dassault 에서 개발한 카티아CATIA 는 터치펜을 이용해 제품을 설계하고 디자인하는 것을 지원하는 CAD 프로그램으로, 펜으로 원하는 부분을 만지고 드래그해 바로 원하는 모양을 잡아 노동과 비용을 획기적으로 절감하는 프로그램이었다. 덕분에 다쏘 직원들은 항공기나 각종 장비를 설계할 때 편하게 설계할 수 있었다. 1985년에는 손가락으로 모니터에 있는 버튼을 클릭하며 집의 제어장치를 관리하는 홈 오토메이션 시스템 Home automation system 이 출시되어 주목을 받았다. 홈 오토메이션 시스템은 하드웨어와 소프트웨어 모두 담은 단말기로 집에 두고 집의 제어 장치를 연결해 주인이 모니터의 버튼을 손가락으로 눌러가며 집의 상태를 확인하고 관리할 수 있는 장치였다. 홈 오토메이션 시스템은 선풍적인 인기를 끌며 1999년까지 많은 제품이 판매되었다.

1980년대 초중반에 등장한 터치 스크린을 적용한 소프트웨어는 선풍적인 인기를 누렸다. 그래서 기업들은 터치 스크린을 지원하는 하드웨어와 소프트웨어를 미래 사업 아이템으로 생각했고 양질의 터치 스크린을 지원하려는 노력을 가했다. 1982년 그

그리드패드

리드 시스템Grid systems은 터치 스크린이 노트북의 키보드를 제거해 불필요한 무게를 줄여 더 가벼운 컴퓨터 등장에 도움을 줄 것으로 생각하여 그리드패드GriDPad라는 신제품을 발표했다.

그리드패드는 전용 터치펜이 있고 여전히 키보드가 있는 노트북이었지만, 키보드를 사용하지 않고 터치펜으로 컴퓨터 작업을 할 수 있는 컴퓨터였다. 그리드패드는 터치 스크린 인터페이스에 최적화된 소프트웨어를 탑재해 버튼 터치로 많은 작업을 수행할 수 있게 했다. 사람들은 터치펜으로 간단하게 클릭하며 작업할 수 있는 그리드패드를 이용했고 특히 외부 활동이 많은 사람들이 그리드패드를 사랑했다. 기업들은 그리드패드를 더 작게, 혹은 그리드패드에 다른 기능을 추가하는 방법을 연구했다. 그 덕분에 작은 컴퓨터 기술이 빠르게 성장했고 10년도 되지 않아 작은 컴퓨터가 세상을 지배했다.

유비쿼터스 컴퓨팅,
어디에나 존재하는 컴퓨터

1990년대는 전자제품의 소형화와 무선 네트워크 기술이 눈부시게 발전한 시기였다. 사람들은 노트북을 들고 다녔고 와이파이로 인터넷에 연결해 사무업무를 수행했다. 이런 사회가 등장하자 학자들은 컴퓨터를 들고 다니는 것 대신 컴퓨터를 외부에 설치해 사람들이 길거리를 돌아다니다가 컴퓨터를 이용하는 인프라를 조성한다면, 사람들은 언제 어디에서나 필요한 정보를 바로 얻을 수 있다고 생각했다. 이것이 언제 어디에나 컴퓨터를 이용하는 유비쿼터스Ubiquitous 개념이다.

1988년 마크 와이저는 논문을 발표하며 유비쿼터스 컴퓨팅, 보이지 않는 컴퓨팅, 사라지는 컴퓨팅 세 개념을 제시하며 유비쿼터스를 개척했다. 그는 사람들이 언제 어디에서나 어느 때나 원하는 정보를 접하는 이상향을 구체화했다. 1995년 캘리포니아 대학교에서 무선 네트워크로 어디에서나 인터넷을 할 수 있는 노마딕 컴퓨팅 개념을 제시하며 유비쿼터스 컴퓨팅 개념을 더 구체화했다.

유비쿼터스 컴퓨팅의 개념 중 가장 간단한 개념은 밖에 컴퓨터를 설치하는 것이었다. 그래서 등장한 개념이 키오스크로 근대 시기 페르시아 문화권에서 유행한 야외의 작은 정자 쿠쉬크كوشک를 프랑스와 독일 등 유럽이 받아들여 신문을 판매하는 작은 점포 Kiosque 에서 따왔다. 1991년 컴덱스COMDEX 에서 키오스크 제품들이 처음 출시되었고 빠르게 키오스크가 설치되었다. 가장 먼저 시도된 키오스크는 무인계산대, 무인 계산기, ATM이었다. 무

세계 최초 마트 무인계산대

NCR에서 개발한 ATM

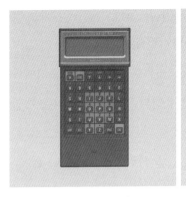 

Psion 오거나이저 II   애플 뉴턴 메시지패드 100

인계산대는 빠른 계산을 가능하게 해 줄을 서는 시간을 줄였고 ATM은 쉽게 돈을 입출금하는 편리한 도구로 각광받았다.

가정 자동화 역시 주목받았다. 디지털 도어락, 전기밥솥, 냉장고, 세탁기, 경보기, 차고 등 가정의 전자제품에 모두 소형 컴퓨터와 터치 스크린을 탑재해 사용자가 손가락으로 살짝 눌러가며 명령을 내릴 수 있는 제품이 대거 등장했다. 그리고 전자제품마다 데이터를 누적하고 그 데이터를 별도로 저장하거나 공유하기 위해 제품끼리 인터넷을 연결하는 사물 인터넷도 탄생했다. 센시스Zensys에서 개발한 Z-Wave 등 사물인터넷 제품이 등장해 사람들은 발로 뛰지 않고 가만히 앉아 단말기로 집의 상태를 파악하고 통제할 수 있었다.

한편 기업은 개인정보단말기PDA, Personal Digital Assistant 라는 터치펜으로 간단하게 조작하는 단말기를 유비쿼터스 컴퓨터로 여겼다. Psion은 오거나이저Organiser I과 오거나이저 II, 오거나이저 III를 출시하며 유비쿼터스 컴퓨팅의 일부로 PDA라는 개념을 세계에 널리 알렸다. 이에 자극을 받은 HP는 HP95LX를 출시했고, 애플은 애플 뉴턴Apple Newton 시리즈를 공개했다. Psion, HP, 애플은 PDA 제품을 연이어 출시하며 경쟁했고 그 경쟁에 팜Palm, 소니, 도시바, NEC, 후지쯔, 삼성전자, LG도 뛰어들며 시장을 PDA로 장식했다. PDA는 주소록 기록, 메모, 달력과 일정 관리, 동영상, MP3, GPS, 웹 접속 모두 가능한 휴대용 기기로 처음에는 영업직 직장인들이 주로 사용했지만, 이내 일반인들도 즐기는 단말기가 되었다.

많은 기업이 PDA를 개발하고 있을 때 IBM은 상당히 도전적인 시도를 했다. IBM은 시도한 것은 전화기에 PDA를 탑재해 통화와 컴퓨터 활동 모두 가능한 전화기를 만드는 것이었다. IBM은 1992년 IBM 시몬Simon 이라는 PDA폰을 개발하고 판매했다. IBM 시몬은 PDA 기능에 통화 기능이 추가되어 있어 외부 출장이 잦은 직장인들이 즐겨 사용했다. IBM이 PDA폰을 출시하자 마이크로소프트는 PDA용 운영체제인 윈도우 CE를 출시해 PDA 운영체제 시장을 잠식했다. 이를 본 Psion, 모토로라, 에릭슨, 노키아가 힘을 합쳐 심비안Symbian 운영체제를 만들고 노키

팜 TX   IBM 시몬

아 스마트폰에 탑재했다. 심비안은 윈도우 CE보다 가볍고 빠르며 컴퓨터보다 더 작은 PDA에 더 적합한 운영체제여서, 사람들은 심비안이 탑재된 PDA폰 또는 스마트폰을 찾았다. 특히 심비안은 노키아의 스마트폰에 기본 탑재되어 있어, 사람들은 노키아 스마트폰을 이용하며 자연스럽게 스마트폰이라는 새 개념을 받았다.

노키아,
스마트폰을 선도한 기업

1865년 핀란드 타마르코스키에서 프레드릭 이데스탐과 레오

미셸렌이 설립한 목재 펄프 기업은 1871년 노키아라는 사명을

세계 최초의 자동차 전화기 모비라 세네터

모비라 시티맨

얻었다. 이후 20세기에 고무와 케이블 사업으로 사업을 확장하며 전자기기 및 통신기술을 확보했으며, 1960년대 군용 전자기기를 시작으로 1970년대 TV 등 민간 전자기기 사업에 뛰어들었다. 이런 노키아는 1980년대에 이동 통신 기술에 뛰어들면서 휴대용 전화기 사업을 시작했다.

1982년, 노키아는 세계 최초의 자동차 전화기인 모비라 세네터 Mobira Senator 를 출시하며 이동통신 시장에 발을 들였다. 이 제품은 크기와 무게가 상당했지만, 무선통신 기술을 일상에 도입하는 데 중요한 역할을 했다. 이어 1987년에는 더 작은 크기와 개선된 기능을 갖춘 모비라 시티맨 Mobira Cityman 을 출시했다. 이 모델은 당시 소비자들에게 큰 인기를 끌며 노키아를 이동통신 시장의 주요 기업으로 자리매김하게 했다.

1990년대 후반, 노키아는 심비안이라는 운영체제를 개발했다. 심비안은 처음에는 PDA와 같은 소형 컴퓨터 장치에서 사용되었으나 곧 스마트폰에 적용되기 시작했다. 2002년, 노키아는 심비안 OS를 탑재한 첫 스마트폰 노키아 7650을 출시했다. 이 모델은 내장 카메라와 컬러 디스플레이를 갖추고 있어 스마트폰으로 사진을 촬영하고, 사진첩을 구경하는 혁신을 제공했다.

이어서 2003년에는 노키아 6600을 출시하며 심비안 OS 기반 스마트폰의 기반을 확대했다. 이 모델은 더욱 향상된 카메라 기능과 사용자 친화적인 인터페이스로 많은 인기를 끌었다. 그리

노키아 6600

고 이후로 출시한 노키아 스마트폰들 역시 큰 사랑을 받으며 21
세기 초반 막 태동한 스마트폰 시장에서 블랙베리Blackberry, 모
토로라, 팜, 소니, 도시바, 삼성전자 등 경쟁자를 물리치고 압도적
인 점유율을 차지했다.

특히 2003년 출시된 노키아 6600은 미려한 곡선형 디자인과
손바닥에 딱 들어오는 작은 크기로 큰 주목을 받았다. 그리고 심
비안 OS 7.0s에 비즈니스용 앱과 TV, 사진첩 등 멀티미디어 앱
을 탑재해 사람들이 노키아 6600으로 사무업무를 보고 여가를
즐길 수 있게 했다. 거기에 저장 용량도 크고 하드웨어와 소프트
웨어 모두 우수해 전 세계적으로 1,500만 대 이상 판매되면서, 노
키아를 세계에서 가장 우수한 스마트폰 기업으로 널리 알렸다.

2007년 등장한 노키아 N95는 스마트폰을 둘로 나눠 모니터와
키패드로 분리한 듀얼 슬라이드 모델을 채택해 듀얼 슬라이드

노키아 9000

붐을 일으켰고, 고해상도 카메라를 달아 전 세계적으로 1,000만 대 이상의 판매량을 자랑했다. 이런 혁신적인 모델 덕분에 노키아의 혁신을 소니, 후지쯔, 도시바, 삼성전자, LG 전자 등 기업이 모방할 정도로 노키아의 위상은 대단했다.

노키아 스마트폰은 다양한 이유로 사람들에게 사랑받았다. 먼저 노키아의 스마트폰은 내구성이 뛰어나고 품질이 우수해 어떤 경우에서도 파손이 잘 일어나지 않았다. 특히 노키아 3310과 같은 모델은 견고한 디자인으로 유명했고, 배터리 수명이 길어 신뢰성이 높았다. 또 노키아 스마트폰이 제공한 심비안은 직관적이고 쉬운 메뉴를 가지고 있어 누구나 간편하게 사용할 수 있는 사용자 친화적인 인터페이스를 제공했다. 이 덕분에 모든 지역에서 누구나 노키아 스마트폰을 쉽게 사용할 수 있었다. 또한 노키아는 다양한 소비층에 맞게 다양한 제품군을 출시해 모든 소비자의 요구를 충족시켰다.

　이런 사업전략 덕분에 노키아는 2000년부터 2005년까지 전체 휴대폰 시장에서 40% 이상의 점유율을 차지하고 있었으며, 스마트폰 시장에서도 강력한 입지를 가지고 있었다. 노키아의 제품은 다양한 가격대와 기능을 제공하여 폭넓은 소비자층을 확보했다. 특히 노키아 N95는 듀얼 슬라이드 디자인, GPS, 와이파이, 고해상도 카메라 등을 통해 당대 최고의 스마트폰 중 하나로 평가받았다. 그러나 스마트폰을 선도한 노키아의 전성기는 오래 가지 않았다.

핸드폰 안에 들어온 컴퓨터, 다시 말해 스마트폰은 언제 어디에서나 바로 꺼내 이용할 수 있는 컴퓨터로 인류의 옆에 항상 존재했다. 인류는 일상생활을 스마트폰과 함께했으며 스마트폰 안에 인간 세상이 형성되었다. 디지털로 구성된 또 다른 인간 세상은 현실보다 거대해졌으며, 인류는 디지털 세계에서 더 많은 활동을 했다.

Chapter 3

일상

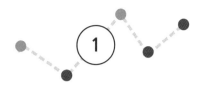

아이폰, 손으로 들어온 세상

 1990년대 유비쿼터스 컴퓨팅의 대유행으로 PDA와 스마트폰이 등장했다. 특히 노키아와 블랙베리가 우수한 스마트폰을 출시하며 스마트폰이 발전했고, 유비쿼터스 컴퓨팅의 주인공은 스마트폰으로 넘어갔다. 팜과 소니도 스마트폰 시장에 뛰어들면서, 대중은 이들 기업이 스마트폰 세계의 주인공이 될 것으로 예상했다.

노키아의 E61

모토로라 Q

블랙베리 커브

팜 트레오 300

　하지만 모두의 예상과 달리 뜬금없는 기업에서 미래를 바꾼 스마트폰이 등장했다. 2007년 1월 9일 애플이 연 맥 월드Mac World 2007에서 스티브 잡스는 아이폰iPhone 을 처음 발표했다. 그가 발표한 아이폰은 버튼이 전혀 없고 터치 스크린만 존재하는 괴이한 스마트폰이었다. 그는 아이폰을 터치 스크린, 휴대전화, 와이파이 세 기술이 합쳐 혁신을 이룬 새로운 기기로 설명했다.

아이폰을 소개하는 스티브 잡스 　　　정전식 터치 스크린을
　　　　　　　　　　　　　　　　　적용한 아이팟

　스티브 잡스의 설명회를 들은 대중은 아이폰에 별다른 흥미를 느끼지 않았으며, 오히려 아이폰을 과소평가했다. 하지만 아이폰은 감압식 터치 스크린을 이용해 손가락이 아닌 전용 터치 펜으로 이용해야 하는 타 스마트폰과 달리, 손가락이 터치 스크린에 닿으면 손가락에 있는 미세한 정전기를 인식하는 정전식 터치 스크린을 적용해 이용하기 편했다. 그리고 이를 바탕으로 드래그라는 새로운 사용자 인터페이스를 제시했다.

　스티브 잡스는 잡지 페이지를 넘기듯이 터치 스크린에 손가락을 올린 뒤, 손가락을 쓸기만 하면 버튼이나 화면이 이동하는 놀라운 인터페이스를 제시했다. 또한 모서리가 둥근 네모 형태의 아이콘 버튼을 정갈하게 디자인하여 잡지 같은 미적 감각을 잘 살렸다. 이처럼 아이폰은 미적으로 뛰어나면서 손으로 무엇이든

할 수 있는 혁신적인 스마트폰이었고 사람들은 곧 아이폰에 매료되었다.

애플은 아이폰의 하드웨어와 사용자 인터페이스에 큰 신경을 기울였지만, 소프트웨어 역시 소홀히 하지 않았다. 애플은 아이팟iPod에서 발전시킨 아이튠즈iTunes를 아이폰에 탑재해서 음악을 쉽게 듣게 했으며, 그 외에도 iOS에 수많은 애플리케이션을 설치했다. 그리고 그 애플리케이션들은 사용자 인터페이스 디자인과 사용성, 그리고 디자인 모두 우수했다. 특히 아이메시지 iMessage는 말풍선 디자인을 채택함으로써 사람들끼리 실제로 대화하는 듯한 경험을 제시해 많은 메시지 기능을 잘 살리면서 사람들에게 직관적이고 친숙하게 다가오게 했다.

아이폰은 iOS에 탑재된 기본 애플리케이션을 우수한 애플리케이션으로 만들면서, 2008년 스마트폰 시장은 바로 아이폰의

큰 메모 형태로
깔끔해진 아이폰

아이폰의 가장 우수한 앱 중 하나인 메시지

세상이 되었다. 버튼을 채택한 노키아와 모토로라, 블랙베리, 팜, 소니는 바로 스마트폰 시장에서 몰락했으며, 스마트폰이라는 명칭은 노키아의 휴대전화에서 아이폰으로 바뀌었다. 소비자와 기업 모두 애플의 아이폰이 불러온 새 패러다임에 승낙하며 아이폰에 맞는 소프트웨어를 개발하고 이용했다.

아이폰은 2007년 발표 초기에는 허황된 이야기라면서 비웃음을 샀지만, 한 손에 들어오는 편리성과 직관적이고 높은 사용성 덕분에 이내 모두가 사용하는 스마트폰이 되었다. 소프트웨어 기업들은 스마트폰용 소프트웨어를 만들었고, 사람들은 큰 컴퓨터 대신 손에 들어오는 스마트폰을 이용해 디지털 세계에 쉽게 들어갈 수 있었다. 아이폰은 1950년 이후 인간이 창조하기 시작한 디지털의 정수를 담은 작은 전자기기로, 아이폰 덕분에 누구나 언제 어디에서나 디지털 세계에 접속할 수 있었다.

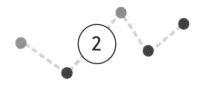

모바일 AP,
칩 안에 담긴 컴퓨터

회로기판, 집적회로, 마이크로프로세서 기술 등 컴퓨터 크기를 줄이는 수많은 기술이 발전하며 컴퓨터의 크기는 감소했다. 이 덕분에 1990년대는 들고 다닐 수 있는 컴퓨터인 노트북이 가능해졌으며, 더 작은 컴퓨터인 PDA도 등장했다. 하지만 발전한 기술들은 전부 CPU, GPU 등 소자 각각의 크기를 줄인 것으로, PDA까지는 소자를 최대한 줄여 그 소자들을 집적회로로 연결하는 것이 가능했다. 문제는 전화 기능이 반드시 있어야 하는 스마트폰은 집적회로로 채우기에는 전화기능을 할 회로를 넣을 공간이 부족했다.

그래서 스마트폰은 컴퓨터 기능을 하는 회로 자체를 매우 작게

인텔 i486SL 마이크로프로세서   한 칩에 넣어야 하는 소자들

해 다른 기능을 하는 회로가 들어갈 공간을 마련해야 했다. 공학
자들은 마이크로프로세서가 CPU를 하나의 칩으로 만들었듯이,
집적회로 자체를 하나의 칩으로 만들자는 아이디어를 냈다. 새
로운 칩은 컴퓨터가 수행하던 복잡한 일을 한 칩 안에서 모두 해
결해야 하는 고난이도의 성능을 요구했다.

스마트폰에 탑재할 칩은 CPU와 메모리는 당연히 들어가고
GPU가 필요하며 터치 스크린을 인식하는 회로, 카메라, GPS 등
많은 기능이 필요했다. 공학자들은 한 칩에 컴퓨터를 넣는 기술
을 단일 칩 시스템 SoC, System on Chip 라고 불렀고, 스마트폰에 탑
재할 SoC 칩은 애플리케이션 프로세스 AP, Application Processor 라
고 불렀다. 공학자들은 각각의 소자를 최대한 줄인 뒤 그 소자들
을 블록으로 미세하게 배치해 공간을 마련해 AP를 완성했다.

AP는 서로 정보를 주고받을 소자들끼리의 거리가 매우 가까
워 전력 소모가 작아 스마트폰을 오래 사용할 수 있는 장점이 있

APL0098   퀄컴 QSD8250

었다. 하지만 고사양의 그래픽을 처리할 때 GPU와 그래픽 담당

소자들이 전력을 대량으로 소모하며 칩 전체가 뜨거워지고 스마

트폰의 발열이 심해진다는 단점이 생겼다. 그럼에도 AP는 스마

트폰을 위해 반드시 필요한 칩이었다.

2007년 애플이 공개한 아이폰은 애플 실리콘Apple Silicon 이

라는 SoC로 작동했다. 애플이 처음 사용한 애플 실리콘은

APL0098로, 최초의 모바일 AP인 만큼 고도의 설계와 공정 기

술이 필요해 설계는 애플이 담당하고 공정은 삼성전자가 담당

했다. 애플과 삼성전자는 아이폰의 AP를 위해 협력하는 관계

였던 것이다. 반도체의 오랜 강자였던 인텔 역시 우수한 기술

력을 바탕으로 인텔 아톰Atom 이라는 SoC를 개발했다. 인텔 아

톰을 스마트폰과 노트북, 기타 사물 인터넷에 범용적으로 탑재

할 수 있는 AP이었다. 그래서 인텔은 노트북과 태블릿 PC, 전

자기기에 인텔 아톰을 탑재해 바뀐 시장을 장악할 수 있었다. 퀄

컴Qualcomm 역시 퀄컴 스냅드래곤Snapdragon이라는 AP를 개발했다. 2007년 퀄컴은 QSD8250이라는 AP를 개발했으며, 계속 향상된 성능을 가진 AP를 개발하며 스마트폰 AP의 강자로 부상했다.

AP 공정은 미세한 소자를 블록으로 배치해 연결하는 매우 집약적인 기술이었기 때문에, 더 정밀한 제조력이 곧 세계적인 가치를 가진 기술력이 되었다. 그리고 대만은 반도체를 위탁생산하는 UMC와 TSMC를 설립해 미국과 일본의 반도체를 위탁 생산하며 기술력과 신용을 얻었다. UMC와 TSMC는 타이완의 경제를 책임지는 대표 기업으로 성장했고, PSMC와 VIS도 파운드리 기업으로 등장하며 대만은 세계에서 가장 우수한 반도체 공정 기술을 보유했다.

미국 역시 AMD가 파운드리 산업에 손을 뻗다가, 2009년 AMD 자회사에서 분리시킨 글로벌 파운드리Global Foundries가 미국의 대표적인 파운드리 기업이 되었다. 글로벌 파운드리는 IBM, 삼성전자와 힘을 합쳐 반도체 공정 기술을 발전시켰으며, 미국을 대표하는 거대 파운드리 기업으로 자리 잡았다. 중국 역시 반도체 기술에 국가적인 지원을 가했고 대만, 대한민국, 미국의 반도체 기술을 따라잡기 위해 파운드리 산업을 적극적으로 추진했다. 2000년 중국 공산당은 SMIC를 설립하고 반도체 파운드리 산업에 집중 투자했다.

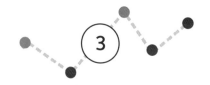

안드로이드,
모바일 운영체제의 표준

애플은 하드웨어와 소프트웨어를 모두 애플이 철저하게 개발하고 관리하는 경영철학을 보유하고 있어 아이폰 OS 추후 iOS로 변경 라는 운영체제를 개발했다. 또한 앱 스토어 App Store 를 탑재해타 기업의 모바일 애플리케이션도 다운받아 아이폰에 설치할 수있게 했다. 하지만 철저한 심사를 거쳐 심사를 통과한 안전한 애플리케이션만 앱 스토어에 올렸기 때문에, 사용자들은 안심하고 App Store에 있는 애플리케이션을 다운할 수 있었다. 이 덕분에사람들은 좋은 애플리케이션이 많은 아이폰을 찾았다.

한편 2003년 앤디 루빈을 포함한 4명의 젊은 개발자들은 미국캘리포니아에 안드로이드 Android 라는 기업을 설립하고 카메라

아이폰의 운영체제 아이폰 OS

의 운영체제를 개발해 수익을 창출했다. 그리고 2005년 안드로이드 Inc는 동아시아의 스마트폰 제조기업인 대한민국의 삼성전자, 대만의 HTC에 스마트폰 운영체제로 안드로이드를 제안했지만, 삼성전자와 HTC 모두 안드로이드의 제안을 거절했다.

투자금 유치가 절실했던 안드로이드 Inc는 구글을 찾았고, 구글은 2005년 안드로이드를 인수했다. 안드로이드는 구글 자회사로 편입되어 블랙베리 전용 운영체제를 개발했다. 그러다 2007년 애플이 아이폰과 아이폰 OS를 출시하자, 세계 스마트폰 기업들은 애플의 독주를 막기 위해 급히 동맹을 결성했다. 구글의 주도로 텍사스 인스트러먼트Texas Instruments, 브로드컴 코퍼레이

구글의 안드로이드   안드로이드를 최초로 탑재한 스마트폰 HTC 드림

션Broadcom coperation, 모토로라, 퀄컴, 인텔, NVIDIA, 델Dell, 마벨 테크놀로지 그룹Marvell Technology Group, 윈드 리버 시스템Wind River Systems, 스피린트 코퍼레이션Sprint Cooperation, 소니, 삼성전자, LG전자, HTC, 티모바일 인터내셔널 T-Mobile International AG 기업이 오픈 핸드셋 얼라이언스Open Handset Alliance 컨소시엄에 모여 스마트폰의 개방형 표준을 정할 것을 결정했다. 그리고 2008년 오픈 핸드셋 얼라이언스 참가기업들은 구글의 안드로이드를 스마트폰의 개방형 표준으로 지정했다.

HTC가 먼저 HTC 드림Dream 이라는 안드로이드 호환 스마트폰을 출시했고 이어 삼성전자, 소니 등에서 안드로이드 호환 스마트폰을 출시했다. 그리고 안드로이드 역시 부족한 기술력을 보완하기 위해 빠른 업데이트를 하며 스마트폰 운영체제로 성장했다. 안드로이드는 오픈소스 정책을 펼쳐 개발자들이 안드로이드의 구조를 파악하고 안드로이드에 적합한 모바일 애플리케이션을 개발하도록 장려했다.

2008년 8월부터 10월까지 안드로이드 스토어 Android Store 라는 이름으로, 그 이후로 지금까지 구글 플레이 Google Play 라는 이름으로 외부에서 개발한 모바일 애플리케이션을 다운할 수 있는 애플리케이션 시장을 만들고 별도의 심사 없이 구글 플레이에 애플리케이션을 올리게 했다. 그 덕분에 개발자들은 개발한 모바일 애플리케이션을 구글 플레이에 부담 없이 올릴 수 있었다. 구글 플레이는 앱 스토어보다 늦게 등장했지만, 앱 스토어보다 더 다양한 애플리케이션을 보유했다. 기업들이 안드로이드 호환 스마트폰을 출시해 아이폰보다 저렴하고 성능이 비슷한 기기를 출시하자, 사람들은 안드로이드 호환 스마트폰을 구매했다. 특히 삼성전자는 2009년 갤럭시 Galaxy 라는 스마트폰 브랜드를 내세우며 아이폰에 도전장을 내밀었다.

우수한 성능을 가진 안드로이드 호환 기종이 나오자, 노키아는 스마트폰 제왕 자리에서 추락했고 그 자리를 삼성전자가 차지했다. 삼성전자는 2011년 안드로이드 기반 스마트폰인 갤럭시 S라는 이용하기 편하며 아이폰보다 더 얇고 가벼운 스마트폰을 세상에 출시했다. 삼성전자의 갤럭시 S는 큰 호응을 받았으며, 2011년 삼성전자가 스마트폰 시장 점유율에서 애플을 추월하며 세계적인 기업으로 이름을 알렸다.

삼성전자 갤럭시 S   세계적인 웹브라우저로 성장한 구글

　삼성전자의 갤럭시 S 성공으로 안드로이드 역시 이득을 봤다.
개발자는 구글 플레이에 애플리케이션을 업로드하며 더욱 풍부
한 기능을 제공했다. 구글은 안드로이드를 통해 모바일 소프트
웨어 시장을 장악했으며, 마침 검색엔진을 주력 사업으로 하는
기업이었기에 모바일 웹 브라우저의 강자로 부상했다. 모바일
웹 브라우저는 아이폰의 사파리 Safari, 안드로이드 호환 기종의
구글로 나뉘었고, 구글은 단숨에 세계에서 가장 많이 이용되는
검색엔진으로 성장했다.

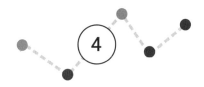

앵그리 버드,
모바일 게임의 교과서

1990년대는 컴퓨터 게임의 전성시대로 수많은 플래시 게임이

등장했다. 블리자드Blizzard 는 워크래프트, 스타크래프트, 디아블

1인칭 슈팅 게임 장르를 연 둠

닌텐도 DS

로를 출시하며 세계에서 가장 큰 게임 기업으로 성장했고 코에이는 삼국지, 노부나가의 야망, 대항해시대 등의 게임을 출시해 동아시아에서 인기를 얻었다. 그 외에도 둠, 프린세스 메이커, 심시티, 롤러코스터 타이쿤 등 명작 게임들이 쏟아져 나오며 컴퓨터 게임의 전성시대를 열었다.

그러나 2000년 PDA가 등장하며 터치로 상호작용하는 PDA에 적합한 게임들이 등장했다. PDA에 가장 적합한 게임을 개발한 기업은 닌텐도로, 2004년 닌텐도는 닌텐도 DS라는 이름의 PDA 게임기를 출시했다. 그 안에 슈퍼마리오 64 DS, 포켓몬 대시, 만져라 메이드 인 와리오, 도와줘 리듬 히어로, 닌자 가이덴 드래곤 소드 등의 게임을 출시했다. 닌텐도는 PDA 게임계에서 넘을 수 없는 전설이 되었고 PDA 다음 세대인 스마트폰 게임은 PDA 게임을 상당히 많이 참고했다.

아이폰 등장 후, 여러 모바일 게임이 앱 스토어에 업로드되었고 그 가운데 트리즘Trism 과 탭 탭 리벤지Tap Tap Revenge 가 큰 사랑을 받으며 아이폰을 대표하는 게임이 되었다. 하지만 해당 게임들은 PDA 게임을 그대로 적용해 손가락으로 터치 스크린을 누르기만 하는 게임으로 시간이 지나면 지루함을 느껴 게임을 중단했다. 때문에 아이폰에 탑재된 모바일 게임은 잠시 할 일이 없을 때 즐기는 단순 오락에 멈췄다.

 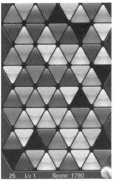 

트리즘   탭 탭 리벤지

그러던 중 2009년 핀란드 게임회사 로비오 엔터테인먼트Rovio
Entertainment Oyj에서 앵그리 버드Angry Birds라는 게임을 아이폰
OS와 구글 플레이에 업로드했다. 앵그리 버드는 어도브 플래시
Adobe Flash로 개발한 모바일 게임으로 터치 스크린에 손가락을
얹은 상태로 손가락을 움직여 새총을 뒤로 당긴 뒤 손가락을 놓

앵그리 버드

으면, 새총 안의 새가 발사되어 돼지 요새를 파괴하는 단순한 게임이었다.

하지만 개발자들은 요새 공략 난이도를 은근 어렵게 올렸다. 새총 발사 각도를 정밀하게 조정해 정확히 맞아야 하고 각각 다른 새를 무기로 사용해야 돼지 요새를 파괴하고 게임을 완료할 수 있게 만들었다. 또한 한 요새의 공략법도 다양해 다양한 시도를 하며 즐거움을 얻을 수 있었다. 머리를 쓰며 공략해야 하는 앵그리 버드는 게임하는 사람들에게 오기를 불어넣었고 강한 중독성이 있는 게임이 되었다. 무엇보다도 앵그리 버드는 손가락으로 드래그하며 복잡한 명령을 내리고 그 명령에 따른 다양한 결과를 보여주는 게임으로 터치로 조작하는 스마트폰의 장점을 극대화한 게임이었다.

앵그리 버드는 스마트폰에 탑재할 모바일 게임의 표준을 마련했다. 글씨는 최대한 사용하지 않아 작은 화면을 게임 그림으로만 채우는 사용자 인터페이스와 손가락으로 상호작용하는 인터페이스는, 좌우에 배치해 사람이 왼손과 오른손으로 잡으면서 게임을 쉽게 하도록 하는 사용자 경험의 표준을 마련했다. 또한 구글 플레이를 통한 적극적인 광고는 모바일 광고의 모델이 되어 많은 기업이 앵그리 버드가 홍보한 방식을 그대로 따라 하며 스마트폰 안에 광고를 넣었다.

그 덕분에 모바일 게임시장이 급격하게 성장했고 앵그리 버드를 이은 성공적인 모바일 게임이 등장하면서, 스마트폰을 구매한 사람들은 즐겁게 놀 수 있는 모바일 게임을 즐겼다. 2010년 유행한 컷 더 로프Cut the Rope 역시 앵그리 버드의 성공공식을 적용한 모바일 게임으로 몬스터 스트라이크Monster Strike, 클래시 오브 클랜Clash of Clans, 클래시 로얄Clash Royal, 플래피 버드Flappy Bird, 템플 런Temple Run도 앵그리 버드의 성공요소를 그대로 적용해 사용자들에게 사랑받는 모바일 게임이 되었다.

이처럼 2009년에 앵그리 버드가 등장하며 모바일 게임시장이 급증해 스마트폰 안에서 즐길 수 있는 모바일 게임이 훨씬 많아졌다. 특히 어린이는 스마트폰으로 게임을 즐겼으며 게임을 하

컷 더 로프

기 위해 스마트폰을 구매할 정도였다. 이는 스마트폰이 인간 사회에 빠르게 침투하는 원동력이 되었고 사람들은 모바일 게임을 통해 스마트폰을 빠르게 받아들였다.

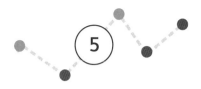

LTE, 스마트폰으로
세계를 연결하다

1983년 모토로라에서 모토로라 다이나택 DynaTAC 8000X를 출시해 손전화기 시대를 열었다. 이후 모토로라를 선두로 많은 전화기 제조사가 무선으로 통화할 수 있는 손전화기를 출시했다. 이 당시의 손전화기는 음성통신만 가능했으며 이를 1세대 무선이동통신, 다시 말해 1G로 부른다. 그리고 1990년대 PDA가 유행하며 PDA 폰이 등장했고 통신사는 GSM과 CDMA 표준을 만들어 음성과 문자를 송신할 수 있는 무선통신 체계를 만들었다. 그렇게 64Kb/s로 음성과 문자 데이터를 충분히 전송할 수 있는 2G가 탄생했다. 하지만 2007년 애플에서 아이폰을 발표하며 2G보다 더 큰 무선통신이 필요했다.

모토로라 다이나택 8000X   PDA 폰

　2007년 애플에서 선보인 아이폰은 사진, 동영상 등 더 거대하고 복잡한 데이터를 공유하는 스마트폰으로 더 방대한 데이터를 처리해 전송하고 받는 무선통신 기술이 필요했다. 다행히 2007년 아이폰 등장 이전 2003년 2Mb/s 무선통신에 성공하며 3G가 등장했고, 애플은 2008년 3G를 제대로 활용하는 아이폰 3G를

아이폰 3G   심 카드

출시해 3G의 기능을 선보였다. 사람들은 사진과 동영상을 스마트폰에 업로드하고 다른 사람이 업로드한 사진과 동영상을 다운로드하며 컴퓨터에서만 할 수 있던 공유 서비스를 이용할 수 있게 되었다.

또한 3G부터는 복잡해진 네트워크를 처리하기 위해 네트워크 가입자를 구분하기 위한 심SIM 카드가 추가되었는데, 단말기에 심 카드를 삽입하면 심 카드가 방대한 네트워크에 가입자 정보를 전송해 네트워크 연결을 지원했다. 심 카드는 아이폰을 시작으로 사성전자 등 모든 스마트폰에 추가되며 3G의 표준이 되었다. 3G는 속도는 느리고 요금은 비싼 기존 통신체계를 밀어냈고, 통신사들은 시장에서 점유율을 높이기 위해 3G 이용료를 낮추며 누구나 거대한 데이터를 쉽게 이용할 수 있게 진입장벽을 낮췄다. 그 덕분에 사람들은 심 카드로 본인을 인증하고 거대한 네트워크를 연결해 전 세계에서 업로드한 정보를 쉽게 다운로드할 수 있었다.

3G로 사진과 동영상을 공유할 수 있게 되자 스마트폰 안에 탑재하는 소셜 네트워크 서비스 애플리케이션이 등장했다. 이윽고 소셜 네트워크 서비스에 불특정 다수가 각각의 이야기를 담은 글과 그림, 동영상을 올리며 무선통신 네트워크 안에 처리해야 할 데이터가 급증했고 이를 처리할 수 있는 무선통신 기술이 필요했다.

세계 최초 LTE 스마트폰 갤럭시 S II

2005년 일본의 NTT 도코모가 CDMA를 대신하는 LTE 통신을 시도했고, 2009년 텔리아노네라TeliaSonera가 스웨덴 스톡홀름과 노르웨이 오슬로를 LTE으로 연결했다. LTE는 다운로드 속도가 100Mb/s 이상으로, 2011년 삼성전자가 Galaxy S II라는 스마트폰에 LTE 기능을 탑재해 세계 최초로 LTE 스마트폰을 출시하면서, 스마트폰으로 대용량 동영상을 빠르게 다운로드할 수 있음을 강조했다. 대한민국은 국토 전체에 LTE 기지국을 건설해 전국을 LTE 통신이 가능한 국가로 만들었으며 일본, 노르웨이, 미국, 네덜란드, 헝가리, 스웨덴 역시 국토를 LTE로 연결해 어디에서나 빠른 무선통신을 제공했다.

LTE는 인터넷을 빠르게 연결해 실시간 통신이 가능하게 만들어 스마트폰을 이용한 화상 회의, TV 생중계, 온라인 게임, 스트리밍 서비스 등 실시간 서비스를 지연 없이 편안하게 이용할 수 있게 했다. 이는 스마트폰이 PC가 가진 최후의 장점인 빠른 실시간 통신도 정복하며 사람들이 이용하는 단말기가 PC에서 스마트폰으로 완전히 넘어간 계기가 되었다.

사람들은 PC가 없어도 스마트폰으로 무엇이든 할 수 있게 되었고 크고 무거운 PC 대신 작고 가벼운 스마트폰을 더 많이 들여다보며 스마트폰 안 세상에 빠져들었다. 실시간 소통을 적용한 모바일 앱은 누구나 간편하게 글과 그림, 동영상을 업로드하고 타인의 작품을 구경하며 그 세상으로 빠지는 새로운 우주를 열었다. 이제 인류는 누워서 스마트폰으로 저 멀리에 있는 누군가와 소통하고 일하는 것이 가능해졌다. 인류가 본격적으로 디지털 세계를 열고 그 세계 안에서 생활하는 시대가 열린 것이다.

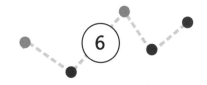

페이스북,
디지털에 담은 인간 세상

초등학교 6학년일 때 취미로 프로그래밍을 공부한 마크 저커
버그는 고등학교 때 마이크로소프트에서 입사 제의를 받을 정
도로 뛰어난 영재였다. 그는 2002년 하버드 대학교에 입학했
고 2003년 학생들의 외모를 매치하는 프로그램을 개발했다. 이
후 하버드 대학교 입학생 및 동문들의 얼굴과 정보를 저장해 공
유하는 출석부에서 영감을 얻어 PC로 하버드 대학교 동문의 출
석부를 볼 수 있는 더페이스북thefacebook 을 개발했다. 2004년
thefacebook.com을 개설해 하버드 대학교 동문이 이용하는 서비
스를 제공했으며 이내 하버드 대학교에서 가장 규모가 큰 교내
커뮤니티로 성장했다.

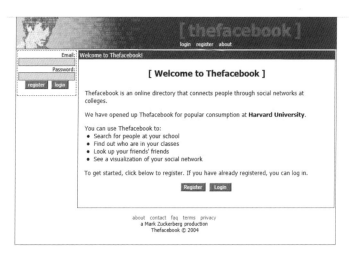

하버드 대학교 동문 커뮤니티 더페이스북

더페이스북이 하버드 대학교 내 커뮤니티로 성장하자 다른 대학교들도 관심을 보였고, 마크 저커버그는 스탠포드 대학교, 일리노이 대학교, 뉴욕 대학교, 예일 대학교 등에 더페이스북을 서비스하며 대학교 커뮤니티로 확장했다. 이어 마크 저커버그는 더페이스북을 페이스북Facebook 으로 명칭을 변경하고, 13세 이상이라면 누구나 이메일로 페이스북에 접속해 그 안에 담긴 거대한 네트워크에 참여할 수 있게 공개했다. 곧 미국인들은 페이스북에 가입해 그 안의 방대한 네트워크에 참여했으며, 페이스북 안에 또 다른 미국 사회가 형성되었다.

2006년 대중에게 공개된 페이스북은 다른 마이크로블로그와 달리, 프로필 양식과 규격을 모두 통일하고 변경을 불가능하

페이스북 로고   페이스북의 마이스페이스

게 만든 대신 허용하는 범위 내에서 사용자가 옵션을 선택할 수
있는 폭을 넓혀 독창성을 포기하는 대신 관리가 편리했다. 그래
서 사람들은 간단하고 편한 페이스북에 매료되었다. 또한 이전
에는 전화번호나 주소를 알아야 특정 사람을 찾을 수 있었으며,
그마저 전화번호와 주소가 변경되면 영영 못 찾는 경우가 많았
는데 페이스북은 가입만 되어 있으면 쉽게 사람을 찾고 소통할
수 있었다. 그 덕분에 사람들은 한동안 잊고 지낸 사람들을 페이
스북에서 재회하며 추억을 공유했고 새 인맥을 찾았다. 페이스
북은 '페이스북은 일상에서 다른 사람과의 소통과 연결을 돕습
니다Facebook helps you connect and share with the people in your life.'를
철저하게 지키며 디지털 안에 인간세상을 담았다.

　2006년 세계를 연결한 페이스북은 페이지 창을 전면 수정하며
업데이트를 발전했으며, 사람들에게 더 쉽게 접속해 디지털 인

간세계에서 활동하도록 지원했다. 사람들은 페이스북에서 사람들과 채팅하며 온라인으로 수다를 떨었다. 동시에 그림문자 이모지絵文字 라는 새로운 소통방식이 등장했다. NTT 도코모는 이모지를 도입해 그림으로 간편하게 감정을 전달하는 방법을 제시했다. 이내 이모지는 일본에서 열풍을 일으켰고 구글과 애플은 긴 글을 쓰지 않고 버튼 하나만 눌러 감정을 전하는 이모지에 주목했다. 그래서 구글과 애플은 유니코드에 이모지를 추가해 안드로이드와 iOS에서 이모지를 사용할 수 있게 되었다.

이에 페이스북은 바로 댓글, 사진, 동영상 아래에 이모지를 추가해 누구나 쉽게 감정을 표현하며 소통할 수 있게 했다. 사람들은 귀찮게 글로 일일이 적을 필요 없이 알맞은 버튼 하나만 클릭해 바로 자신의 순간적인 감정을 드러냈다. 특히 엄지손가락을 올린 좋아요like 버튼은 본인이 올린 포스팅에 불특정 다수 긍정적인 피드백을 남기는 인터페이스 기능이다, 서로 포스팅에 좋아요like 버튼을 눌러 칭찬하고, 사람들은 더 많은 좋아요 버튼을 받기 위해 페이스북에 빠져들었다.

페이스북은 소셜 네트워크 서비스를 본격적으로 연 프로그램으로 스마트폰 안에 현실보다 더 방대하고 복잡한 인간세상을 담았다. 이제 디지털 안 세계는 현실보다 더 거대해졌고 사람들은 더 큰 디지털 세계로 들어갔다. 후발주자 트위터twitter 는 더 작고 깔끔한 페이지를 내세우며 사람들이 더 짧고 소소하게 디지털 세계에서 소통하는 창구를 만들어 누구나 쉽게 순간 드는 생각을 바로 소통할 수 있는 소통의 장을 마련했다. 이렇게 SNS 는 자신의 감정을 쉽게 업로드하고 공감을 얻어내며 자아 정체 성을 찾는 디지털 세계가 되었다.

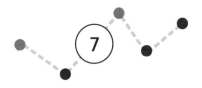

트위터,
짧은 문장으로 변화를

트위터는 2006년 3월에 잭 도시가 처음으로 개념을 제안하면서 시작되었다. 당시 도시는 오데오Odeo 라는 팟캐스트 회사에서 일하고 있었는데, 회사는 아이튠즈의 등장으로 새로운 방향을 모색하고 있었다. 이에 도시는 사용자가 간단한 상태 업데이트를 통해 일상을 공유할 수 있는 플랫폼을 제안했다. 이는 짧은 메시지를 통해 빠르고 간편하게 소통할 수 있는 방식이었으며, 이를 기반으로 2006년 7월 15일에 트위터Twitter 가 공식적으로 서비스를 시작했다. 트위터의 첫 트윗은 잭 도시가 작성한 '트위터 계정을 만들고 있어just setting up my twttr '였다.

트위터가 등장한 당시는 페이스북이 SNS에서 압도적인 점유율을 자랑했다. 이에 트위터는 다른 SNS와 다른 차별점을 강조했다.

먼저, 트위터는 사용자에게 140자로 제한된 짧은 메시지를 남기게 해 자신의 생각이나 정보를 주변 사람과 간단하게 대화하듯이 남기게 했다. 이런 제한은 메시지를 더 간결하고 직관적으로 만들어 빠르게 정보를 소비할 수 있게 유도했고, 트위터 내 소통은 친구와 별 의미는 없지만 편안한 수다를 즐기는 것과 비슷한 경험을 제공했다.

또한 해시태그#를 통해 특정 주제나 이벤트에 관한 대화를 쉽게 찾고 참여할 수 있게 해 누구나 원할 때 언제든지 원하는 대화에 쉽게 끼어 들 수 있게 만들었다. 트위터는 팔로잉 following 시스템을 도입하여, 사용자가 관심 있는 사람이나 계정을 팔로우하여 그들의 업데이트를 받을 수 있게 했다. 그 덕분에 사용자들은 현실에서 단 한 번도 못 볼 유명인사들을 트위터에서 만나고 대화할 수 있게 되었다.

마지막으로, 트위터는 모든 트윗이 기본적으로 공개되어 누구나 원하는 사람을 찾고 대화할 수 있게 했다. 이는 누구나 누구든지 만날 수 있게 해 방대한 소통의 장을 마련했으며, 정보의 확산 속도를 빠르게 했으며, 특정 주제에 대한 광범위한 대화를 가능하게 했다.

그리고 이는 사람들이 트위터를 선호한 이유가 되었다. 실시간

짧은 대화와 공감에 초점을 맞춰 성공한 트위터

으로 정보를 공유하고 소비할 수 있는 능력은 사용자들이 최신 뉴스와 이벤트에 즉각적으로 접근할 수 있게 했다. 이는 뉴스 속보보다 더 빨라 사람들은 트위터로 막 발생한 상황을 빠르게 파악하고 해당 정보를 어떤 검열도 없이 그대로 얻을 수 있었다.

또한 단문 메시지 형식은 사용자들이 간결하고 직관적으로 소통하게 해 바쁘고 불편한 일상에서 트위터로 편안하게 수다를 떨 수 있는 환경을 제공했다. 마지막으로 현실에서 만나기 정말 어려운 유명 인사와 직접 소통할 수 있는 기회는 팬들에게 큰 매력으로 다가왔다. 그래서 유명 인사와 팬은 트위터로 서로 바로 소통했고 둘 사이의 관계는 더 가까워졌다.

이런 트위터는 여러 중요한 사건들을 통해 세계적인 SNS로 자리 잡았다. 2007년 3월, 사우스 바이 사우스웨스트 인터랙티브 South by Southwest Interactive 콘퍼런스에서 큰 주목을 받으면서 사용자수가 급격히 증가했다. 2009년 1월, US 에어웨이 플라이트

US Airways Flight 1549의 승객이 허드슨 강에 불시착한 후, 트위터에 사진을 게시해 허드슨 강의 기적으로 모두에게 전하면서 트위터가 큰 주목을 받았다.

이 사건은 트위터가 실시간 뉴스 매체로서의 가능성을 보여주었다. 이후로도 2009년 6월, 이란 대통령 선거 항의 시위와 2011년, 아랍의 봄 시위에서 트위터가 중요한 역할을 하면서, 정보와 뉴스의 실시간 공유 플랫폼으로서의 입지를 강화했다. 이런 과정들을 통해 트위터는 전 세계적으로 널리 사용되는 소셜 네트워크 서비스로 자리 잡았으며, 실시간 정보 공유와 글로벌 소통의 핵심 플랫폼 중 하나로 인정받게 되었다.

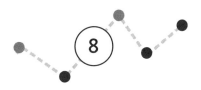

SNS, 디지털에
뿌리내린 인간세계

1990년대 블로그 등 서비스들이 운영되며 개인의 일상을 디지털 세계에 올리는 시대가 열렸다. 하지만 블로그는 오랜 시간을 투자해 가꿔야 하는 플랫폼이었기 때문에 사람이 블로그에 투자하는 시간과 그렇지 않은 시간이 명확하게 구분되었다. 이 장벽은 손에 들기 편한 스마트폰 안에 침투한 페이스북이 허물었다. 페이스북은 스마트폰만 당장 손에 있으면 바로 누군가와 대화하고 약속을 잡을 수 있게 했으며, 블로그 양식을 다 지정해 누구나 바로 글을 쓰고 그림을 올려 타인과 즉각적으로 공유할 수 있게 되었다.

여기서 더 나아가 트위터는 다른 기능을 전부 제외하고 평소에

트위터에 대항해 등장한
시나웨이보

러시아의 브칸탁테

사람들이 짧은 담소를 하는 기능을 그대로 디지털 세계에 구현해 디지털 세계에서 수다를 떨거나 별거 아닌 사설을 다는 것을 가능하게 했다. 트위터는 누구나 트위터에 올라온 글을 아무런 장벽 없이 볼 수 있게 하여, 사람들은 현실세계에서는 1초도 보기 힘든 유명인들의 말을 트위터로 원할 때 바로 확인하고 그들과 소통하고 그들의 생각을 읽을 수 있게 했다. 2007년 아이폰 출시와 비슷한 시기에 등장한 페이스북과 트위터는 소셜 네트워크 서비스의 시대를 개척한 선구자였으며 세계 각지에서 여러 SNS가 등장하며 디지털 세계를 크게 키웠다.

2003년 등장한 트위터와 2004년 등장한 페이스북 2008년 세계로 퍼지며 세계를 통일한 거대한 SNS가 되었다. 하지만 인민통제와 자국 기업보호를 최우선 하는 중국은 페이스북과 트위터를 제한하고 이에 상응하는 기업을 적극적으로 지원했다. 그 혜

오르쿠트　　　　　　　　　Hi5

택을 받은 기업이 신랑新浪으로 2009년 트위터와 비슷한 기능을
하는 시나웨이보新浪微博를 출시했다. 시나웨이보는 중국에 유일
한 SNS라는 혜택을 받으며, 중국을 삼켰고 텐센트의 큐큐를 위
협했다.

　비서구권 국가 중 하나인 러시아 역시 브칸탁테ВКонтакте와 아
독라시키Одноклассники를 출시하며 빠르게 키릴 문자권의 SNS
시장을 장악했다. 브칸탁테는 2006년 국립 상트페테르부르크 대
학교를 졸업한 파벨 두로프가 개발한 SNS로, 러시아, 우크라이
나, 벨라루스, 세르비아, 카자흐스탄 등에 서비스하며 키릴 문자
권의 디지털 세계를 넓히는 데 큰 공을 세웠다. 2010년 조금 늦은

시기에 등장한 아독라시키는 같은 학교나 학원 등 공통점이 있는 사람을 찾고 그들이 동호회 등 모임을 열도록 지원하는 서비스를 제공했다.

새로운 사람을 연결하고 멀리서도 친하게 소통하는 것을 지원하는 SNS도 등장했다. 구글의 튀르키예 출신 직원이었던 오르쿠트 뷔위쾩텐의 이름을 따온 오르쿠트Orkut 는 브라질과 인도에서 인기였으나 2014 결국 폐지되었다. 반면 Hi5는 멕시코부터 페루까지 라틴아메리카와 몽골, 불가리아 등 일부 국가에서 여전히 큰 인기를 얻고 있으며 그 나라에서는 멀리 있는 사람들과 소통하며 새로운 친구를 만나고 인맥을 쌓는 것에 적극적으로 이용하며 현실 세계가 아닌 디지털 세계에서 더 넓은 인간관계를 맺고 있다.

인간은 사회적 동물로 자신과 비슷한 사람을 만나는 것을 선호하고 새로운 사람을 만나고 소통하는 것을 본능적으로 좋아한다. 그래서 자신과 비슷한 사람들끼리 모여 있는 환경을 선호한다. 그러나 현실은 물리적으로 함께 해야 하는 사람이 정해져 있고 그 사람과 맞지 않다면 불편함을 느낀다. 반면 SNS는 시공간 제약이 전혀 없어 나와 잘 맞는 사람들이 있는 SNS를 발견하고 그 안에 속하는 것을 선택할 수 있다. 본인이 선택할 수 없는 현실과 달리 SNS는 본인이 언제든지 쉽게 선택할 수 있어 본인의 욕구를 마음껏 해소할 수 있는 것이다.

그래서 사람들은 불편한 현실 대신 SNS에 더 마음이 가고 SNS에 더 많은 시간을 보냈다. 덕분에 SNS가 빠르게 퍼져 자리 잡았고 모바일 시장은 급속도로 거대해졌다. 기업들은 SNS에 관심을 가졌고 기존 SNS보다 더 빠르고 편리하고 사람들을 끌어들일 수 있는 서비스들을 고민하고 도전했다. 그리고 이내 기존 SNS를 뛰어넘는 서비스가 세상에 등장했다.

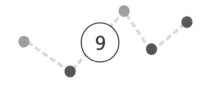

왓츠앱, 모바일에 맞는
인스턴트 메신저

2009년 출시한
왓츠앱 메신저

2009년 전 야후! 직원인 브라이언 액턴과 얀 쿰은 간단하고, 광고가 없으며, 비용 효율적인 스마트폰 메시지 애플리케이션을 만들자는 아이디어를 공유하고 애플리케이션을 개발했다. 그 모바일 메시지 애플리케이션이 왓츠앱 WhatsApp 이다. 사용자들이 자신의 상태를 업데이트하고 친구들에게 알리는 방식이었지만, 사용자들이 실제로 이 애플리케이션을 메시지 활동에 사용하고 있다는 것을 발견한 후 메시지 기능에 집중했다.

왓츠앱이 등장할 때는 AOL 인스턴트 메신저 Instant Messenger 이나 MSN 메신저 등 여전히 컴퓨터에서 사용하는 인스턴트 메신저가 주류였다. 그러나 손으로 들고 다니며 언제 어디에서나 사용하는 스마트폰에 맞는 인스턴트 메신저는 아직 부재했다. 이에 왓츠앱은 아무도 개척하지 않았지만, 가능성이 무궁무진한 모바일 인스턴트 메신저 시장에 주목해, 그 시장을 장악하려고 했고 모바일 사용자 경험에 초점을 맞춰 모바일용 인스턴트 메신저에 뛰어들었다. 왓츠앱은 사용자의 전화번호를 기반으로 해

전화번호만 알면 바로
대화가 가능한 왓츠앱

연락처에 적혀 있는 친구를 찾고 연결하는 과정을 단순화하여 사용 편의성을 높였다. 그리고 와이파이 등 무선 인터넷 연결을 통해 메시지를 주고받게 해 국제 메시지 송수신 비용을 대폭 절감했다.

왓츠앱은 터치 스크린을 적용한 스마트폰에 맞게 사용자 인터페이스를 대폭 변경했다. 먼저, 화면 상단에 탭을 배치해 채팅, 상태, 통화 등 기능에 쉽게 접근하게 하는 등

애플리케이션의 내비게이션을 간편하게 만들었다. 그리고 스티브 잡스가 강조한 터치 스크린의 장점을 활용해 메시지를 왼쪽으로 스와이프하면 삭제 옵션이 나타나고, 오른쪽으로 스와이프하면 답장 옵션이 나타나는 방식 등 제스처를 적극적으로 도입했다.

또한 디자인 자체도 변경했는데, 스마트폰 화면 크기에 맞춰 깔끔하고 단순한 디자인을 채택해, 사용자가 작은 화면에서도 쉽게 읽고 조작할 수 있게 했다. 또한 터치 입력을 고려하여 버튼과 아이콘을 적절한 크기로 배치했으며, 사용자가 왓츠앱을 실행하지 않는 상태에서도 새로운 메시지가 도착했음을 사용자에게 즉시 알리기 위해 푸시 알림을 도입했다. 또한 애플리케이션 아이콘에 배지를 표시하여 읽지 않은 메시지 수를 보여줘 메시지를 바로 확인하고 대화를 이어가도록 지원했다.

이런 인터페이스 변경은 왓츠앱 이용에 많은 편리함을 가져왔다. 직관적인 터치 인터페이스와 간편한 내비게이션을 통해 사용자들은 애플리케이션을 쉽게 사용할 수 있게 되었다. 왓츠앱은 이에 만족하지 않고 스마트폰의 카메라 및 마이크 기능을 적극 활용하여 사진, 동영상, 음성 메시지 등을 쉽게 주고받을 수 있게 했고 이모티콘과 스티커 기능을 강화하여 감정을 더 쉽게 표현할 수 있게 했다. 또한, 터치 스크린을 활용하여 링크나 미디어 파일을 누르면 미리보기가 나타나도록 구현하는 등 사용자에게 더 나은 경험을 제공하도록 노력했다.

그 덕분에 왓츠앱은 출시 이후 매우 큰 성공을 거두었다. 전 세계적으로 20억 명 이상의 활성 사용자를 끌어들여, 세계에서 가장 인기 있는 모바일용 인스턴트 메신저가 되었다. 이에 2014년, 페이스북은 왓츠앱을 190억 달러에 인수하며 왓츠앱의 가치를 인정했다. 페이스북의 인수로 세계적인 인스턴트 메신저 애플리케이션이 된 왓츠앱은 전 세계적으로 사람들이 소통하는 방식을 크게 변화시켰다. 국제 메시지 비용을 거의 없애고, 국경을 넘는 실시간 소통을 가능하게 했다. 덕분에 인도네시아, 인도, 사우디아라비아, 아랍에미리트, 나이지리아, 독일, 영국, 이탈리아, 브라질, 멕시코 등지에서 국민 메신저 애플리케이션이 되는 등 큰 성공을 거두었다. 이런 성공은 뛰어난 사용자 경험, 지속적인 기능 확장, 그리고 사회적 영향력을 바탕으로 한 결과이다.

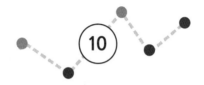

카카오톡과 라인, 위챗,
국민 메신저의 시대

왓츠앱이 전 세계로 퍼져갈 무렵 동아시아에서도 모바일용 인 스턴트 메신저 애플리케이션이 등장했다. 먼저 등장한 모바일용 인스턴트 메신저 앱은 대한민국의 카카오톡이었다. 2010년은 대 한민국에서 스마트폰 보급이 급격히 증가하던 시기로, 모바일 메신저 시장의 성장 가능성이 높았던 시기였다. 이에 대한민국 최대 인터넷 기업인 NHN의 공동대표 김범수는 NHN을 떠나 2010년 카카오톡을 출시하고 카카오 기업을 설립했다. 2010년 카카오톡은 대한민국에 상륙한 왓츠앱과 모바일용 인스턴트 메 신저 애플리케이션 시장 자리를 놓고 경쟁했는데 카카오톡은 왓 츠앱의 서비스를 상당 부분 모방하면서, 왓츠앱보다 더 좋은 서

2010년 카카오톡

비스로 왓츠앱을 밀어내려고 했다.

카카오톡은 유로인 왓츠앱과 달리 무료로 이용할 수 있게 해한국인들의 주목을 받았다. 한국인들은 왓츠앱보다 카카오톡을더 많이 이용했다. 또한 단순한 텍스트 메시지뿐만 아니라 사진, 동영상, 음성 메시지, 그룹 채팅 등 다양한 기능을 왓츠앱보다 먼저 제공해 사용자들의 다양한 소통 요구를 충족시켰다. 거기에카카오톡은 왓츠앱의 성공요소인 직관적이고 사용하기 쉬운 인터페이스를 동일하게 제공해 남녀노소 누구나 쉽게 사용할 수있게 했다.

초기부터 대한민국에서 많은 사용자들이 카카오톡을 사용하게 되면서 강력한 네트워크 효과가 발생했고, 그 네트워크에 참여하기 위해 후발주자들도 카카오톡을 이용하며 대한민국에서 카카오톡 사용자수가 폭발적으로 증가하는 데 중요한 역할을 했다. 그리고 마침내 카카오톡은 왓츠앱을 밀어내고 대한민국의 국민 메신저로 자리를 잡았다. 이에 카카오는 카카오톡에서 멈추지 않고 카카오 게임, 카카오페이, 카카오택시 등 다양한 부가 서비스를 통해 사용자들의 생활 전반에 깊숙이 침투하면서 단순한 메신저 애플리케이션을 넘어서는 플랫폼으로 성장했다.

한편 대한민국의 NHN은 일본으로 건너 NHN 제팬 Japan 이라는 기업을 설립했으나 2010년 NHN 제팬은 생존을 걱정하는 위기에 놓였다. 그러던 중 2011년 3월 11일 일본 도호쿠 지방에서 동일본 대지진이 발생했고 수많은 인명 피해가 발생했고 정전이 일어나 전화 등 인프라 이용에 큰 차질이 발생했다. 이에 일본인들은 전화로 가족 및 지인의 안부를 물어볼 수 없어 페이스북이나 트위터 등 SNS로 안부를 확인했다. 그리고 이 현상을 본 NHN 제팬은 인프라 파괴와 상관없이 언제든지 이용할 수 있는 모바일용 인스턴트 메신저 애플리케이션의 필요성을 파악했다.

그래서 NHN 재팬은 3개월 후 라인 LINE 이라는 모바일용 인스턴트 메신저 애플리케이션을 출시했고, 일본인들은 일본에 맞는 인스턴트 메신저 애플리케이션을 바로 이용했다. 라인 역시 직관적이고 사용하기 쉬운 인터페이스를 제공함으로써, 폭넓은 연령대의 사용자들이 쉽게 사용할 수 있도록 했으며 초기부터 적극적인 마케팅과 프로모션을 통해 인지도를 높였다. 또한 유명

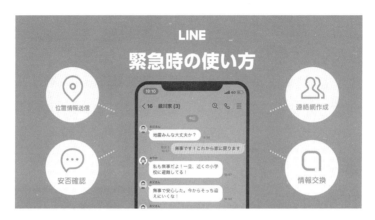

라인 메신저

인사를 활용한 광고와 다양한 이벤트를 통해 사용자 유입을 촉진했다. 특히 라인은 대한민국의 기업 네이버의 기술적 지원과 자원을 활용할 수 있었기에 일본의 다른 기업보다 유리한 위치에서 시작했다. 그 덕분에 라인은 안정적 운영과 빠른 기능 확장에 성공해 일본의 국민 메신저가 되었다. 그리고 일본을 시작으로 타이 등 다른 국가에도 퍼져 널리 사용되었다.

한편 카카오톡의 성공을 본 텐센트는 모바일 메신저 시장의 중요성을 인식하고, 2011년 데스크톱 기반의 큐큐 메신저에서 모바일 메신저로의 전환을 꾀했다. 그러나 큐큐 메신저에 만족하지 않고 사내 스타트업에서 위챗微信을 개발해 출시했고, 빠르게 기능을 확장하고 개선하면서 중국인 사용자들의 피드백을 반영했다. 중국인들은 편리한 위챗을 사용했고 새 사용자들도 자연스럽게 위챗을 선택해 강력한 네트워크 효과를 불러일으켰다. 또한 중국 공산당은 왓츠앱 등 해외 메신저가 들어오지 못하게 통제함으로써, 위챗이 중국에서 독점적인 위치를 확보하게 도와줬다. 이에 힘입어 위챗은 붉은 봉투 등 중국 전통문화를 디지털화하며 중국인 마음을 사로잡았고, 중국의 국민 메신저가 되었다.

모바일 스티커,
모바일 메신저에서 탄생한 문화

2010년 대한민국을 카카오톡이 지배한 이후 NHN은 네이버톡으로 카카오톡에 저항했으나 처참하게 패배했다. 이에 NHN 재팬은 일본에서 모바일 메신저 사업으로 라인을 출시했고 일본에서 성공하기 위해 카카오톡에 없는 기능을 추가했다. 귀여운 것을 좋아하는 일본인의 특성에 맞게 귀여운 그림을 라인에서 마음껏 사용할 수 있는 서비스를 추가했는데 그렇게 탄생한 것이 라인프렌즈이다.

라인프렌즈의 마스코트들

라인프렌즈는 글로 적는 모바일 메신저가 전하는 데 한계가 있는 감정, 즉각적인 반응 등을 표현하고 싶은 욕구를 캐릭터가 대신 하는 스티커로 애니메이션을 넣어 캐릭터의 동작으로 본인이 전하고 싶은 메세지를 정말 간단하고 함축적으로 전달할 수 있었다. 그래서 글자를 일일이 작성하는 것 대신 그저 적합한 라인프렌즈 스티커를 클릭하기만 해 즉각 감정이나 의사를 전달했다.

라인프렌즈는 자연스럽게 라인의 마스코트가 되었고 일본인들은 귀여운 라인프렌즈 그 자체를 좋아하며 라인프렌즈 인형이나 열쇠고리 등 굿즈를 별도로 구매하고 팬덤이 형성되었다. 그 덕분에 라인은 단순한 스티커였던 라인프렌즈를 라인의 IP로 등극해 많은 부가 수익을 얻었고 라인프렌즈를 앞세워 해외로 사

카카오프렌즈의 마스코트들

업을 확장했다. 해외에서도 귀여운 라인프렌즈는 큰 인기를 얻어 세계적인 마스코트가 되었다.

일본에서 라인프렌즈가 일본인들을 열광시키고 해외로 진출하자 카카오톡은 경쟁사인 NHN을 견제하기 위해 2012년 라인프렌즈를 벤치마킹한 카카오프렌즈를 출시했다. 그리고 카카오프렌즈를 카카오톡의 마스코트로 내세워 한국인에게 카카오톡을 확실하게 인식시키고 해외에 라인프렌즈의 경쟁 IP로 출시했다. 카카오프렌즈는 라인프렌즈보다 더 간결하고 깔끔한 디자인을 앞세워 젊은 층을 공략했다. 카카오프렌즈를 디자인한 호조는 각 캐릭터의 이야기를 넣어 사람들이 카카오프렌즈에 관심을 가지고 몰입하게 만들었다.

이모티콘으로 대화하는 문화가 형성되었다

또한 더 다양한 동작 애니메이션을 넣어 더 풍부하게 이야기를 전달할 수 있게 만들며 젊은 한국인을 공략했다. 작가들이 그들의 그림을 이모티콘으로 출시하는 서비스를 지원하는 카카오 이모티콘을 열어 더 다양하고 흥미로운 이모티콘들을 카카오톡으로 흡수했다. 이미 잘 알려진 웹툰 작가나 일러스트레이터들은 카카오톡에 이모티콘을 출시해 부수입을 얻고 카카오톡은 그 팬을 흡수했다. 혹은 순수하게 이모티콘을 디자인하는 디자이너들을 영입해 카카오톡 이모티콘을 추가했다. 10대를 비롯한 젊은 한국인들은 각자 마음에 드는 이모티콘을 구입해 그 이모티콘으로 대화했고 서로 자기의 이모티콘을 자랑하고 상대의 이모티콘을 구경하며 즐거워하는 문화가 생겼다.

텔레그램 스티커

카카오톡이 카카오프렌즈와 카카오 이모티콘숍으로 물량 공세를 하자 라인 역시 라인 스티커숍을 열어 더 다양한 스티커를 출시했다. 대한민국과 일본이 스티커에 열광하자 중국도 이에 가세했다. 텐센트는 10대 청소년이 많이 이용하는 큐큐와 위챗에 스티커를 출시했다. 중국인들 역시 하나의 그림으로 간단하게 복잡한 상황과 감정을 표출하는 스티커를 적극적으로 이용했다.

한국, 일본, 중국 동아시아에서 스티커 문화가 빠르게 자리를 잡자, 동아시아 외 국가들도 이 현상을 흥미롭게 바라보았다. 해외는 라인프렌즈가 내세운 스티커 용어를 이용해 메신저 스티커로 불렀고 이를 받아들였다. 특히 세계에 널리 사용되는 왓츠앱이 스티커를 적극적으로 이용했는데, 세계 각지의 재치가 넘치는 사람들이 왓츠앱에 재미있는 스티커를 올렸고 사람들은 스티커로 대화하며 즐거워했다. 텔레그램 Telegram 은 스티커를 텔레그램의 주요 서비스로 집중했다. 텔레그램은 개인이 자유롭게 스티커를 이용하고 제작해 사용할 수 있게 지원했다. 그래서 텔레그램은 정말 다양한 스티커가 있으며 세계에서 가장 많은 스티커를 보유한 모바일 메신저로 성장했다.

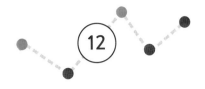

밈, 새로 탄생한
인터넷 문화

　모든 것을 과학적으로 설명하려고 하는 세계적인 생물학자 리처드 도킨스는 인간 문화 역시 과학적 증명으로 해석하려고 했다. 그 과정에서 사람들이 종교나 이념 등 특정 사상을 공유하는 사회적 현상을 유전자가 복제해 후손으로 동일하게 전달되며 진화하는 것에 비유하며 이를 밈 Meme 이라는 새로운 학술용어로 만들었다. 밈은 1976년 그가 저술한 《이기적 유전자 The Selfish Gene 》에 처음 언급되었고 그 외에는 별로 사용되지 않았다.

　시간이 지나 인터넷이 보급되고 블로그와 인스턴트 메신저가 보편적으로 사용되며 사람들은 재미있는 그림이나 영상을 인터넷에 올리고 함께 즐거워하는 새로운 문화가 탄생했다. 또한 어

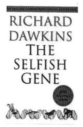

《이기적 유전자》에 저술된 밈 현상

도브 포토샵과 오도브 일러스트레이터 등 사진을 편집할 수 있는 프로그램이 등장하며 사람들은 원본 사진을 웃기게 편집할 수 있었고, 편집한 작품들을 인터넷에 올리고 타인이 올린 사진과 영상을 무료로 제한 없이 보고 즐기고 지인에게 공유했다. 이런 문화가 대중적인 문화가 되자 학자들과 사람들은 리처드 도킨스의《이기적 유전자》에 나오는 밈을 해당 현상을 지칭하는 용어로 사용했다.

2008년 스마트폰이 등장하고 손가락으로 이미지와 영상을 쉽게 편집하는 애플리케이션들이 등장하면서, 밈을 만들기 더 쉬워졌다. 그 덕분에 밈은 더 거대한 인터넷 문화로 성장했다. 또한 스마트폰에 편승해 거대한 연결망을 형성한 SNS를 타면서, 밈이 이전보다 훨씬 더 빠르게 세계로 퍼져 누구나 즐기는 문화가 되었다. 밈은 채팅에 정말 최적화된 문화여서 포챈4chan, 레딧

2010년 세계적으로 유명해진 밈 'Doge'   단순 밈에서 대안우파의 상징이 된
페페 더 프로그

Reddit, 페이스북, 트위터, 유튜브 등 SNS를 이용하며 타인과 대화할 때 스티커 외에도 밈을 적극적으로 사용했다.

특히 온라인 게임 채팅창에 밈을 사용해 상대방을 골탕 먹이거나 감정을 표현하는 수단으로 활용했다. 또한 스마트폰은 언제 어디에서나 바로 찍어 SNS로 사진과 동영상을 올릴 수 있었기에 누구나 찰나의 순간을 찍어 밈으로 편집해 올리면, 새로운 밈이 탄생하고 그 밈이 인기를 얻어 인터넷에 빠르게 퍼졌다. 그 덕분에 밈 문화는 시간이 지날수록 몇 배로 거대해졌다.

빠른 속도로 거대해지고 영향력이 강해지는 밈은 2010년대 결국 현실에도 영향을 미쳤다. 일례로 2005년 맷 퓨리가 인터넷에 올린 '페페 더 프로그Pepe the frog'는 어딘가 단순하고 우울한 개구리 캐릭터였다. 이 캐릭터는 2008년 SNS에서 갑자기 유명해졌고 세계적으로 유명해진 밈이 되었다. 미국의 대안 우파들과 극우들은 비참한 자신들의 상황을 페페 더 프로그로 그려, SNS

에 퍼트리며 현실을 자조하고 비판했다. 페페 더 프로그는 미국 우파의 상징이 되었고 2016년 미국 대선에서 도널드 트럼프가 당선되면서, 페페 더 프로그는 미국과 세계에서 가장 큰 논란이 되는 밈이 되었다.

이 현상은 인터넷 문화가 현실에 큰 영향을 끼친 대표적인 사례가 되었고 누구나 밈이 세계적인 대중문화임을 납득하게 만든 사건이었다. 2020년에는 비트코인이 유명해지고 일론 머스크가 비트코인에 대한 풍자로 도지코인을 발행했는데, 이것이 오히려 유명해지며 세계적으로 도지코인 밈과 일론 머스크 밈이 유행했다. 그리고 일론 머스크는 밈을 적극적으로 활용하며 해학적으로 자신의 야망을 표출했다. 이 덕분에 많은 사람들이 일론 머스크에 주목하고 도지코인에 투자하며 세계 경제에 변화를 일으켰다.

2020년 이후 밈은 이제 모두에게 익숙한 일상이 되었고 인터넷 문화를 넘어 대중문화가 되었다. SNS를 하지 않는 사람들도 밈을 익히 알고 있는 수준이 되었다. 옛날에 전문 예술가가 우수한 예술작품을 창조해 일부 부유한 소수에게 공유하는 것이 주류 문화였다면, 모두에게 스마트폰이 주어진 지금은 누구나 가볍고 재미있는 밈을 창조해 모두에게 공유하고 즐거워하는 것이 주류 문화가 되었다. 이처럼 스마트폰은 모두에게 기회를 제공했고 모두의 능력을 흡수하며 더 거대한 세상을 만들었다.

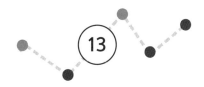

네이버웹툰, 모바일 시대의 새 즐거움

1995년 이후, 인터넷이 급속도로 보급되면서 사람들은 새로운 형태의 디지털 콘텐츠를 탐색했다. 그리고 마침 마이크로미디어 Macromedia 에서 1996년 플래시 Flash 라는 벡터 그래픽스 기반 애니메이션 제작도구를 출시하자, 사람들은 플래시로 자신만의 애니메이션을 제작하고, 이를 개인 홈페이지나 블로그, 플랫폼에 올려 공유하면서 인터넷 애니메이션 문화가 형성되었다. 이는 인터넷으로 디지털 콘텐츠를 향유할 수 있음을 증명했고, 이어 대한민국에서 새로운 형태의 디지털 콘텐츠가 등장했다.

2004년에 웹툰 서비스를 시작한
네이버웹툰

2000년대 초반, 한국의 인터넷 보급이 확대되면서 네이버와 다음 사이의 경쟁도 치열해졌다. 이에 네이버는 사용자들이 직접 콘텐츠를 생성하고 소비할 수 있는 플랫폼을 구축하려는 전략의 일환으로 다양한 서비스들을 도입했는데, 2004년 6월, 네이버는 네이버웹툰 서비스를 진행하면서 인터넷으로 즐기는 만화 서비스를 시작했다. 초기에는 몇몇 작가들이 작품을 연재하는 형태로 시작되었으며, 모든 콘텐츠를 무료로 제공해 네이버 이용자와 만화 독자들의 관심을 끌었다. 2008년 아이폰이 등장하자 네이버웹툰은 사용자들이 언제 어디서나 쉽게 접근할 수 있도록 모바일 환경에 최적화된 세로 스크롤 방식의 웹툰을 도입하면서 스마트폰 세계에 발을 맞춰 급속도로 성장했다.

또한 이때 네이버웹툰에 명작

네이버웹툰의 〈마음의 소리〉

이 등장하며 네이버 웹툰은 대한민국에서 많은 사람들이 즐기는 디지털 문화로 성장했다. 이 당시 네이버웹툰을 이끈 명작은 〈마음의 소리〉〈노블레스〉〈신의 탑〉〈유미의 세포들〉〈갓 오브 하이스쿨〉 등으로 누구나 공감할 수 있는 간단한 이야기와 매력적인 캐릭터, 그리고 독창적인 세계관 등을 바탕으로 큰 성공을 거두었다. 이에 유능한 작가가 더 유입되어 〈치즈 인 더 트랩〉〈외모지상주의〉〈덴마〉〈타인은 지옥이다〉〈쌉니다 천리마마트〉 등 더 재미있고 유쾌한 웹툰이 등장했다. 이 덕분에 더 많은 사람이 네이버웹툰에 빠져들었고 만화가들은 웹툰이라는 새로운 시장에서 활동했으며, IP가 창출되어 대한민국의 대표 문화 산업 중 하나로 성장했다.

네이버웹툰은 국내에서의 성공을 바탕으로 글로벌 시장으로 확장을 시도했다. 2014년 '라인웹툰LINE Webtoon〉'이라는 이름으로 해외 서비스를 시작하여 미국, 일본, 중국, 타이, 인도네시아 등지에서 큰 인기를 누렸다. 네이버웹툰은 다양한 언어로 번역된 웹툰을 제공하여 글로벌 독자층을 확보하고, 현지 작가들을 발굴하며 현지화 전략을 펼쳐 더 거대한 웹툰 플랫폼으로 성장했다. 이런 노력 덕분에 네이버 웹툰은 웹툰 플랫폼을 뛰어넘어 글로벌 콘텐츠 플랫폼으로 인정받았고 한류의 대표주자 중 하나가 되었다.

네이버웹툰의 성공은 다른 플랫폼들도 웹툰시장에 진출하

게 만드는 계기가 되었다. 네이버의 경쟁자 카카오는 카카오 웹툰 서비스를 시작하면서 카카오페이지와 카카오톡을 통해 웹툰을 제공하여 다양한 작품들을 연재하며 네이버웹툰과 경쟁하고 있다. 또한 2016년 일본에 픽코마Piccoma를 출시하며 카카오 역시 네이버처럼 글로벌 웹툰 플랫폼을 운영하며 글로벌 시장에서 영향력을 확대하고 있다. 미국에서는 타파스Tapas 등의 웹툰 플랫폼이 등장해 미국의 웹툰 시장을 주도하고 많은 독자들에게 사랑받고 있으며, 중국은 텐센트腾讯가 텐센트 동만腾讯动漫 등 플랫폼을 출시해 중국인 사이에서 큰 인기를 끌고 있다.

이렇게 네이버웹툰은 디지털 만화의 새로운 장을 열었으며, 전 세계 웹툰산업의 성장과 발전에 크게 기여하고 있다. 스마트폰이 등장해 사람들이 언제 어디에서나 모바일로 미디어를 접할 수 있게 되었고, 웹툰은 새 기기에 완벽하게 적응한 새 미디어였다. 사람들은 집에서, 카페에서, 지하철에서, 길에서 웹툰을 즐기며 무료한 시간을 즐겁게 보내고 있다.

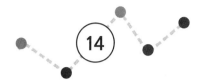

큐알 코드,
방대한 정보를 쉽게 공유하는 그림

　1948년 드렉셀 공과대학교의 대학원생 버나드 실버는 어느 날 식료품 가게 주인이 식료품 상품정보를 빠르게 읽는 기술을 개발할 것을 학장 중 한 명에게 요청했다는 소식을 듣고, 그의 친구 노만 조셉 우드랜드와 함께 상품의 정보를 빠르게 읽는 기술을 고민했다. 그들은 컴퓨터가 이진수로 정보를 읽는 것을 응용해 검은 바탕에 흰 선을 그려 검은색과 흰색 두 색으로 컴퓨터에 정보를 보내는 법을 고민한 결과, 이진수를 그대로 응용해 검은 바탕에 오른쪽에서 왼쪽으로 흰색 선의 수에 따라 정보를 저장하는 방법을 고안했다.

바코드

바코드보다 더 많은 정보를 담기 위해 시도된
코드블록

처음에 그들은 자외선을 이용해 이진수 정보를 담으려고 했으나 자외선 잉크는 단가가 매우 비싸고 바코드가 너무 희미해 사람이 확인하기 힘들었다. 이에 후대 기술자들은 안정적이지만 비싸고 잘 보이지 않는 자외선 잉크 대신 일반 잉크로 바코드를 만들고, 그 바코드를 인식하는 바코드 스캐너를 개량했다. 우선 일반 프린터 잉크와 동일한 잉크로 바코드를 만들었고 이를 인식하기 위해 바코드 스캐너의 인식률을 높이는 연구를 진행했다. 그 덕분에 바코드 스캐너 성능은 향상되었고 1970년대에 바코드가 상용화되었다. 미국을 필두로 하는 서방 국가들은 국제공통상품번호 표준을 만들어 바코드 표준을 정립했고 통일된 바코드로 서방 국가 간 물류 효율을 높였다.

1980년대 자본주의 경제를 추구하는 서방 국가는 물품에 바코드 스티커를 붙여 물품정보를 담고 이를 바코드 스캐너로 인식하며 빠르게 교류했다. 하지만 제품이 많아지자 점점 이진수로 표현하는 바코드의 한계가 보이기 시작했다. 이에 독일에서는

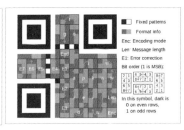

QR 코드   QR 코드 구조도

바코드를 쌓은 코드 블록을 만들어 이진수를 몇 배로 곱해 더 많은 정보를 담는 시도를 했다. 하지만 코드 블록은 모든 줄의 바코드를 읽어야 했기 때문에 기존 바코드 스캐너로 읽기는 좀 힘들었다.

한편 일본 도요타의 자회사인 덴소웨이브는 자동차의 부품을 생산하는 회사로 수많은 자동차 부품을 바코드로 입력해 관리하기 어렵게 되자, 자체 바코드를 개발했다. 단순히 번호만이 아닌 각종 기호와 어떤 부품인지 나타내는 정보를 모두 담아야 했기 때문에 1차원 형태가 아닌 2차원 형태의 바코드를 연구했다. 1994년 빠른 응답 코드Quick Response 라는 이름으로 2차원 형태의 바코드를 만들어 사내에서 운영했다. 그리고 이를 큐알 코드 QR code 라는 이름으로 특허를 출원했다.

큐알 코드는 단순히 바코드를 여러 개 붙인 코드 블록과 달리, 정사각형 세 꼭짓점에 작은 정사각형을 따로 만든 뒤 남은 공간을 블록으로 분리해 순차적으로 정보를 담았다. 이 구조는 정보의 양이 많아지면 그럴 때마다 아래에 또 다른 바코드를 붙여야해 크기가 제각각인 코드 블록과 달리, 바코드 스캐너가 충분히 읽을 수 있는 크기로 작은 형태를 유지하며 훨씬 복잡하고 다양한 정보를 담을 수 있었다. 그 덕분에 일본이 사용하는 수많은 한자 정보도 큐알 코드로 저장할 수 있게 되자, 기업들은 큐알 코드에 관심을 보여 국제 표준을 정립하는 데 투자했다.

하지만 큐알 코드는 2000년대 초반까지만 해도 잘 사용되지 않았다. 유통업체들은 이미 그들 나름 바코드의 한계점을 극복하는 노하우가 있어, 큐알 코드를 새로 도입할 이유가 없었다. 또한 큐알 코드는 2차원 코드이기 때문에 면을 스캔해야 했는데, 기존 바코드 스캐너로는 인식이 잘 안 되었기 때문이다. 하지만 2008년 스마트폰이 등장하며 상황은 급변했다.

스마트폰 카메라 화질이 비약적으로 향상되면서 스마트폰 카메라로 큐알 코드를 인식하는 것이 가능해졌다. 규격화된 정사각형 크기에 방대한 정보를 담는 큐알 코드는 스마트폰 시대의 새로운 정보 전달 방법으로 부상했다. 처음에는 제품의 정보를 담는 정도로 시작했다가 URL 정보를 담는 도구로 발전했다. 특히 큐알 코드는 프린터 잉크로 출력하기만 하면 어디에서나 정보를 저장하고 열람할 수 있다는 장점을 가져 각종 용도에 활발하게 사용되었다. 그리고 이에 따라 큐알 코드를 이용한 스마트폰 기반 전자금융도 발전했다.

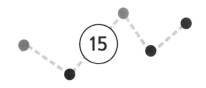

알리페이,
지갑 대신 휴대폰으로

　큐알 코드가 등장하자 알리페이는 큐알 코드를 이용한 전자 결제에 주목했다. 알리페이는 생성하고 배포하는 비용이 매우 저렴하며, 스마트폰 사용자라면 누구나 스캔할 수 있어 보편성이 높고, 결제 과정이 간단하고 빠른 큐알 코드의 장점에 주목했다. 그리고 해당 장점 덕분에 소상공인에서 대기업, 대형 유통업체에 이르기까지, 다양한 규모의 비즈니스에서 쉽게 사용할 수 있으며 카드 정보를 직접 입력하거나 전달할 필요가 없어 보안성이 높다는 장점도 발생했다. 이러한 이유로 알리페이는 큐알 코드를 이용한 결제 서비스에 주목했고 알리페이에 적용을 시도했다.

알리페이 모바일 애플리케이션   알리페이 QR 코드

알리페이는 2011년 QR 코드를 이용한 모바일 결제 서비스를 처음 도입했다. 초기에는 제한된 지역과 상인들을 대상으로 시범 운영을 시작했으며, 이후 성공적인 테스트 결과를 바탕으로 전국적으로 서비스를 확장했다. 알리페이는 인프라와 인력을 대거 투자하여 큐알 코드 생성 및 스캔 기술, 보안 시스템, 데이터 처리 능력 등을 개발했다. 또한 초기 단계에서 많은 상인들과의 계약을 맺어 네트워크를 구축하고 큐알 코드 결제를 장려했다.

이와 함께 대규모 마케팅 캠페인을 진행하여 소비자와 상인 모두에게 큐알 코드 결제의 편리함과 안전성을 홍보했다. 이외에도 알리바바는 전국적으로 큐알 코드 결제 단말기 배포, 고객 지원 시스템 구축, 결제 처리 서버 확충 등 큐알 코드 결제 인프라에 투자했다. 중국 공산당 역시 현금 없는 사회를 추진하며 알리페이의 QR 코드 결제 서비스를 적극 지원했다.

알리페이의 큐알 코드 결제 서비스는 중국 내에서 큰 성공을 거두었다. 이는 스마트폰 보급률 증가, 현금 없는 사회로의 전환 추세, 사용의 편리함 등이 맞물려 이루어진 결과이다. 알리페이는 중국인에게 지갑 없이 스마트폰만으로 결제할 수 있는 편리함을 제공했다. 또한 안전한 결제 방식을 구축하여 사용자 정보 보호와 거래 보안을 강화했다. 소규모 상점부터 대형 유통업체까지 다양한 비즈니스에서 큐알 코드 결제를 도입하게 해 중국인들에게 큐알 코드를 이용한 결제를 일상으로 받아들이게 했다. 이와 함께 정부와의 협력을 통해 정책적 지원과 규제 완화를 받았으며, 이를 통해 큐알 코드 결제의 빠른 확산을 이루어냈다.

알리페이가 큐알 코드 결제 서비스를 도입하며 편리한 결제를 지원하자, 알리페이의 경쟁자인 위챗페이도 큐알 코드를 이용한 결제 서비스를 도입했다. 위챗페이는 2013년 큐알 코드 결제 서비스를 시작했으며, 알리페이와 경쟁하기 위한 다양한 전략을 도입했다. 먼저 위챗페이는 중국에서 가장 인기 있는 메신저 애플리케이션 위챗으로, 방대한 사용자 기반을 보유함을 활용해 위챗 내 결제 서비스로 통합하고 확산했다. 또한 위챗페이는 송금 및 청구, 홍바오 등 소셜 기능과 결제를 결합해 소비자에게 편리하고 즐거운 간편 결제 서비스를 제공해 사용자 참여를 높였다.

애플 페이와 구글 페이

    소비자와 상인들에게 다양한 할인과 캐시백 프로모션을 제공하여 위챗페이 사용을 장려하고 다양한 상점과 협력해 위챗페이의 큐알 코드 결제 서비스를 확장했다. 그 덕분에 알리페이와 위챗페이는 중국의 양대 모바일 간편 결제 서비스로 부상했고 중국 외 국가로 확장해 대한민국, 베트남, 타이, 일본, 미국, 오스트레일리아 등 해외에서도 간편하게 사용할 수 있는 간편 결제 서비스로 부상했다.

    이에 카카오페이와 라인페이도 알리페이의 큐알 코드 결제 시스템을 도입했다. 카카오페이는 카카오톡 애플리케이션 안에 큐알 코드를 활용한 결제방식을 도입해 한국인들이 간편하게 결제할 수 있도록 했다. 라인페이 역시 일본과 동남아시아 시장을 중심으로 라인 메신저에 큐알 코드 결제를 도입하여 사용자들이 간편하게 결제할 수 있는 환경을 제공했다. 이렇게 모바일 메신저 기업들은 큐알 코드 결제의 간편함과 효율성을 기반으로 모바일 결제 시장에서 경쟁력을 확보했다.

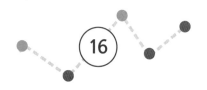

우버, 공유경제를 실현한
애플리케이션

2007년 미국은 서브프라임 모기지 사태가 발발하며 대침체를 겪었고 미국과 서유럽을 비롯한 세계가 거대한 충격을 입었다. 금융업을 주력으로 하는 선진국은 서브프라임 모기지 사태로 금융신뢰가 추락하고 자본이 증발하며 휘청거렸으며, 이때를 틈타 제조업 강국인 중국과 중진국 및 개발도상국이 성장했다. 대침체로 큰 타격을 받은 선진국은 선진국의 발전 동력인 자본주의에 의문을 표시했으며, 자본주의를 비판하고 승자독식인 기존 자본주의의 한계를 극복하는 새로운 방법을 모색했다. 그렇게 등장한 개념이 공유경제로 하나의 제품을 여러 사람이 공유하며 사용해 모두에게 이익을 주는 개념이었다. 2008년 대침체 때부

우버캡

터 공유경제는 대침체를 극복할 새로운 방법으로 주목받았으며, 특히 자본주의의 터전인 미국에서 크게 주목받았다.

미국 실리콘밸리 역시 공유경제라는 새로운 흐름에 민감하게 반응했다. 그리고 아직 학술적 개념일 뿐인 공유경제를 실현할 사업 모델을 구상했다. 가장 먼저 성공적인 공유경제 사업 모델을 제시한 기업은 우버Uber 였다. 미국인에게 차량은 생필품을 넘어 재산 그 자체였다. 땅이 넓고 지하철 인프라가 발달하지 않은 미국 국토에서 생활하려면 차량으로 이동해야 했다. 개릿 캠프는 이 점을 파악하고 미국인들이 차량을 공유하는 사업을 구상했다. 2009년 개릿 캠프는 우버캡UberCab 이라는 이름으로 차량을 공유하는 모바일 애플리케이션을 출시했다.

우버캡은 차량 운전자와 승객을 중개하는 애플리케이션으로

에어비앤비

차량이 필요한 사람이, 우버캡으로 차량을 요청하면 주인 혹은 운전자가 차량을 운전해 승객을 태우고 목적지까지 이동하는 것을 중개하는 서비스였다. 우버캡은 이내 우버로 이름을 바꿔 2011년부터 샌프란시스코와 뉴욕, 시카고에서 서비스했다. 기존에는 택시 승강장에서 택시가 오기를 기다려야 했는데, 우버가 출시되면서 스마트폰으로 호출하면 곧바로 호출한 승객이 어디에 있든지 차량이 와 승객을 태웠다. 우버가 미국에서 성공하자 프랑스, 캐나다, 영국, 멕시코, 남아프리카공화국, 인도에 진출했다.

한편 우버와 비슷한 시기인 2009년 본격적으로 등장한 숙박 공유 플랫폼인 에어비앤비Airbnb는 숙소를 보유한 호스트와 숙소를 구하려는 게스트 사이를 중개해 호스트와 게스트 사이의 계약을 도와 게스트가 호스트의 집에 머물게 하는 서비스를 제시했다. 에어비앤비는 호스트와 게스트 모두에게 만족할 만한 서비스를 제공하는 것을 목적으로 했고, 유명 관광지에 집중적으로 에어비앤비 서비스를 제공해 돈이 많지 않은 배낭 여행객들에게 좋은 인상을 남겼다. 위워크Wework 는 사무실을 따로 구비 할 여력이 되지 않는 기업이나 단체를 위해 사무실을 공유해주는 서비스를 출시했다. 위워크가 제시하는 공유 오피스는 수많은 스타트업이 안정적으로 꿈을 펼칠 수 있는 보금자리가 되었고, 많은 스타트업들이 위워크의 터전에서 등장했다.

2008년 이후 스마트폰의 보급과 동시에 등장한 공유 플랫폼인 우버, 에어비앤비, 위워크는 2008년 실리콘밸리를 대표하는 3대 스타트업으로 주목받았다. 그리고 그 흐름에 맞춰 다른 공유 플랫폼까지 등장하며 자본주의 국가인 미국과 유럽, 그리고 중국은 빠르게 공유경제가 흔한 일상이 되었다. 물론 공유경제는 상호신뢰가 매우 중요하며 그 신뢰의 금이 가 마찰이 많고 많은 문제점을 품고 있었으며 무엇보다도 공유경제가 정작 수익화가 잘 되지 않는다는 큰 문제점을 안고 있었지만, 공유경제와 이를 실천하는 공유 플랫폼은 21세기의 새로운 자본주의 흐름이 되었다.

메이퇀디엔핑,
디지털과 현실을 연결하다

중국 밖에는 아마존이 막강한 연결망을 구축하며 기존 유통망을 뒤흔들고 있고 중국 안에서는 알리바바가 뿌리를 내린 상태에서 왕씽과 왕후이원은 그들만의 온라인 거래망을 구축하고 싶어했다. 허나 기존 온라인 거래망은 이미 두 대기업이 장악했기 때문에 그들과 다른 사업이 필요했다. 그래서 둘이 선택한 것은 온라인과 오프라인을 연결하는 것이었다. 온라인으로 주문을 하면 오프라인에서 물품을 배송하는 것을 중계하는 서비스를 제공하는 것이었다. 온라인과 오프라인을 연결하는 Online to Offline, 다시 말해 O2O는 당시에는 생소한 개념이었다.

아예 온라인으로 주문한 것을 오프라인 매장에 전달해 오프라

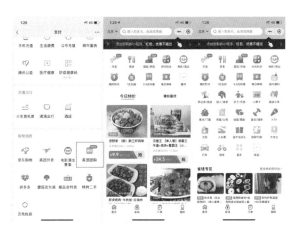

중국 메이퇀 플랫폼 서비스는 요식업에서 대박을 쳤다

인 매장이 온라인으로 구매한 소비자에게 물품을 전달하는 것을 중계하는 서비스의 개념은 존재하지 않았다. 메이퇀美团은 그 개념을 창시하고 2010년 그들의 사업계획을 투자자들에게 설명했다. 왕씬과 왕후이원의 사업 모델을 들은 텐센트와 NLVC은 둘의 아이디어가 세상을 바꿀 것으로 생각하고 전폭적인 투자를 했다. 둘은 막대한 투자금을 바탕으로 2010년 그들의 생각을 실현할 플랫폼 메이퇀을 출시했다.

메이퇀은 유통기업과 여러 매장과 협약을 맺고 애플리케이션에서 소비재 제품을 판매할 수 있게 했다. 그리고 차량을 구매하고 유통망을 구축해 소비재가 소비자에게 바로 전달될 수 있도록 인프라를 구축했다. 그래서 소비자가 특정 기업의 제품을 스마트폰으로 구매하면 메이퇀이 제품을 대리 전송하는 중개역할을 했다. 메이퇀의 아이디어는 곧바로 대박이 났다. 중국은 수많은 유통기업과 가게들이 존재했으며, 이들 대다수는 자체 유통을 하기 어려울 정도로 열악하거나 영세한 상황이었다. 특히 요식업계는 배달원을 따로 구할 수 없는 곳이 상당히 많았다.

그 상황에서 대신 배달하는 메이퇀이 등장하자 많은 음식점은 바로 메이퇀과 협약해 메뉴를 애플리케이션에 올렸다. 그 덕분에 그들은 배달원 인건비를 아끼면서 더 많은 사람에게 음식점을 소개했다. 메이퇀은 2010년 출시 직후 중국에서 열풍을 몰았고 자본력과 영향력을 확보한 메이퇀은 리뷰 서비스를 추가한 메이퇀디엔핑 美团点评 으로 발전했다. 애플리케이션에 구매한 소비재 및 음식에 대한 사람들의 평가가 올라왔고 사람들은 다른 사람의 평가를 보고 소비재와 음식의 상태를 평가하며 더 효율적이고 합리적인 소비를 할 수 있었다. 이는 가짜가 많은 중국에서 특히 높은 신뢰를 보장했기 때문에 중국인들은 모든 것을 메이퇀디엔핑으로 구매하는 수준에 이르렀다.

메이퇀디엔핑의 성공은 다른 나라에도 O2O 플랫폼 사업의 가능성을 알려주는 청사진이었다. 가장 먼저 반응한 나라는 대한민국으로 예로부터 배달문화가 대중화된 나라여서 배달부를 고용해야 했다. 이를 파악한 김봉진은 2010년 배달의 민족을 개발하고 2011년 우아한 형제 기업을 창업하며 대한민국의 배달을 중개하는 플랫폼 사업에 뛰어들었다. 이에 배달부 인건비에 부

배달의 민족의 배민 라이더스

담을 느낀 식당들은 배달의 민족의 배달업을 대행하는 서비스에 만족해 배달의 민족과 계약을 체결했다.

사람들이 자주 배달하지 않는 음식을 판매하는 음식점은 배달의 민족에 메뉴를 올려 사람들의 구매를 유도했다. 스마트폰을 널리 이용하는 청년세대는 전화를 거는 것보다 모바일의 버튼을 누르는 것에 익숙해졌기에 애플리케이션으로 배달을 주문하는 배달의 민족이 등장하자 배달의 민족을 즐겨 이용했다.

중국과 대한민국 외의 배달문화가 강하지 않은 나라들도 2019년 코로나19가 유행하자 결국 배달 서비스가 주류가 되었다. O2O 플랫폼 기업은 코로나 19로 인한 비대면 문화에 힘입어 음식을 넘어 여러 소비재 유통을 중개하는 O2O 서비스를 확장하며 규모를 키웠다. 그리고 2023년 코로나 19가 종식된 후에도 사람들은 스마트폰으로 물품을 구매하는 일을 멈추지 않았다. 이처럼 코로나 19 이후 O2O 서비스는 인류의 보편적인 문화가 되었다.

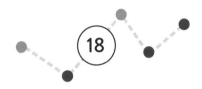

고젝과 그랩,
동남아시아의 필수 애플리케이션

2007년 아이폰 출시 이후 미국과 중국, 대한민국에서 스마트폰 생태계를 빠르게 장악하는 동안 인도네시아는 여전히 1차 산업과 2차 산업에 집중한 개발도상국이었다. 또한 스콜이 자주 내리고 길이 자주 홍건해지며 섬나라 특성 때문에 평지가 별로 없어 인도네시아 사람들은 차량 대신 오토바이를 자주 이용했다. 자연스럽게 오토바이가 택시 역할을 했고 인도네시아 사람들은 오토바이 택시를 오젝Ojek 이라고 불렀다.

인도네시아 노동자들은 출퇴근 시간에 오젝을 타고 직장으로 이동했으며, 어린 학생들은 오젝을 타고 학교로 등교했다. 일부 부유한 사람들만 자동차를 이용했으며, 서민들은 오젝 없이

인도네시아의 오토바이 택시, 오젝   고젝을 이용하는 승객

는 이동을 못 할 정도로 오젝에 크게 의존했다. 이처럼 인도네시아는 아직 발전이 많이 필요한 나라였지만, 국가는 인도네시아의 발전을 위해 부상하는 IT에 투자했다. 인도네시아 수도 자카르타에 IT 기업들이 설립되었고 인도네시아 미래를 바꿀 준비를 했다.

나디엠 마카림은 2010년 20명의 오젝 운전자를 고용해 고젝 Gojek 이라는 사업을 시작했다. 그의 사업 모델은 간단했다. 각 오젝 운전자의 재량에 맡기는 것이 아닌 기업이 책임져 승객에게 안전하고 편리한 탑승감을 제공하고, 운전자에도 좀 더 안정된 근무 환경을 제공하는 것이었다. 또한 고젝 운전자에게 초록색 유니폼과 오토바이 헬멧을 입히고 승객에게도 초록색 오토바이 헬멧과 초록색 겉옷을 제공하며 고젝을 마케팅했다. 인도네시아 사람들은 도로 한가운데에 있는 초록색 오토바이에 주목하며 고

그랩

젝을 접했다.

한편 말레이시아의 안토니 탄은 택시를 잡기 너무 불편하다는 친구의 불평을 듣고 택시 서비스를 중계하는 사업 아이디어를 떠올려, 2011년 말레이시아에서 마이택시 MyTeksi 라는 사업을 시작했다. 처음 사업은 잘 풀리지 않았지만, 그는 포기하지 않고 2013년에 필리핀에서 그랩택시 Grab Taxi 라는 이름으로 다시 도전했다. 필리핀에서 사업은 성공했고 싱가포르와 타이, 베트남, 인도네시아에 진출하며 동남아시아의 대표 택시로 자리 잡았다. 이렇게 고젝과 그랩 Grab 은 2000년대 당시 IT 기술이 막 도입되던 동남아시아에서 발 빠르게 진출해 동남아시아를 장악했다.

2010년대가 되자 동남아시아는 급격히 경제적으로 성장했고 사람들은 스마트폰을 사용하기 시작했다. 이 흐름을 읽은 고젝은 모바일 애플리케이션을 개발하고 인도네시아에 있는 기업들을 인수하며 사업을 확장했다. 그 결과 2018년 고젝은 무려 18개의 서비스를 제공하는 기업이 되면서, 인도네시아에서는 필수적인 애플리케이션이 되었다. 고젝의 성장을 본 그랩 역시 동남아시아 시장에서 주도권을 잃지 않기 위해, 2016년 그랩 모바일 애플리케이션을 출시하며 동남아시아 전체 시장에 동시 서비스하는 것으로 응수했다.

그랩은 2016년 교통과 물류 운송 서비스를 장악하고 핀테크 기업을 인수해 모바일 금융 서비스를 제공하며 소비자들에게 소비재를 직접 전달하는 사업도 진행했다. 높은 노동시간과 노동 강도로 밥을 해 먹기 힘든 동남아시아 사람들은 예로부터 밖에서 사 먹는 문화가 발달했다. 그랩은 이 점을 노리고 언제 어디에서나 빠르게 음식을 시켜 먹을 수 있는 그랩푸드 서비스를 제공해 소비자들을 만족시켰고, 음식과 아니라 소비재도 그랩익스프레스를 이용해 구매하게 서비스했다.

동남아시아 전체에서 고젝과 그랩은 비슷한 시기에 모바일 금융업 서비스를 제공하여 오프라인 마트에서 고젝이나 그랩으로 상품을 결재할 수 있는 서비스를 제공하며 경쟁했다. 이처럼 두 기업은 생활 서비스를 제공하며 경쟁했고 그 결과 동남아시아 사람들은 고젝이나 그랩으로 일상생활을 하는 수준에 이르렀다. 동남아시아 역시 빠르게 디지털 금융화가 된 지역으로 현금보다는 큐알 코드를 이용한 모바일 간편결제로 거래가 이루어졌다. 사람들은 일상생활을 위해 스마트폰을 구매해 고젝이나 그랩을 다운로드하며 이용했고 동남아시아는 매우 짧은 시간에 디지털화되었다.

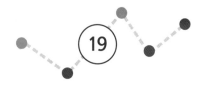

OVO, 인도네시아를 장악한
전자지갑

OVO는 2017년 인도네시아의 대기업 립포 그룹Lippo Group에서 탄생했다. 초기에는 립포 그룹의 립포 몰Lippo Malls, 맥스 커피 Maxx Coffee, 시네맥스Cinemaxx 등 립포 그룹 산하의 다양한 소매 및 서비스 사업장에서 사용되는 결제 시스템으로 시작했다. 립포 그룹의 다양한 사업 네트워크와 자원을 활용하며 OVO는 초기 사용자 기반을 빠르게 확장했고, 인도네시아 디지털 지갑 시장에 진입할 수 있었다.

OVO는 립포 그룹의 전자 결제 서비스를 지원하며 다양한 디지털 금융 서비스를 제공해 사용자들에게 편리함을 제공했다. 가장 기본적인 서비스는 OVO 캐시Cash라는 디지털 지갑으

OVO

OVO

로, 사용자들은 은행계좌, 신용카드, 데빗 카드, 편의점 등을 통해 OVO 지갑에 돈을 충전할 수 있다. 이를 통해 OVO 애플리케이션만 있으면 온라인과 오프라인에서 간편하게 결제할 수 있었다. 또한 OVO 트랜스퍼Transfer 라는 송금 서비스를 통해 사용자 간의 무료 송금을 제공하며, OVO 빌 페이먼트Bill Payment 서비스로 전기, 수도, 인터넷, 휴대전화 요금 등 다양한 청구서를 손쉽게 결제할 수 있게 했다. 마지막으로 OVO는 OVO 포인트Points 라는 리워드 프로그램을 제공해 사용자가 결제할 때마다 포인트를 적립하고 이를 현금처럼 사용할 수 있도록 하며 사용자들에게 추가적인 가치를 제공했다.

이렇게 OVO는 립포 그룹을 중심으로 인도네시아 사람들에게 다양한 서비스를 제공하며 거대 플랫폼으로 성장했다. 하지만 아무리 다양한 기능을 지원해도 서비스가 좋지 않다면 인도네시아에서 OVO가 인기를 끌지 못했을 것이다. 이는 OVO가 인도네시아에서 사랑받기 위해 노력했음을 보여준다. OVO는 사용자 친화적인 애플리케이션과 직관적인 인터페이스, 간편한 기능을 제공해 스마트폰에 익숙한 10대, 20대와 스마트폰에 익숙하지 않은 30대 이상을 포함한 다양한 연령대의 사용자들이 일상에서 OVO를 쉽게 이용할 수 있게 했다. 이 덕분에 인도네시아의 국민은 모두 OVO를 적극적으로 이용하며 일상에 OVO를 항상 곁에 두었다.

또한 OVO는 다양한 서비스와 기능을 제공해 사용자들에게 종합적인 디지털 금융 솔루션 자체를 제공했다. 송금, 청구서 결제, 투자, 보험 등 다양한 금융 서비스를 하나의 플랫폼에서 제공함으로써 사용자들은 OVO 하나만으로도 다양한 금융 서비스를 이용할 수 있었다. 마지막으로 OVO는 다양한 프로모션과 할인 혜택을 통해 사용자들을 유치하고 유지했다. OVO 포인트를 통해 결제 시마다 포인트를 적립하고, 이를 통해 할인 혜택을 제공함으로써 사용자들이 OVO를 더 자주 사용하게 만들었다. 또한 큐알 코드를 이용한 모바일 간편 결제 서비스를 도입해 소매점, 식당, 카페 등 오프라인 매장에서 OVO를 사용할 수 있게 하여 사용 범위를 넓혔다. OVO는 이렇게 인도네시아에서 생필품 자체가 되어 갔다.

OVO 애플리케이션

OVO는 설립 초기부터 다양한 전략적 파트너십을 맺었으며, 그랩 Grab 은 OVO를 눈여겨보고 2018년, OVO의 지분 일부를 인수하면서 주요 투자자 중 하나가 되었다. 이후 그랩은 OVO의 지분을 추가로 인수하며 OVO의 최대 주주가 되며 OVO를 인수했다. 이를 통해 OVO는 그랩의 생태계 안으로 들어왔고 그랩의 중요 결제 플랫폼이 되었다. 그랩에 인수된 이후에도 OVO는 여전히 독립적인 브랜드로 운영되면서도 그랩의 광범위한 사용자 기반과 네트워크를 활용하여 더욱 강력한 서비스 네트워크를 구축했다.

이를 통해 OVO는 더 많은 사용자에게 다양한 서비스를 제공했고 현재 OVO는 인도네시아 내에서 여전히 널리 사용되며, 디지털 결제 및 금융 서비스 분야에서 중요한 역할을 하고 있다. OVO는 이러한 다양한 요인들을 통해 인도네시아에서 성공적으로 성장했으며, 그랩과의 협력을 통해 더욱 강력한 시장 위치를 확보하게 되었다. 지속적인 혁신과 사용자 중심의 서비스 제공을 통해 OVO는 인도네시아 디지털 경제의 핵심 플레이어로 자리매김하고 있다.

인스타그램,
사진으로 공유하는 일상

1980년대에 태어나 유년 시기를 보낸 케빈 시스트롬은 아날로그 시대를 목격했고 자라면서 아날로그 시대에서 디지털 시대로 변화하는 모습을 몸으로 체감했다. 그는 어린 시절 친구들과 함께 PC용 비디오 게임을 즐기며 놀았고 새로운 디지털 장비와 소프트웨어를 접하고 즐기며 디지털 문명에 발 빠르게 뛰어들었지만, 동시에 카메라로 사진을 촬영하고 LP판으로 음악을 듣는 것을 즐기는 등 아날로그의 매력을 잃지 않았다.

사진 공유 웹사이트 포토박스

그는 스탠포드 대학교에 입학해 포토박스 PhotoBox 라는 사진 공유 웹사이트를 개발하며 그의 꿈을 키웠다. 이를 본 마크 저커버그는 그의 재능을 인정하며 페이스북 입사를 제안했지만, 그는 학업을 위해 제안을 거절했다. 그리고 졸업 후 구글에 입사했다. 하지만 디지털 세계에서 사진을 공유하게 하려는 꿈을 가진 그는 2년만에 구글을 퇴사한 뒤 여행 정보를 서비스하는 넥스트스탑Nextstop 에서 근무하며 자신의 꿈을 설계했다.

Burbn

그러던 중 아이폰 4의 카메라 스펙을 보고 스마트폰으로도 좋은 사진을 찍어 공유할 수 있겠다는 생각을 가졌다. 그는 아이폰 4가 보유한 양질의 카메라 화질과 GPS 기능을 살려 위

2010년 인스타그램

치 기반 사진 공유 서비스를 떠올렸고 막대한 투자금을 받아 마이크 크리거를 고용해 함께 사진 공유 애플리케이션을 개발했다. 허나 버븐Brubn 은 사람들의 주목을 받지 못하고 조용히 사라졌다. 그는 버븐의 실패로 아픈 경험을 했지만, 사진 공유라는 사업 아이템의 성공 가능성을 재확인했다.

2010년 그는 인스타그램Instagram 이라는 애플리케이션을 출시했는데, 사진을 쉽게 업로드하고 업로드한 사진만 눈에 딱 들어오게 UI를 디자인했다. 그러면서 사진 크기를 정사각형으로 해 필름 카메라 감성을 녹였고, 애플리케이션 로고 디자인도 필름 카메라로 해 아날로그 감성을 강조했다. 인스타그램은 출시 직후 사람들은 스마트폰을 들고 다니면서 사진을 찍고 잘 찍어 공유하고 싶은 사진을 인스타그램에 올리고 친한 지인과 디지털 세계에서 만난 사람과 나눴다.

또한 인스타그램은 필터라는 비장의 기능을 추가했다. 스마트폰 카메라의 성능이 아무리 좋아져도 사진을 전문적으로 배우지 않은 일반인이 사진을 찍으면 버리기는 아까운데 약간 아쉬운 사진이 많이 나왔다. 이에 개발자들은 사진을 먼저 찍고 이를 수정하는 후보정 개념을 떠올렸다. 그래서 그들은 필터를 만들어 찍은 사진을 편집하는 기능을 추가했다. 필터 기능은 이미 찍었던 아까운 사진을 다시 살릴 뿐만 아니라, 잘 찍은 사진을 더 훌륭한 작품으로 올려주는 기능을 했다.

예쁜 사진을 쉽게 편집하고 여러 장 올릴 수 있는 인스타그램은 이내 스마트폰에 들어선 거대한 사진 예술관이 되었다. 사람들은 인스타그램에 타인이 올린 사진을 구경하고 본인의 사진을 올렸고 사진으로 본인의 일상을 예쁘게 꾸며 올리는 문화가 등장했다. 2012년 인스타그램을 페이스북이 인수하며 하트 아이콘이 등장했고 사람들은 하트 버튼을 클릭해 호감을 표시했다. 이는 사진을 업로드한 사람에게 보람과 성취감을 주었고 더 많은 하트를 받기 위해 더 좋은 사진을 찍고 올렸다. 또한 해시태그를 이용한 해시태그 기능을 이용해 본인이 업로드한 사진과 일상 내용을 해시태그로 요약하고 같은 해시태그가 모인 사진 세계에 본인 사진도 추가할 수 있었다.

사진에 집중한 인스타그램

하트와 해시태그 두 기능은 작은 버튼이었지만 본인의 사진과 일상을 디지털 세계에 널리 퍼트리는 역할을 했다. 거기에 DM도 등장하며 인스타그램은 단순히 사진을 업로드하고 공유하는 것을 넘어 사진으로 사람들과 소통하는 소셜 네트워크 서비스로 성장했다. 빠른 전파력 덕분에 많은 유명인과 연예인들이 인스타그램으로 본인의 활동과 일상생활을 업로드해 팬들과 활발하게 소통했고 일반인도 인스타그램으로 그들의 일상을 예쁜 사진으로 업로드하고 활발하게 소통했다. 그들 역시 이미지를 중요시하는 인스타그램에 맞게 예쁘고 좋은 사진들을 선별해 인스타그램에 올리고 많은 하트를 받으며 성장했다. 이렇게 인스타그램은 누구나 유명해질 수 있는 기회를 활짝 열었다.

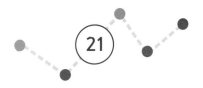

스냅챗과 스노우,
얼굴로 소통하는 애플리케이션

2003년 에스토니아에서 스카이프Skype 라는 인터넷 전화 프로그램을 개발해 출시했다. 스카이프는 기존 인터넷 전화와 달리 컴퓨터에 부착된 카메라를 이용해 참여자들이 동시에 화상으로 대화할 수 있는 서비스로 여러 사람이 대규모로 만나 대화하는 회의에 적합한 서비스였다. 마이크로소프트는 스카이프의 우수성을 파악하고 스카이프를 인수해 마이크로소프트 라이브 메신저Live Messenger 와 통합했다.

그래서 마이크로소프트 서비스 내 스카이프를 이용해 회의하며 세계 사람들이 동시에 회의하는 시스템을 구축했다. 허나 2008년 스마트폰 세상이 오자 스카이프는 재빨리 스마트폰에 적

스카이프

합한 모바일 전용 애플리케이션을 출시했지만, 안드로이드에 호환이 되지 않아 중간에 끊기는 등 서비스 상태가 좋지 않았다. 이를 본 다른 기업은 재빨리 모바일 전용 메신저에 뛰어들었다.

스냅챗

스냅챗 렌즈

 2011년 스탠퍼드 대학교의 레지 브라운, 바비 머피, 에반 스피겔은 스카이프보다 더 간편하게 화상으로 소통할 수 있는 모바일 애플리케이션을 구상했다. 그리고 그들은 애플리케이션을 만들어 출시했는데, 그것이 스냅챗Snapchat 이다. 스냅챗은 간편하게 짧게 소통하는 것을 강점으로 내세운 애플리케이션으로 소통한 내용이 삭제되어 개인정보 유출을 꺼리는 사람들에게 흥미를 받았다. 화상통화에 각종 좋아요 등의 기능을 추가해 북미 젊은이들의 취향을 공략했다. 북미의 젊은이들은 스냅챗으로 서로 화상통화를 하며 마음껏 수다를 떨었다.

 2015년 스냅챗은 인스타그램의 강점인 필터 기능을 추가해 애플리케이션을 업데이트했다. 스냅챗은 필터를 스냅챗 렌즈 Snapchat lens 라고 불렀는데, 스냅챗 렌즈는 단순히 사진의 채도와 색감을 변경하는 것이 아닌 얼굴을 인식해 얼굴에 탈을 쓰

스노우

거나 스티커를 추가해 얼굴을 꾸미는 기능이었다. 이는 사람들과 화상채팅을 할 때, 본인 얼굴을 재미있게 만들어 서로 즐겁게 공유하게 했다. 특히 할로윈 등 가면문화가 발달한 미국에서 스냅챗 렌즈는 본인 얼굴을 취향에 맞게 순식간에 변경하는 기능 덕분에 사람들의 인기를 얻었고 더 다양한 스티커들이 추가되었다. 나중에는 아예 본인만의 콘셉트를 정해 렌즈로 콘셉트에 맞게 꾸미고 사람들과 소통하는 것을 즐기는 사람들도 나타났다.

2011년 북미에서 스냅챗이 등장해 스냅챗 렌즈 기능으로 20대를 겨냥한 마케팅이 성공하자, 2015년 대한민국 IT 기업인 네이버의 자회사 캠프모바일에서 스노우를 출시했다. 스노우는 스냅챗의 기능을 모방한 애플리케이션으로, 얼굴을 편집하고 스티커를 붙이는 필터 기능에 집중했다. 특히 스노우는 얼굴인식 스

인스타그램 페이스 필터

티커라는 이름으로 얼굴을 마음껏 편집한 뒤 스티커로 장식하는 기능을 강조했다. 미백은 물론 눈과 얼굴 크기를 쉽게 변경하는 기능을 강조해, 얼굴을 하얗게 꾸미기를 좋아하는 동아시아인 성향에 맞췄다. 누구나 쉽게 얼굴을 원하는 만큼 예쁘게 꾸밀 수 있어 10대 여성에게 큰 인기를 얻었다. 스노우는 2015년 대한민국에서 크게 성공한 이후 일본, 중국, 베트남, 타이, 인도네시아 등으로 진출하며 전성기를 누렸다.

북미에서 스냅챗이, 동아시아에서 스노우가 큰 인기를 얻자, 기업들은 얼굴로 대화하는 화상 채팅 기능에 주목했다. 특히 2016년부터 포켓몬 고의 큰 인기로 증강현실 기술이 주목받자, 얼굴을 인식해 얼굴에 스티커를 자동으로 붙여주는 증강현실 기능이 발전했다. 이 발전에 힘입어 스냅챗과 스노우 외 다른 기업에서도 증강현실을 접목해 화상 채팅 기능을 추가했다.

대표적인 예시로 인스타그램은 페이스 필터를 추가해 실시간으로 얼굴에 스티커를 붙여 꾸미는 기능을 추가했다. 이렇게 SNS는 글로 소통하는 채팅을 넘어 얼굴을 직접 보여주고 얼굴로 소통하는 기능이 확산되었다. 더불어 여러 애플리케이션을 통해 쉽게 동영상을 편집하고 업로드하는 것이 가능해지면서, 사람들은 글로 소통하는 것 대신 동영상으로 본인의 모습을 실시간으로 촬영하며 소통하는 것을 선호하게 되었다. 그리고 이 패러다임에 맞춰 이전과 다른 새로운 SNS가 등장했다.

틱톡,
짧음의 미학

2008년 세계가 빠르게 PC에서 스마트폰으로 넘어가던 시기 중국의 거대 검색엔진이던 바이두百度는 모바일 시대에 빠르게 변화하지 못했다. 이미 PC 버전에서 상당히 훌륭한 기능을 제공하던 바이두는 단순히 검색엔진 화면을 스마트폰에 맞춰 줄였는데, 이는 사용성이 불편하다는 단점을 초래했다. 바이두의 시행착오를 본 장이밍과 량루보는 당시 공백이던 중국 모바일 검색 시장을 공략하기로 했다. 그래서 둘은 2012년 즈제탸오동字节跳动이라는 기업을 설립하고 모바일 뉴스를 제공하는 토우탸오头条를 출시했다. 토유탸오는 바이두의 불만족스러운 기능에 불편함을 느낀 중국인들에게 모바일에 적합한 검색엔진을 제공하며 중

모바일 시대에 맞지 않는
UX를 제공한 바이두

중국에서 인기를 끈 샤오훙수

국인들을 끌어모았다.

한편 2010년대에 들어서 중국에 샤오훙수 小红书가 큰 인기를 끌자, 즈제탸오동 역시 그 흐름을 읽고 시장에 뛰어들 준비를 했다. 즈제탸오동은 자사의 경쟁력을 누구나 15초 이내라는 짧은 길이의 동영상을 찍고 여러 음악과 효과를 지원해 동적이고 재미있는 영상을 쉽게 만들 수 있게 지원하는 서비스를 주력으로 삼았다. 즈제탸오동은 이 애플리케이션 이름을 더우인 抖音으로 정했다. 특히 음악에 맞춰 춤춘다는 더우인 뜻에 알맞게 분위기를 전반적으로 클럽처럼 역동적인 동영상 효과와 EDM 음향 위주로 선정해 누구나 한번 보면 역동적이고 중독적인 영상에 빠져들게 만들었다.

즈제탸오동은 중국에서 더우인을 제품에 대한 평가를 남기는 소통 수단으로 홍보했다. 대신 다른 경쟁사와 달리 15초라는 짧

미국에서 크게 성공한 TikTok

큰 인기를 끈 틱톡 챌린지

은 시간만 제공했으며 EDM 위주의 음악으로 화려하고 동적인 짧은 영상을 제작하게 유도했다. 더우인으로 제품을 평가하고 홍보하는 사람들은 가지고 있는 자원을 총동원해 15초 안에 사람들의 눈길을 끌 방법을 찾아야 했고 중독적인 영상을 올려 사람들의 눈을 모았다. 덕분에 소비자들은 더우인에 더 빠져들었고 더우인은 순식간에 중국인들을 끌어모았다.

더우인은 15초의 짧은 길이와 EDM을 주력으로 하는 클럽처럼 동적이고 중독적인 분위기가 정체성이자 성공 요인이라는 것을 매우 잘 알았다. 그래서 즈제탸오둥은 이 무기로 세계를 공략하려고 했다. 2017년 더우인을 영어로 틱톡TikTok이라 번역해 세계에 활발하게 홍보하며 세계인의 눈도장을 찍었다. 틱톡은 미국 10대들이 특히 열광했는데, 미국 10대들은 이미 스내챗 등 화상채팅이나 동영상 녹화로 소통하는 문화에 익숙한 상황에서 15초라는 아주 짧은 시간에 재미있는 영상을 공유하는 틱톡을 선호했다. 틱톡은 활발하게 소통하는 문화를 중시하는 미국 감성과 아주 잘 맞았기 때문이다.

미국 10대들은 처음에는 틱톡을 이용해 서로의 일상을 동영상으로 공유했고 그 과정에서 어려운 도전을 성공하는 모습을 동영상으로 촬영한 뒤 공유하며 자랑하는 챌린지 문화가 등장했다. 특히 클럽처럼 역동적인 영상을 추구하는 틱톡은 춤과 기행 등 동적인 챌린지를 부여하고, 챌린지 성공 시 효과를 강조할 수 있었기에 챌린지 공유에 적합했다. 이를 잘 보여준 사례가 2020년 제로투 댄스 챌린지Phut Hon Challenge라는 챌린지로 전 세계적으로 유명해진 챌린지이다.

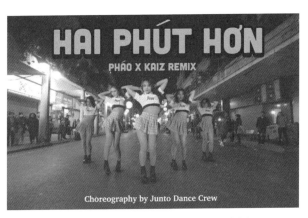
틱톡을 통해 세계적인 유행이 된 제로투 댄스 챌린지

틱톡은 2017년 세계에 서비스를 시작하자마자 기존의 애플리케이션들을 이기고 세계 사람들이 가장 많이 방문하고 소통하는 SNS가 되었다. 틱톡이 제공하는 짧은 길이의 동영상은 사람들이 부담 없이 잠깐 즐기게 했고, 짧은 길이 동안 나오는 즐겁고 중독적인 동영상은 사람들이 틱톡에 한번 들어와서 눈을 떼지 못하게 만들었다. 덕분에 사람들은 잠깐 쉬기 위해 틱톡을 켰다가 2시간 이상 머물게 되었다. 이런 틱톡의 전략은 숏폼Short form 동영상이라는 용어로 불렸으며, 경쟁기업들도 숏폼 동영상 전략에 주목했다. 유튜브는 틱톡의 성공요소를 모방해 유튜브 숏츠 Youtube Shorts 를 서비스했으며, 인스타그램 역시 인스타그램 릴스Instagram Reels 라는 숏폼 서비스를 제공하며 SNS 시장에서 밀려나지 않으려고 노력했다.

스마트폰은 인류의 일상을 함께 하는 디지털 제국을 건설했다. 그리고 컴퓨터에서 스마트폰으로 이르는 동안 주목받지 못하고 조용히 성장한 기술들은 이제 막 세상에 진가를 드러내며 세상을 이전과 다른 세상으로 바꾸고 있다. 생성형 인공지능은 어느새 인류의 삶에서 빠질 수 없는 동반자가 되었고 확장현실은 현실과 디지털의 경계를 허물고 있다. 인류는 인간끼리의 소통을 넘어 기계와도 소통하는 시대에 접어들었고 현실에 가상을 추가해 더 풍부한 공간을 활용하는 것이 가능해졌다.

Chapter 4

미래

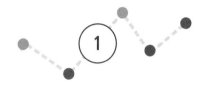

인공지능과 확장현실, 지금 일어나는 미래

1950년대 등장한 IT는 1980년대 민간에 본격적으로 등장했다. 가정에 컴퓨터가 보급되었고 누구나 편안하게 의자에 앉아 컴퓨터 안의 웹으로 시간과 공간을 뛰어넘어 모든 일을 처리할 수 있었다. 이는 인류를 예전과 완전히 다른 시대로 인도한 정보혁명이었다. 한편 컴퓨터와 스마트폰이 인류의 삶을 바꾸는 동안 인공지능과 확장현실 두 기술을 큰 주목을 받지 못하는 상태로 천천히 발전했다. 두 기술은 이미 1940년대에 연구가 시작되었으나 매우 어려워 진전이 더디었다.

그래서 두 기술은 소수만 가능성을 눈여겨보고 평생을 바쳐 연구하며 조용히 성장했다. 설상가상으로 2008년 스마트폰이 세계

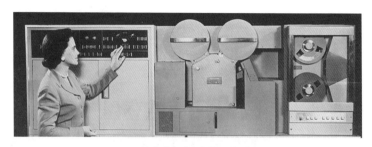
1950년대 이미 시작된 인공지능 연구

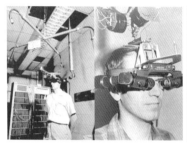
초창기 확장현실 기술

정부와 군대의 지원으로 조금씩
성장한 확장현실 기술

를 움직이며 인공지능과 확장현실에 관심과 주목은 더더욱 사라졌다. 그럼에도 전문가들은 인공지능과 확장현실의 잠재성을 알았고 정부 주도로 두 기술을 지원했다. 덕분에 2015년 이후 두 기술은 민간에 나와 사람들을 놀라게 했다. 2016년 포켓몬 고가 세계를 강타해 사람들이 증강현실을 주목했고, 2017년 이세돌과 알파고AlphaGo의 대국에서 알파고가 승리를 거두면서 인공지능을 본격적으로 알렸다.

이렇게 인공지능과 확장현실은 놀라운 기능을 보여주며 세상

생성형 인공지능 시대의 도래를 알린
그림 〈스페이스 오페라 극장〉

을 바꾸려고 했다. 하지만 여전히 스마트폰의 장벽은 드높았고 인공지능과 확장현실은 민간이 편하게 사용하기 어려워 이내 잊혔다. 2019년 유행한 코로나 19로 경제가 어려워져 인공지능과 확장현실에 대한 투자가 감소했고, 두 기술은 타격을 입었다. 하지만 그런 상황에서도 일부 기업은 미래를 보고 두 기술에 투자를 멈추지 않았다. 그 덕분에 2022년 9월 3일 미드저니 프로그램으로 만든 〈스페이스 오페라 극장Theâtre D'opéra Spatial 〉라는 그림이 세계에 큰 파장을 일으키며 생성형 인공지능의 화려한 데뷔를 알렸다. 2023년 메타 퀘스트Meta Quest 3이 현실 공간에 가상 이미지를 올리는 확장현실을 선보이며 확장현실 기술의 발전을 보여줬다. 이렇게 인공지능과 확장현실은 2022년부터 화려하게 부활하며 인류세계를 바꾸려고 한다.

현실에 가상을 입힌 메타 퀘스트 3 확장현실

인공지능은 2022년 이후 인류의 삶을 빠르게 바꿨다. 2022년 미드저니 Midjourney 와 스테이블 디퓨전 Stable Diffusion 이 등장해 인간의 전유물로 여겨진 예술을 뿌리부터 뒤흔들었다. 2023년 챗GPT ChatGPT 가 나오면서 인류와 동격 수준인 인공지능 시대가 도래했음을 알렸다. 2023년은 혜성처럼 등장한 챗GPT가 인류 삶 자체를 뒤흔든 해로 이전과 완전히 다른 시대의 시작을 알린 혼란기였다. 또한 확장현실 하드웨어와 소프트웨어 역시 눈부신 속도로 발전하며 스마트폰에 도전장을 내밀 준비를 하고 있다. 어지러움은 더 적어지고 무게는 더 가벼워지며 컨트롤러라는 인공 장치가 아닌 손으로 상호작용하는 기술이 발전하며 현실을 온전히 즐기며 그 안에 가상을 자연스럽게 녹이는 기술이 되고 있다. 세계 각지에서 확장현실 기술을 선도하는 기업들이 놀라운 기술을 선보이며 2025년 본격적으로 스마트폰의 아성을 뛰어넘을 준비를 하고 있다.

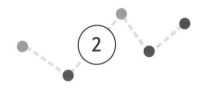

튜링 테스트,
생각하는 기계에 대한 정의

**인공지능의 창시자
앨런 튜링**

16세기부터 17세기를 주름잡던 위대한 철학자인 르네 데카르트는 인간을 모방하는 능력이 있는 기계가 있다고 가정하고 이를 탐구했다. 그는 몇 십 년을 고민했고, 탐구 결과 인간의 도덕성까지도 모방하는 기계가 있어도 인간은 기계와 인간을 구분할 수 있다고 결론을 지었다. 그는 기계와 인간을 구분하는 방법으로 인간은 적절한 언어를 구사하는 능력이 있지

앨런 튜닝의 컴퓨터

만 기계는 적절한 언어를 구사할 수 있는 능력은 가질 수 없다고 생각했다. 르네 데카르트의 철학은 이후 철학자에게도 영향을 미쳐 상황에 적절한 언어를 구사하는 능력의 여부는 인간과 기계를 구분하는 가장 핵심적인 장벽으로 여겨졌다.

컴퓨터의 개념을 제시한 앨런 튜링 역시 기계가 인간처럼 상황에 적절한 언어를 구사할 수 있는지 진지하게 탐구했다. 그는 1947년 〈지능 있는 기계 Intelligent Machinery〉라는 보고서에, 기계가 인간처럼 지능적인 행동을 보일 수 있는지 연구한 내용을 삽입하며 지능이 있는 기계에 관한 연구를 발표했다. 앨런 튜링 외에도 많은 수학자들은 1940년대부터 기계가 스스로 생각하는 지능을 보유할 수 있는지 철학적으로 탐구했다. 이때 많은 수학자와 철학자는 "기계가 지능을 보유할 수 있는가?"라는 질문에 기계와 지능을 명확히 정의하는 것부터 접근하며 결론을 도출하려고 시도했다. 하지만 앨런 튜링은 다른 방법으로 "기계가 지능을 보유할 수 있는가?" 질문에 대답했다.

그는 1950년 논문을 발표하며 튜링 테스트Turing Test로 지능을 가진 기계를 판단하는 방법을 제시했다. 튜링 테스트는 평가자와 인간 응답자, 기계 응답자가 있는 실험 환경에서 진행되는 테스트이다. 이때 평가자와 응답자는 서로 볼 수 없으며 평가자는 응답자가 인간 응답자인지, 기계 응답자인지 알 수 없는 상태에서 시작한다. 평가자는 두 응답자에게 질문을 던지고 인간 응답자와 기 응답자가 질문에 응답하는 문서를 작성하고 평가자에게 제출한다. 평가자는 인간 응답자와 기계 응답자 각각의 응답을 읽고 인간의 응답인지 기계의 응답인지 판별한다.

만약 평가자가 기계가 작성한 응답을 인간이 작성한 응답이라고 판단하면 그것은 기계가 지능을 보유한 것을 증명한 것으로 판단하기로 했다. 이 구조에서 기계가 지능을 보유함을 증명하려면 기계는 인간의 언어를 판단하는 자연어 처리기술과 인간의 언어를 구사하는 대화형 처리 능력을 보유해야 했다. 이는 곧 듣고 판단하고 말하는 인간의 지능과 직결되는 것이었다. 이 때문에, 앨런 튜링이 제시한 튜링 테스트는 간단하면서도 '지능을 가진 기계'를 판단하는 중요한 척도가 되었다.

다트머스 워크숍의 인공지능 선구자들

튜링 테스트는 지능을 가진 기계를 판단하는 모델이 되었다. 그리고 당시 유행하던 사이버네틱스를 연구하던 학자들은 사이버네틱스의 일환으로 지능을 보유한 기계에 관한 연구도 진행했다. 특히 1950년대에 다트머스 대학교에서 수학을 연구하던 존 매카시는 1956년 어느 여름 다트머스 대학교에서 다트머스 워크숍을 열어 지능을 가진 기계에 관한 학술적 연구를 본격적으로 시작했다.

워크숍에는 존 매카시 외에도 마빈 민스키, 클로드 섀넌 등 수학과 컴퓨터학, 인지심리학 등 다양한 분야의 최고 전문가 10명이 모였다. 워크숍에 참석한 인재들은 토론을 거쳐 기계에 지능을 부여할 수 있다고 판단했고 이를 인공지능Artificial Intelligence

로 정의했다. 그리고 다트머스 인공지능 하계 연구 프로젝트 Darthmouth Summer Research Project on Artificial Intelligence 라는 이름으로 인공지능에 관한 연구를 시작함을 알렸다. 이렇게 다트머스 대학교에서 인간의 지능을 기계에 구현하는 인공지능 학문이 등장했다.

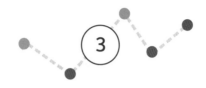

3

딥러닝,
스스로 학습하는 기계

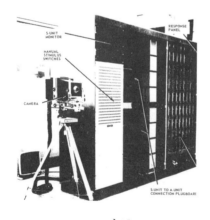

마크 I

인공지능의 핵심 기술은 인간의 중추신경계인 뇌를 모방하는 것이었다. 이에 따라 1957년 인공지능을 구현할 방법으로 인간 두뇌의 신경망을 모방한 인공 신경망 개념이 제시되었다. 코넬 항공 연구소의 프랑크 로젠블라트는 생명체의 신경세포를 따라 수용층, 연합층, 반응층 세 단계의 인공신경망 모델을 제시했다. 수많은 데이터를 입력하고, 연합층에서 하나로 합친 뒤, 반응층에서 기계가 판단하는 구조로 구성했다.

그는 이를 퍼셉트론Perceptron 으로 정의했다. 그리고 마크Mark I이라는 거대한 기계를 만들고 서로 다른 두 대상의 그림을 그린 사진을 기계에 보여주고 그림의 패턴을 인식할 수 있는지 시험했다. 테스트 결과 기계는 AND와 OR 연산자 논리를 이용해 패턴을 인식했다. 이는 매우 간단한 논리를 이용한 판단이었지만 스스로 판단하는 기계가 가능함을 증명한 실험이었다. 이에 학계는 판단하는 기계를 실제로 만들 수 있음에 놀랐고 인공지능 연구가 활발하게 진행되었다.

그러나 1969년 마빈 민스키와 시모어 페퍼트는 퍼셉트론 모델로는 XOR 연산자 논리는 판단하지 못함을 수학적으로 증명했다. 해당 논문으로 퍼셉트론 모델이 한계를 드러내자, 인공지능 연구에 대한 열기는 순식간에 식었고 인공지능의 암흑기가 시작되었다. 많은 인공지능 연구 프로젝트가 중단되었고 인공지능은 불가능할 것이라는 비관적인 전망이 주를 이루었다. 그런 상황에서도 일부 학자들은 인공지능에 대한 가능성을 믿고 희망을 잃지 않았다.

다행히 1986년 제프리 힌튼은 기존 퍼셉트론에 히든 레이어 Hiden Layer 를 추가해 인공신경망을 여러 층으로 쌓은 뒤, 출력값과 실제 값과 비교해 얼마나 다른지 판단하고 판단 순서의 역순

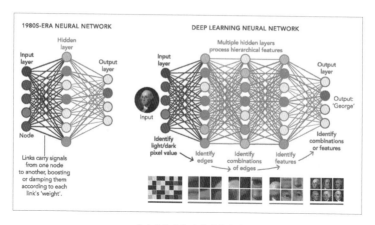

데이터에 대해 미리 분석한 뒤
네트워크를 조정해 올바른 값으로 연결하는 딥러닝

으로 오차를 잡아가는 역전파 알고리즘을 제시해 비선형 데이터인 XOR 문제를 해결할 수 있는 모델을 제시했다. 이 모델은 XOR 문제도 해결하며 기존 퍼셉트론이 해결한 AND, OR 문제역시 무리 없이 잘 수행했다.

하지만 이내 다층 퍼셉트론 모델의 한계도 드러났다. 대규모데이터를 판단하려면, 더 많은 히든 레이어와 이를 연결할 더 복잡한 인공신경망이 필요했는데 그만큼 역전파 알고리즘으로 오차를 조정하기가 어려워졌다. 그래서 초기 단계의 히든 레이어는 오차가 조정이 되지 않는 기울기 문제가 발생했고, 이 문제를해결하지 못해 인공지능 연구는 또다시 오랜 침체기를 겪었다.

한편 반도체 기술은 비약적으로 성장하며 컴퓨터의 성능은 무서운 속도로 빨라졌다. 이 때문에 소자들을 물리적으로 연결하지 않고 한 소자로 훨씬 복잡하고 다양한 일을 수행할 수 있었다. 세프리 힌튼은 훨씬 발전한 반도체 기술을 적용해 새로운 방법을 연구했다. 그것은 인간이 아기일 때 누군가 정답을 알려주지 않아도 스스로 여러 번 시도하며 방법을 찾는 학습을 기계에 적용하는 것이었다.

그는 기계에 정답을 알려주지 않고 기계가 데이터 간의 차이를 스스로 분류하고 판단하게 했다. 그러자 기계는 여러 히든 레이어를 이용해 주어진 데이터의 특성을 스스로 판단하고 분류하며 미리 학습하고 각 데이터를 총합해 최종 판단을 내렸다. 그는 이를 딥러닝Deep Learning 이라고 명명했는데, 이 기술은 각 히든 레이어마다 데이터를 분석해 정보를 보유한 뒤 연결했기에 기울기 현상이 발생하지 않고 학습 효과가 높아지며 학습 효과도 비약적으로 빨라졌다.

그러나 딥러닝을 하려면 우선 데이터가 방대해야 하고 병렬 연산을 동시에 처리해야 하는 반도체 소자가 있어야 했다. 두 재료는 모두 비용이 매우 많이 들어 독자 구축 불가능했다. 다행히도 방대한 데이터는 인터넷이라는 거대한 정보의 바다에서 공급받을 수 있었다. 그리고 마침 NVIDIA를 중심으로 GPU 기술이 눈부시게 발전했다. 방대한 양의 특정 연산을 병렬 처리하는 GPU는 딥러닝에 적합한 구조였다. 2006년 등장한 딥러닝은 운 좋게도 세상을 바꾸던 인터넷과 GPU 덕에 날개를 달아 훨훨 날 준비를 했다.

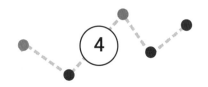

알파고,
인간을 압도한 인공지능

초창기 인공지능의 학습 모델은 사람이 정답을 알려주는 지도학습Supervised Learning 이었다. 하지만 지도학습은 많은 한계에 봉착했고 이를 해결할 방법의 필요성이 대두되며 강화학습 Reinforcement Learning 이 주목받았다. 강화학습은 학습을 받는 주체가 현 상태가 어떤 상태인지 파악한 뒤, 인간이 원한 상태면 인간이 주체에게 보상해 주체가 이를 학습하는 것을 유도한 기술이었다. 이 기술은 경우의 수가 많고 복잡하지만, 원하는 결과물은 명확할 때 효력을 발휘했다.

인공지능 연구 초창기에 앨런 튜링은 체스 게임에 적용할 인공지능 알고리즘을 연구했고, 아서 사무엘은 IBM 701 컴퓨터와 체

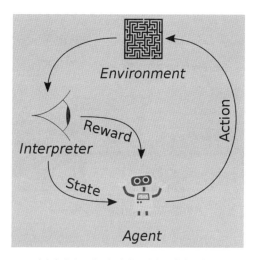

인간이 원하는 행동을 하면 보상하는 입력을 제공해
인공지능을 학습시키는 강화 학습

커 게임을 두며 IBM 701 컴퓨터에 강화 학습된 인공지능을 주입
했다. 그는 컴퓨터에 체커 게임의 규칙을 알려주고 함께 체커 게
임을 두며 컴퓨터가 게임에서 이기면 보상을 제공했다. 그 결과
컴퓨터는 게임에서 이겨 보상을 받기 위해 게임에서 이길 경우
의 수들을 찾고, 질 경우는 제거하며 실력을 향상했고 체커 실력
이 점점 향상되었다.

마침내 1994년 치누크라는 인공지능이 월드 챔피언 마리온 틴
슬리를 굴복시키고 인간을 능가했음을 증명했다. 이후 인공지능
은 더 복잡한 규칙을 가진 체스에 도전했다. 카네기 멜론 대학교
의 쉬펑숭 교수는 IBM 딥 블루Deep Blue 를 개발했고 1996년 체

체커 월드 챔피언을 이긴 치누크 인공지능

스 챔피언인 가리 카스파로프와 대결했다. 그 결과 4 : 2로 가리 카스파로프가 승리했다. 하지만 대결 중에 인공지능이 학습하는 것에 흥미를 느낀 가리 카스파로프는 재대결에 응했고 1997년에는 IBM 딥 블루가 3 : 2로 승리했다. 이렇게 인공지능은 복잡한 체스도 정복했다.

남은 것은 바둑이었다. 문제는 바둑은 규칙이 상당히 독특하고 복잡해 매우 방대한 수를 계산해야 했다. 그래서 인공지능 연구자들에게 바둑은 막막한 게임이었다. 그러나 2001년 블랙 앤 화이트Black & White 로 인공지능을 개발한 데미스 허사비스는 바둑에 흥미를 느끼고 2010년 딥마인드DeepMind 를 설립하고 인공지능 알파고 개발을 시작했다. 2015년 알파고는 자신과 무수히 많은 횟수의 바둑 대결을 펼치며 학습했다. 알파고는 이내 사내 테스트를 통과하고 먼저 연구된 다른 바둑 인공지능과 대결해 494 승 1패로 압도적인 승리를 자랑하며 성능을 입증했다. 남은 것은 인간과의 대결이었다.

2015년 알파고는 바둑 이단 판 후이와의 대결에서 5 : 0으로 승리했다. 이어 2016년에는 대한민국 바둑 구단 이세돌에게 도전했다. 둘의 대결은 세계에 생중계되며 모두 인간과 인공지능의 경기에 주목했다. 대부분은 이세돌의 압승을 예상했으며 이세돌 본인도 알파고를 압도할 것이라고 예상했다. 하지만 막상 경기를 하니 알파고는 이세돌을 상대로 4 : 1의 전적을 내며 구단 프로 바둑기사를 비롯한 대중을 충격에 빠뜨렸다. 둘의 경기를 중계하는 기사들도 알파고의 수를 이해하지 못하다 나중에 복기하며 알파고의 허를 찌르는 수에 놀라움을 감추지 못했다. 이어 2017년에는 중국 바둑 구단 커제와도 대결했다. 이때는 이세돌과 대결하던 알파고보다 성능이 더 향상된 알파고 2.0으로 대결해 3 : 0으로 인간을 압도했다.

알파고가 보여준 인공지능의 압도적인 성능은 사람들에게 큰 화두가 되었다. 2016년부터 2017년까지 세계에서 인공지능에 대한 전문가의 예측이 쏟아졌고 사람들은 인공지능 시대가 도래할 것으로 생각했다. 하지만 인공지능은 여전히 일부 연구실이나 게임에서만 만날 수 있는 존재였고 일반 대중이 인공지능을 이용할 수 없었다. 그렇기에 일상에서 비디오 게임을 제외하면

알파고와 이세돌 구단의 대결

인공지능을 만날 일은 없었고, 인공지능에 관한 관심은 시간이 지나며 잊혔다. 그렇게 인공지능이 일부 연구실과 기업 사무실에서 벗어나지 못하며 대중과 멀어질 즈음에 어느 한 논문의 내용을 실제로 구현한 한 위대한 도전이 세계를 인공지능으로 완전히 제패할 준비를 마쳤다.

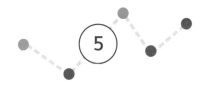

생성형 적대 신경망, 경쟁이 불러온 발전

인류는 1950년대 컴퓨터가 막 태동할 때부터 컴퓨터가 스스로 생각하고 결과를 출력하게 하는 인공지능을 연구했다. 그리고 연구자들은 인공지능이 제대로 학습했는지 확인하기 위해 학습한 데이터를 그대로 다시 출력하게 하는 오토인코더Autoencoder 모델을 개발했다. 1990년대 인공지능 전문가들이 연구한 오토인코더는 퍼셉트론 모델을 두 가지로 만든 구조로 입력받은 데이터를 학습하는 인코더Encoder 와 학습한 데이터를 최대한 오차 없이 복원하며 출력하는 디코더Decoder 두 구조를 연결한 구조이다.

그래서 인코더에 데이터를 입력한 뒤 디코더로 인공지능이 학습한 데이터를 출력해 인공지능이 주어진 데이터를 얼마나 잘

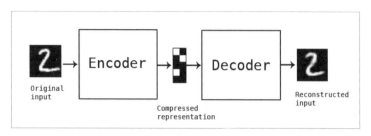

오토인코더의 구조도

학습했는지 확인했다. 오토인코더는 인공지능 연구자들이 인공지능이 데이터를 얼마나 잘 학습했는지 확인하는 용도로 개발되었지만, 몇몇 인공지능 연구자들은 오토인코더를 응용하면 인공지능이 새로운 데이터를 스스로 생산할 수 있겠다고 생각했다.

디데릭 킹마는 인공지능의 학습도를 파악하는 오토인코더를 좀 더 효율적으로 개량할 아이디어를 생각했다. 기존에는 인코더에서 학습을 받은 데이터를 디코더에서 그대로 복원해야 했는데, 그는 이 방법 대신 학습을 받은 데이터의 특징을 분석하는 과정을 추가해 그 특징을 살려 복원하는 방법을 고안했다. 그는 인코더에서 입력받은 데이터의 특징을 분석하는 과정을 추가하고 이 모델을 변분 오토인코더 Variational autoencoder 라고 명명했다.

변분 오토인코더는 인코더에서 주어진 데이터의 특징, 다시 말해 분포를 여러 번 추출한 뒤 겹치는 분포를 합쳐 샘플로 만드는 과정을 추가했다. 그 뒤 디코더에서 샘플에 따라 새로운 데이터를 생성했다. 다시 말해 인공지능이 주어진 데이터를 파악하고

디데릭 킹마

그 데이터를 기반으로 새로운 데이터를 생성하는 것이다. 변분 오토인코더 VAE 는 최초로 인공지능이 직접 새로운 데이터를 생산하는 모델이었다.

2013년 12월 디데릭 킹마는 변분 오토인코더를 발표하며 스스로 데이터를 생성할 수 있는 인공지능을 제시했고 연구자들은 인공지능이 좀 더 방대한 정보를 정밀하게 창조할 수 있는 능력을 획득하는 방법을 연구했다. 2014년 이안 굿펠로우는 인공지능이 더 양질의 창조를 할 수 있는 모델을 제시했다. 그 모델은 창조하는 인공지능과 창조물을 검수하는 두 인공지능이 경쟁하는 생성형 적대 신경망 Generative adversarial network 이다.

예를 들어 위조지폐를 생산하는 도둑과 위조화폐를 판별하는 경찰이 있다면, 도둑은 경찰을 속이기 위해 더 정교한 위조화폐를 생산하고, 경찰은 작은 차이도 감지하도록 더 정밀한 검사를 하며 경쟁하면 위조화폐가 진짜 화폐와 구분할 수 없을 정도로 질이 상승한다. 이 개념을 인공지능에 적용해 창조하는 인공지능과 검수하는 인공지능이 서로 경쟁하게 하는 것이 생성형 적대 신경망이다.

생성형 적대 신경망는 입력값을 받아 새로운 데이터를 창조하는 생성자 Generator 와 생성자가 창조한 데이터와 실제 데이터 두

이안 굿펠로우

데이터를 비교하는 판별자Discriminator 사이의 경쟁으로 구성된다. 생성자가 가짜 데이터를 생성하면 판별자가 가짜 데이터와 진짜 데이터 둘을 비교함으로써 어떤 데이터가 가짜이고 진짜인지 판별해 두 인공지능의 경쟁을 부추긴다. 그 결과 실제로 생성자는 더 실제 같은 데이터를 생성하고 판별자는 생성자에게 더더욱 정교한 가짜 데이터를 생성하게 자극했다.

2014년 이안 굿펠로우는 생성형 적대 신경망 이론을 창립하고 GANs라는 생성형 적대 신경망 모델을 만들어 세계에 알렸다. 생성형 적대 신경망은 인공지능이 인류가 원하는 데이터를 추출하게 유도하는 가장 좋은 모델 중 하나로 인정받으며 생성형 적대 신경망을 이용한 인공지능 연구가 진행되었다. 이로써 인공지능은 스스로 창조하는 힘을 얻었다.

| 2014 | 2015 | 2016 | 2017 |

시간이 지날수록 더더욱 정교한 얼굴 이미지를 출력하는 GANs

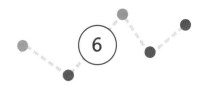

트랜스포머,
선택과 집중

변분 오토인코더와 생성형 적대 신경망 모델이 등장하며 인공지능은 스스로 새로운 데이터를 창조하는 힘을 얻었다. 하지만 두 모델은 주어진 데이터를 순차적으로 탐색하며 모두 처리한 다음에 창조하는 구조였기에, 창조에 너무 많은 시간이 소모된다는 큰 단점을 가지고 있었다. 이는 비단 시간만 소모할 뿐만 아니라 막대한 전력도 소모해 비용이 지나치게 크다는 현실적 한계를 불렀다.

그런 상황에서 2017년 구글 브레인Google Brain 은 상당히 당돌한 아이디어를 제시했다. 그것은 인간이 글을 읽을 때 전문을 읽는 것이 아닌 특정 단어들에 집중하면서 그 단어들 사이의 관계

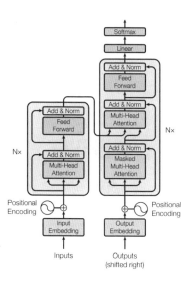

트랜스포머 구조도

를 파악하며 문맥을 이해하듯이, 인공지능도 주어진 데이터에서 특정 분포들에 집중해야 한다는 아이디어였다. 다시 말해 데이터를 받으면 특정 분포만 병렬로 처리해 대용량 데이터를 순식간에 인식하고 일괄적으로 병렬 처리하는 것이었다. 구글 브레인은 이 기술을 셀프-어텐션Self-Attention 으로 정의하고 〈집중은 누구에게나 필요한 것Attention is All You Need 〉라는 제목의 논문에 소개했다. 그리고 구글 브레인은 이 논문에 제시한 새로운 모델을 트랜스포머Transformer 로 이름을 지었다.

　트랜스포머는 다른 인공지능 모델처럼 인코더와 디코더 두 구조를 기본으로 가지고 있으며, 여기에 추가로 멀티 헤드Multi-

Head 셀프-어텐션과 피드포워드 신경망Feedforward Nerual Network 구조가 있으며 디코더에도 어텐션을 추가한 구조이다. 그래서 트랜스포머에서 인코더로 새 데이터가 입력되면, 인코더 안에 있는 멀티 헤드 셀프-어텐션에서 셀프-어텐션으로 데이터 사이의 연관성 및 중요도를 계산해 새 벡터를 만들고 이를 여러 번 반복하고 병합해 더 풍부한 표현을 생성한다.

그리고 이를 피드포워드 신경망을 거쳐 다음 인코더 층으로 이동해, 계속 셀프-어텐션을 진행하며 더더욱 복잡하고 풍부한 데이터를 처리하고 파악한다. 이를 디코더로 보내 디코더에서도 셀프-어텐션을 하고, 피드포워드 신경망으로 디코더의 다른 층으로 보내 셀프-어텐션을 반복하며 복잡한 인간의 언어를 파악하고 모방한다. 이 구조로 작동하는 트랜스포머의 진가는 다른 모델보다 더 빠른 시간에 더 적은 자원 소모로 더 양질의 데이터를 생성할 수 있다는 것이었다.

그래서 트랜스포머를 적용하면 다른 인공지능으로 출력한 데이터보다 더더욱 양질의 데이터를 빠르게 생성할 수 있어 인공지능 학계에서 트랜스포머는 만병통치약 취급을 받았다. 그리고 트랜스포머는 효율이 좋은 만큼 더 방대한 데이터를 한 번에 학습할 수 있어 인공지능의 역량을 더더욱 키울 수 있는 토대를 마련했다.

구글 브레인이 발표한 트랜스포머는 특히 언어모델Language Model 을 비약적으로 발전시켰다. 언어모델은 인간이 인공지능에게 말을 하면, 인공지능이 인간의 언어를 파악하고 인간이 알아들을 수 있는 언어로 답변을 출력하는 모델이다. 이를 위해서는 인간이 한 말의 문맥과 의도를 파악하고 그에 가장 적절한 답변을 출력해야 했다. 하지만 인간은 애매하게 표현하거나 과정을 생략하며 말했기 때문에 인공지능이 인간이 한 말의 문맥과 의도를 파악하기란 매우 어려웠다.

이 어려움을 특정 단어를 추출하고 단어 사이의 관계를 파악하는 트랜스포머 모델로 쉽게 해결할 수 있었다. 덕분에 구글 번역기 등 인간의 언어를 파악하고 결과를 출력하는 인공지능의 성능이 이전보다 비약적으로 발전했다. 그리고 인간의 언어를 파악하는 자연어처리National language processing 기술이 발전하며 더 긴 문장을 파악할 수 있게 되며 인공지능과 인간 사이의 상호작용 문턱은 빠르게 낮아졌다. 2017년 인간과 인공지능 사이의 마지막 장벽인 언어 문제가 빠르게 해결되며 인공지능은 인류의 삶에 스며들 준비를 마쳤다.

미드저니와 스테이블 디퓨전, 예술을 하는 인공지능

2015년 이후 인공지능 기술은 빠르게 성장했고 2016년 구단 이세돌과 알파고 사이의 대결로 인공지능이 얼마나 발전했는지 대중에게 살짝 공개했다. 대중은 알파고의 실력에 놀라며 인공지능이 인간의 일을 대체할 수도 있겠다고 생각했다. 그런 와중에 오직 예술은 인간이 자유의지를 가지고 창작하는 영역으로 인공지능이 절대 모방하거나 스스로 창조할 수 없는 분야로 여겨졌다. 학자는 예술은 기계가 접근할 수 없는 인간만의 영역이라고 주장했으며, 대중은 인간의 자유의지와 예술은 기계가 접근할 수 없는 신성불가침의 영역으로 여겼다. 하지만 그런 와중에 인공지능은 연구실에서 스스로 창조하는 능력을 강화하고 있

오픈AI

었다.

　2015년 토론토 대학교는 딥러닝과 생성형 적대 신경망을 적용해 인간이 쓴 글을 그림으로 전환하는 얼라인드로우alignDRAW 모델을 연구했다. 얼라인드로우는 그림을 연속적으로 출력하는 DRAW 기술과 글을 그림으로 치환해야 했기에 글 설명을 그림과 연결 짓는 CLIP 등의 모델을 결합한 인공지능이다. 이것은 그림 모델을 출력하고 강화학습과 목표정렬로 그림을 구체화하며 세부 조정으로 더 자연스럽고 실감이 나는 그림을 그리는 연습을 했다. 얼라인드로우의 그림은 아직은 간단한 형태와 채색을 하는 그림이었지만, 사람의 글을 이해하고 글에 맞는 그림을 그리는 인공지능 모델이라는 점에서 인공지능이 예술을 할 수 있음을 보여줬다.

　2017년 구글이 트랜스포머 모델을 발표하자 그림을 그리는

미드저니   스테이블 디퓨전

인공지능 역시 발전했다. 특히 오픈AI OpenAI 기업은 트랜스포머 모델로 빠르게 데이터를 처리하고 학습시킨 뒤, 멀티모달 Multimodal 로 글과 그림 모두 처리할 수 있는 생성형 인공지능 DALL-E를 개발했다. 오픈AI는 DALL-E에게 동일한 내용을 담은 글과 그림을 모두 제공해 학습시켰고 이를 바탕으로 새 그림을 창조하게 연습시켰다. 오픈AI는 DALL-E를 2021년 연초에 발표하면서 혁신적인 인공지능으로 주목받았다. 그리고 바로 다음 해인 2022년 데이비드 홀츠의 미드저니 사 Midjourney, Inc 에서 미드저니를 베타버전으로 출시했다. 미드저니 역시 DALL-E처럼 딥러닝과 생성형 적대 신경망, 멀티모달를 적용해 개발한 인공지능이다.

2022년 7월 미드저니가 출시되자 디지털 아티스트 제이슨 앨런은 2022년 8월 개최된 콜로라도 주립 박람회 미술대회에 미드저니로 그린 〈스페이스 오페라 극장〉을 공개하며 세계에 큰 충격을 안겼다. 오직 인간만 예술을 할 수 있다는 인류의 상식을 정면으로 깨부순 〈스페이스 오페라 극장〉은은 미드저니를 널리 알렸고 생성형 인공지능의 시대를 알렸다. 예술가를 비롯한 많은 사람은 인간보다 훨씬 짧은 시간에 우수한 예술 창작을 하는 미드저니의 저력에 놀라고 당황했으며 예술계에 큰 파장을 불러일으켰다.

한편 DALL-E가 공개되자 DALL-E보다 더 효과적인 이미지 생성 인공지능을 연구한 단체가 등장했다. 2022년 스테이빌리티Stability AI 기업과 독일 뮌헨의 루트비히 막시밀리안 대학교의 CompVis, LAION은 협력해 스테이블디퓨전을 개발했다. 스테이블디퓨전은 잡음을 확산하는 확산 모델Diffusion Model 을 기본 원리로 하는 기술로, 잡음이 생성된 이미지를 반복 생성하고 잡음을 줄여가며 현실적인 이미지 구조를 잡아가는 확산 과정Diffusion Process 과 잡음을 역방향으로 처리해 원본 이미지를 복원하는 잡음 제거 과정 Denoising Process 두 과정을 거쳐 사실적인 실사 이미지를 생성한다. 스테이블디퓨전은 오픈 소스, 다시 말해 무료로 공개해 많은 기업과 대학교 및 연구실에서 스테이블디퓨전을 이용한 생성형 인공지능을 연구했고, 기업과 개인이 스테이블디퓨전을 이용해 누구나 원하는 이미지를 생성할 수 있게 되었다.

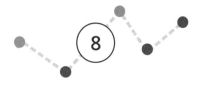

GPT,
인간과 소통하는 기술

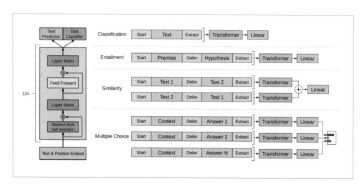

GPT-1 구조도

Generative Pre-trained Transformer, 줄여서 GPT는 2018년 오
픈AI에 의해 개발된 최초의 대규모 언어 모델로, 자연어 처리

NLP 분야에서 혁신적인 발전을 이끌었다. 구글 등 기업이 개발하는 폐쇄형 인공지능에 대항해 개방형 인공지능 선도를 천명한 오픈AI는 2017년 구글이 발표한 트랜스포머 아키텍처를 응용해 GPT를 개발했다. 오픈AI는 병렬 처리가 가능하고, 긴 문맥을 효과적으로 처리할 수 있는 트랜스포머의 셀프-어텐션 기술을 그대로 적용했으며, 오픈AI는 RNN, LSTM 등 기존의 순차적 처리 모델보다 효율적이고 강력한 GPT 모델을 만들 수 있었다. GPT의 개발 목표는 방대한 텍스트 데이터를 사용해 언어의 패턴을 이해하는 사전 학습Pre-training 된 모델을 구축하고, 이를 바탕으로 다양한 자연어 처리NLP 작업에 적용할 수 있는 미세 조정Fine-tuning 접근법을 실현하는 것이었다.

그리고 이를 실현하는 과정에서 GPT는 많은 언어를 수집하고 처리하며 대규모 언어 모델Large Language Model 의 개념을 최초로 적용했다. 대규모 언어 모델은 거대한 텍스트 데이터를 학습하여 언어의 구조와 의미를 파악하고, 이를 바탕으로 다양한 언어 작업을 수행할 수 있는 인공지능 모델로 복잡한 인간의 언어를 더 정확하게 판단할 수 있는 기술이었다. GPT는 이러한 대규모 언어 모델의 개념을 처음으로 구현하여, 사전 학습과 미세 조정이라는 두 단계로 구성된 접근법을 제안했다. 먼저, 사전 학습 단계에서 GPT는 방대한 양의 텍스트를 통해 언어의 일반적인 패턴을 학습하고, 미세 조정 단계에서는 특정 작업에 맞게 추가

학습을 통해 모델을 최적화했다. 이 방식은 다양한 자연어 처리 NLP 작업에서 높은 성능을 발휘하며, 많은 인공지능 연구에서 인간의 언어를 더 잘 인지하고 자연스럽게 구사하게 하려고 이 접근법을 채택했다.

GPT가 처음 제시한 대규모 언어 모델의 도입은 인공지능의 발전에 있어 큰 변화를 일으켰다. 먼저 다양한 자연어 처리작업에서 성능 향상을 일으켰다. GPT는 언어 모델링, 텍스트 생성, 문장분류, 감정분석 등 다양한 작업에서 기존의 모델들을 뛰어넘는 성능을 보였다. 이는 곧 대규모 언어 모델의 핵심 기술인 사전 학습과 미세 조정 접근법을 인공지능 연구의 새로운 표준으로 만들었다. 이 접근법은 모델이 특정 작업에 대한 데이터를 적게 사용하더라도 높은 성능을 발휘하게 해 인공지능의 학습 효율성이 크게 향상되었다. 그리고 이 덕분에 GPT는 자동화된 텍스트 생성, 대화형 AI, 창의적 콘텐츠 생성 등 새로운 응용 분야를 개척하며, 여러 방면에서 인공지능의 활용 가능성을 크게 확장했다.

2017년 GPT가 성공하고 대규모 언어 모델의 잠재성을 보여주자, 오픈AI는 더 강력한 모델을 만들기 위해 지속적인 발전을 이뤄냈다. 2019년 발표된 GPT-2는 약 15억 개의 파라미터를 가지고 있으며, 텍스트 생성 능력이 크게 향상되었다. GPT-2는 다양한 문맥에서 일관된 텍스트를 생성할 수 있는 능력을 보여주며,

텍스트 생성 기술의 발전을 이끌었다. 2020년 발표된 GPT-3는 약 1,750억 개의 파라미터로, 이전 GPT 모델보다 훨씬 더 복잡하고 정교한 자연어 처리 작업을 수행할 수 있었다. GPT-3는 퓨샷 러닝few-shot learning과 같은 기술을 통해, 매우 적은 예시만으로도 새로운 작업을 수행할 수 있는 능력을 입증했다. 이렇게 오픈AI는 GPT를 개발하고 발전시키며 인공지능을 더욱 정교하고 인간 같은 판단과 언어 구사를 가능하게 함으로써 인공지능과 인간 사이의 가까운 상호작용을 가능하게 만들었다.

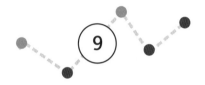

버트,
문맥을 이해하라

오픈AI가 구글의 트랜스포머를 응용해 GPT를 만드는 동안, 구글은 트랜스포머를 넘어서는 또 다른 인공지능 모델을 개발했다. 구글은 Bidirectional Encoder Representations from Transformers, 다시 말해 버트BERT 를 개발했는데, 트랜스포머 후속 모델을 개발한 이유는 기존의 자연어 처리 모델들이 문맥을 제대로 이해하지 못하는 문제를 해결하기 위해서였다. 전통적인 자연어 처리 모델들은 문장을 처리할 때, 대개 단방향으로 문맥을 이해했다.

예를 들어, 문장을 왼쪽에서 오른쪽으로 읽으면서 단어의 의미를 파악하거나, 오른쪽에서 왼쪽으로 읽는 등 한 방향으로 이동

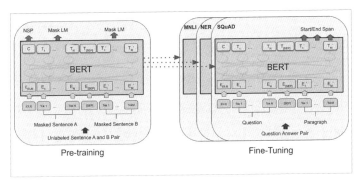

버트의 구조도

하며 문맥을 이해하려고 했다. 그러나 인간은 문장의 앞뒤를 동시에 고려하여 문맥을 이해하기 때문에, 이러한 단방향 접근법은 제한적일 수밖에 없었다. 구글은 이를 개선하기 위해 문장의 양쪽 문맥을 모두 활용하는 방식으로 언어를 이해할 수 있는 모델을 개발하고자 했고, 그 결과 버트가 탄생했다.

버트는 트랜스포머 아키텍처를 기반으로 하여, 양방향으로 문맥을 이해하는 모델이다. 버트는 한 방향으로 셀프-어텐션을 적용한 트랜스포머의 인코더 부분을 활용해 한 방향이 아닌 양방향으로 셀프-어텐션을 하도록 설계되었다. 이는 곧 버트가 문장의 앞뒤 문맥을 동시에 고려하여 단어의 의미를 이해할 수 있다는 것을 의미한다.

예를 들어, '은행에 갔다'라는 문장이 주어졌을 때, '은행'이라는 단어의 의미는 뒤에 나오는 단어에 따라 달라질 수 있다. 버트는 이러한 앞뒤 문맥을 모두 고려해 '은행'이 '금융기관'인지 '은행나무'인지 '은행나무의 열매'인지 구분할 수 있다. 당시 GPT 혹은 다른 인공지능 모델은 문장이 시작하는 방향, 다시 말해 대부분의 언어라면 왼쪽에서 오른쪽으로 판단하고 히브리어나 아랍어의 경우 오른쪽에서 왼쪽으로 일방향으로 읽었기에 뒷 내용을 판단할 수 없어 '금융기관' '은행나무' '은행나무의 열매' 중 하나로 무작위 선택해 판단해 문맥을 제대로 이해하지 못하고 오류를 출력했다. 이 때문에, 버트 모델은 인공지능이 인간이 구사한 문장의 문맥을 더 정확하게 판단하게 하는 핵심 모델이었다. 또한 버트는 마스킹Masking 기법을 사용해 문장의 일부 단어를 가린 후, 이를 예측하는 방식으로 학습을 진행했다. 이런 훈련 덕분에, 버트는 어휘를 더욱 잘 이해했고 문장 구조를 깊이 이해했다.

구글은 문장을 양쪽에서 읽어 더 잘 파악하는 버트 모델을 자사 검색엔진의 성능을 개선하는 데 적극적으로 활용했다. 2019년, 구글은 버트를 검색 알고리즘에 통합하여 사용자가 입력한 검색 문장을 더 잘 이해할 수 있도록 했다. 이전에는 사용자가 친 검색 문장에서 중요한 단어나 구문이 무시되거나, 문맥을 잘못 이해해 엉뚱한 검색 결과를 상단에 노출하는 경우가 많았다. 그러나 버트를 통해 구글은 문장의 의미를 더 정확하게 파악하고, 사용자가 의도한 정보를 제공할 수 있게 되었다.

예를 들어, '브라질에서 미국으로 여행하는 방법'이라는 검색 문장을 처리할 때, 버트는 '브라질에서'와 '미국으로'의 문맥을 제대로 이해하여, 미국에서 브라질로 가는 여행 정보가 아닌, 브라질에서 미국으로 가는 여행 정보를 상단에 노출해 사용자가 원하는 정보를 즉각 확인할 수 있게 지원할 수 있게 되었다. 이는 사용자 경험을 크게 향상했으며, 검색의 정확도와 관련성에서 큰 진전을 이루었다.

그리고 구글의 버트 모델은 인간의 언어를 더욱 정확하게 판단하게 해주었기에 다른 연구실이나 기업에서 자연어 처리 작업에 적용하며 표준이 되었다. 오픈AI 역시 버트 기술을 참고하며 GPT 성능을 발전시켰으며, 프롬프트로 명령을 입력받는 다른 생성형 인공지능 서비스도 버트를 적극 활용했다. 그러나 구글은 트랜스포머와 버트의 우수성을 과소평가했고, 이를 적극적으로 발전시키지 않았다. 그 사이에 오픈AI는 GPT를 이용해 세상을 바꿀 준비를 마쳤다.

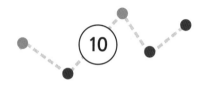

10

챗GPT,
인류의 곁으로 온 인공지능

오픈AI는 2017년 GPT를 시작으로 더 나은 성능을 가진 GPT 모델들을 개발했다. 그리고 2020년 마침내 인간이 느끼기에 자연스러운 대화를 할 수 있는 인공지능 모델 GPT-3가 등장했다. 이에 오픈AI는 GPT-3를 기반으로 챗GPT라는 대화형 인공지능 모델을 개발했는데, 챗GPT는 인간이 프롬프트를 쳐 문장을 만들면 GPT-3가 문장을 이해하고 스스로 판단한 후 답변하며 인간과 GPT 사이의 자연스러운 대화를 가능하게 하는 기술이었다.

그러나 오픈AI가 ChatGPT로 선택한 GPT-3는 1,750억 개의 파라미터를 가진 초거대 언어 모델로, 다양한 텍스트 작업에서

채팅하듯이 인공지능과 소통하는 챗GPT

탁월한 성능을 보여주었으나, 일반 사용자가 쉽게 활용할 수 있는 대화형 AI로는 아직 최적화되지 않은 상태였다. 그래서 오픈 AI는 GPT-3를 특정 대화형 시나리오에 맞게 훈련하게 하고, 인간 사용자와의 상호작용을 통해 대화를 보다 유연하고 자연스럽게 만들기 위한 미세 조정 작업을 진행했다. 이 과정에서 GPT-3에 대화의 문맥을 이해하고, 논리적이고 일관된 답변을 생성하는 능력을 강화하는 데 중점을 두었다. 그 덕분에 GPT-3는 일반 인간과 대화하는 능력을 획득했으며, 2020년 챗GPT는 GPT-3의 언어 처리 능력을 기반으로 한 대화형 인공지능으로 세상에 공개되었다.

2020년 등장한 챗GPT는 인간 세상에 큰 파장을 불러일으켰다. 스스로 판단하고 대화할 수 있는 인공지능은 그 자체로도 혁신적이지만, 특히 상호작용이 가능한 인공지능의 가능성을 크게 확장했다. 챗GPT 덕분에 일반 사용자는 전문적인 인공지능 제어 기술을 보유하지 않고 단순히 글만 쓸 수 있다면 일상 대화에서부터 전문적인 상담까지 다양한 상황에서 인공지능과 소통할 수 있게 되었다. 이는 고객 서비스, 교육, 의료, 엔터테인먼트 등 인공지능 전문 인력이 부재한 다양한 산업에서 챗GPT를 활용하며 빠른 시간에 우수한 결과물을 생성하고 인공지능의 도움을 받으며 인공지능을 활용할 수 있는 길을 열었다.

또한 사람들은 이제 복잡한 정보 검색이나 데이터 분석 작업 등 귀찮은 일을 챗GPT에 간단히 질문하고 바로 해답을 찾으며 해결할 수 있게 되었으며, 상당히 많은 시간과 노력을 절약했다. 그래서 2020년 챗GPT 등장 이후 학교에서 과제를 대부분 챗GPT로 해결했고 기업에서 업무의 상당 부분을 챗GPT의 도움을 받으며 빠르게 처리하는 것이 순식간에 일상이 되었다. 그리고 스스로 결과물을 생성하는 챗GPT는 창의적 작업에서도 큰 혁신을 일으켰다. 스토리텔링, 음악 작사, 광고 작성 등에서 챗GPT는 인간의 창의성을 증폭시키는 도구로 매우 빠르게 자리를 잡았다. 2020년 이후 챗GPT 외에 수많은 생성형 인공지능 서비스들이 쏟아졌고, 생성형 인공지능을 활용한 사업이 순식간에 비대해졌다. 무엇보다도, 2020년 이후 모든 사람이 챗GPT를 이용하는 것이 너무도 당연해졌다.

문자를 읽는 것을 넘어 보고 들으며
판단하는 것이 가능한 챗GPT-4

메타에서 개발한 LLaMA

    이렇게 오픈AI는 챗GPT로 모두가 인공지능을 이용하는 시대를 열었다. 2022년 오픈AI는 GPT-3을 대화형에 더 맞춰 발전시킨 GPT-3.5를 개발해 챗GPT-3.5를 출시했다. 한편 2023년에는 GPT-4를 적용한 챗GPT-4, 2024년에는 챗GPT-4를 적용해 더 정확한 답변을 도출하는 인공지능 서비스로 발전시켰다. 이런 챗GPT의 성공을 본 다른 기업 역시 자체 생성형 인공지능 모델을 개발하고 출시했다. 기존 인공지능 강자였던 구글은 챗GPT 신드롬으로 인공지능 강자 자리가 위협받자, 2023년 급히 버트에서 더 발전한 제미나이 Gemini 를 출시해 구글 검색, 번역, 광고 등 다양한 서비스에 적용했다. 메타 Meta 는 LLaMA를 오픈소스로 공개하고 메타 퀘스트 Meta Quest 와 메타 레이-밴 Meta Ray-Ban 안경에 적용했다. 앤스로픽 Anthropic 은 인공지능 윤리를 위해 안전장치를 추가한 클라우드를 출시했다.

    챗GPT와 생성형 인공지능은 또 다른 혁명을 이끌며 인류사회를 완전히 바꾸었다. 생성형 인공지능은 여타 기계와 같은 단순한 도구를 넘어, 인간의 창의력과 생산성을 증폭시키는 중요한 친구가 되었고 인류는 곁에 인간뿐만 아니라 기계도 두게 되었다.

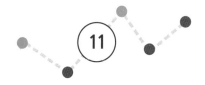

세컨드 라이프,
가상현실의 청사진

1980년대 이후 민간에 컴퓨터를 중추로 하는 디지털 기술들이 등장했다. 사람들은 말로만 듣던 디지털 기술을 접하고 디지털 세계라는 또 다른 세계를 탐방하며 신기함을 가졌다. 사람들은 디지털 세계에 흥미를 느꼈고 앞으로 발전할 디지털 세상을 상상했다. 그렇게 등장한 디지털 세계는 모니터에 갇혀 있는 디지털 세계가 아닌 우리 바로 옆에 있는 디지털 세계였다. 그리고 이는 가상현실로 불렸으며 사람들은 발달한 컴퓨터가 3차원 디지털 세계를 만들고 인류는 그 세상 안에 살게 될 것이라는 상상을 하며 관련된 SF 소설과 영화들을 창조했다. 특히 〈공각기동대〉, 〈매트릭스〉 등의 역작들이 등장하며 가상현실이 도래한 세상이

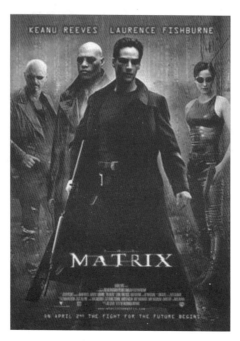

영화 〈매트릭스〉

먼저 미디어로 다뤄졌다. 이처럼 가상현실은 기술이 없는 와중에 사회적 정의가 선행되었고, 사람들은 실제로 보지도 못한 가상현실에 대해 이해를 갖춘 상태가 되었다.

한편 이미 1968년 가상현실을 실현하려는 연구가 진행되었다. 이반 서덜랜드는 양안에 카메라를 달고 각기 시야별로 조금씩 다른 화면을 송출해 입체적인 영상을 보게 하는 기술을 개발했다. 그는 그 단말기를 Head Mounted Device HMD 라 부르며 HMD 개발이 시작되었다. 이후 NASA와 MIT, VPL 리서치, 오

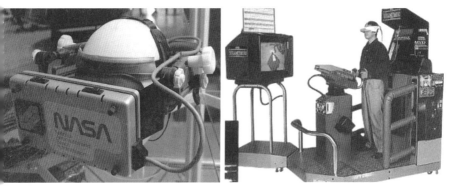

NASA에서 개발한 HMD　　　　　1995년 등장한 가상현실 게임기 VR-1

토데스크도 가상현실 연구개발에 뛰어들었다.

1994년에는 세가가 VR-1을 시장에 출시하며 가상현실 게임을 세상에 알렸다. 세가는 360도 영상을 제공해 고개를 돌려도 게임 장면이 있어 게임 안에 들어온 듯한 가상현실기술을 선보여 사람들에게 게임 속에 있는 듯한 몰입감을 제공하며 모두의 관심을 받았다. 이에 애플도 웹브라우저에서 운영되는 퀵타임 QuickTime VR 프로그램을 출시했다. 하지만 세가와 애플이 만든 가상현실은 멀미가 심하게 났으며 장비도 무거워 오래 게임을 즐길 수 없어 혹평받았다.

이에 닌텐도 역시 가상현실에 뛰어들었고 대중은 닌텐도가 재미있는 가상현실 게임을 선보일 것이라고 믿어 의심하지 않았다. 그러나 닌텐도의 가상현실 게임은 오히려 기술 부족으로 전체 화면이 심하게 빨간 색으로 송출되어 사용자들은 눈이 아프고 멀미가 심하게 나 사람들에게 불쾌한 기분을 줬다. 이처럼 1990년대 등장한 가상현실은 처참한 성적을 냈으며 이어 발발한 닷컴버블로 가상현실 시장은 큰 타격을 입었다.

HMD 자체의 기술 부족을 파악한 일부 개발자들은 HMD 대신 컴퓨터에 가상현실을 먼저 구현할 생각을 했다. 린든 랩Linden Lab 를 경영한 필립 로스데일 역시 그런 생각을 한 사람으로, 린든 랩 연구원들과 함께 가상현실은 어떤 공간이어야 하는지에 대한 철학적 질문을 주고받으며 가상현실에 대한 실질적 정의를 내렸다. 그들은 가상현실을 단순히 디지털 게임 안의 세계라는 정의에서 그치지 않고 사람들이 아바타가 되어 서로 대화하고 교류하는 디지털 속 인간 세계로 의미를 확장했다. 그래서 가상화폐를 만들고 사람 간의 상호작용 등 사소한 것도 놓치지 않고 새로 정의하며 디지털 세계를 창조했다.

2003년 그들은 사람들이 현실에서의 삶도 살며 동시에 가상현실에서 또 다른 삶을 누리라는 의미로 세컨드 라이프Second Life 라는 게임을 개발해 공개했다. 린든 랩이 개발한 세컨드 라이프는 실제 인간 사회의 많은 부분을 모방했다. 화폐가 유통되어 제품 소유 및 판매가 가능했고 아바타끼리 자유로운 상호작용이 가능했다. 또한 아바타를 원하는 형태로 꾸밀 수 있어 사용자 본인이 원했던 모습을 세컨드 라이프에 자유롭게 구현하고 즐길 수 있었다.

현실의 제약을 뛰어넘은 세컨드 라이프의 자유도 덕분에 일부 사람들은 현실에서 이루지 못한 꿈을 세컨드 라이프에서 이루었다. 그리고 세컨드 라이프는 현실과 다르지만 사람들이 살고 싶어 하는 완벽한 가상현실이 되었다. 이는 가상현실의 실질적 정의가 되었고 많은 게임사와 기업들은 세컨드 라이프를 가상현실의 모델로 삼았다. 이렇게 가상현실 소프트웨어는 세컨드 라이프를 시작으로 발전했지만, 여전히 가상현실은 컴퓨터 모니터에서 나오지 못했다. 가상현실은 그저 컴퓨터로 즐기는 비디오 게임의 일부로 취급받았고 3차원 디지털 세계라는 개념은 점차 잊혔다.

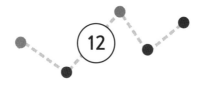

홀로렌즈,
확장현실의 선구자

　1992년 미국 공군연구소AFRL 의 루이스 로젠버그는 현실에 가상을 추가하는 증강현실이라는 개념을 제시했다. 그는 미군 훈련을 위해 증강현실 기술을 개발했는데, 증강현실 기술의 가능성을 본 연구원들은 증강현실을 더 좋은 기능을 보유하도록 발전시켰다. 이 덕분에 2000년대 초반 증강현실은 상용화 수준으로 발전했고 기업들은 증강현실을 이용한 사업을 준비했다.

　가장 먼저 반응한 기업인 구글은 2011년 스마트폰 기능을 안경에 옮겨 안경만 쓰고 다니면 무엇이든지 할 수 있는 구글 글래스를 개발하겠다고 발표했다. 그리고 2013년 시제품을 발표하고 시연하며 증강현실 안경을 만들겠다는 야심을 보였다. 그러나

증강현실의 시초인 Virtual Fixtures　　　　　　구글 글래스의 증강현실

증강현실은 공간을 인식하고 계산한 뒤 공간에 가상 물체를 놓는 과정을 전부 연산해야 했기에 작고 더 성능이 좋은 CPU을 요구했으며, 이는 당시에는 구현 불가능했다. 그래서 구글 글래스는 기술적 한계 때문에 개발이 연기되다 약 10년 후 사업을 완전히 철수했다.

이에 마이크로소프트는 조용히 홀로그램 기술을 이용한 증강현실 HMD를 개발하며 증강현실을 선도할 준비를 마쳤다. 마이크로소프트의 알렉스 키프먼이 주도로 증강현실 HMD를 개발했다. 그들이 개발한 것은 홀로렌즈로 윈도우를 이용할 수 있는 HMD였다. 2015년 마이크로소프트는 윈도우 10 이벤트 발표에서 머리에 쓰는 컴퓨터 홀로렌즈를 깜짝 발표했다. 알렉스 키프먼은 홀로렌즈를 발표하며 강연장에서 직접 홀로렌즈로 마인크래프트Minecraft 게임을 하는 퍼포먼스를 보여주며 홀로렌즈의 성능을 선보였다.

마이크로소프트가 개발한 홀로렌즈

윈도우 10 이벤트 발표에서 별 흥미도 없는 윈도우 10 업데이트 소식이나 듣던 참석자들은 갑자기 등장한 홀로렌즈에 매우 놀랐다. 또한 별도의 컨트롤러나 게임패드 없이 손으로 게임을 하는 모습에 충격받았다. 홀로렌즈가 선보인 것은 손을 인식하는 핸드 트랙킹 Hand Tracking 으로 오직 손으로 허공에 뜬 증강현실 버튼을 클릭하는 간편하고 직관적인 상호작용을 가능하게 하는 기술이었다. 홀로렌즈는 손 자체를 메뉴판으로 사용하고 버튼을 공간에 띄워 손가락으로 버튼을 눌러 증강현실 AR 을 이용할 수 있게 하며 놀랍도록 간편한 사용감을 선사했다.

마이크로소프트는 대중이 홀로렌즈를 사용하기에는 비싸며 대중에게 친화적인 서비스를 제공하지 못한다고 판단해 산업군에 홀로렌즈를 판매했다. 마이크로소프트는 복잡한 기계 부품을 정비하는 산업을 위주로 부품의 상태를 증강현실로 파악하고 수리하는 서비스를 제공했다. 홀로렌즈를 착용한 기술자는 기계 부품을 증강현실로 파악하고 3차원에 화상채팅 및 설명서를 띄워 기계 상태를 관리 책임자와 공유하고 소통하며 기계를 수리했다. 정비산업에 투입된 홀로렌즈는 여전히 불편한 점이 많았지만, 그래도 두 손이 자유로운 상태에서 실시간으로 부품 상태를 관리자와 공유하고 공중에 뜬 참고서를 보며 수리할 수 있다는 점에서 좋은 평가를 받았다.

또한 의료 현장에도 홀로렌즈를 투입했다. 인체를 파악하고 인체 내부의 질병을 검토 및 치료하는 의료산업은 그 어떤 현장보다도 3차원이 가장 필요한 현장이었기에, 마이크로소프트는 의료 실습 프로그램들을 만들어 레지던트들이 홀로렌즈를 착용한 상태에서 교수와 함께 인체를 공부하고 치료 실습을 수행하게 지원했다. 현실 사물을 파악하고 그 사물에 3차원 가상을 입히는 홀로렌즈의 기술은 수술 실습에 기능을 맘껏 발휘했다. 레지던트들은 홀로렌즈를 착용한 뒤 마네킹으로 수술 실습을 진행하며 수술 경험을 쌓았다.

이렇게 홀로렌즈는 증강현실 분야를 개척했지만, 한계점도 많았다. 이미 컴퓨터와 스마트폰이 자리 잡은 상태에서 HMD로 증강현실을 이용할 이유를 제시하지 못했으며, 정비 현장과 의료 교육이라는 아주 특수한 환경에서 사용하는 것에서 벗어나지 못했다. 또한 홀로그램 기반 기술이어서 매우 좁은 시야각과 흐린 화면 문제를 해결하지 못했다. 그래서 소비자는 처음에는 홀로렌즈를 구매해 산업 현장에서 사용했으나 불편하다는 의견을 받아 이후로 구매하지 않았다. 이처럼 HMD를 이용한 증강현실 서비스는 여전히 넘어야 하는 문제들이 많았다.

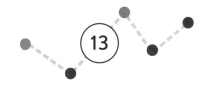

삼성 기어 VR, 모바일 VR을 꿈꾼 HMD

　홀로렌즈라는 HMD가 나오며 가상현실 및 증강현실에 대한 대중의 관심이 높아졌지만, HMD는 여전히 가격이 높았고 가상현실 기술이 불완전해 진입장벽이 높았다. 때문에 기업 단위에서도 HMD 이용이 적었고, 개인 단위의 HMD 이용률은 처참했다. 그래서 HMD를 이용한 사업은 난항을 겪었다. 이를 타개하기 위해 몇몇은 HMD가 아닌 스마트폰을 이용한 가상현실 서비스를 구상했다.

　이는 구글 역시 마찬가지였다. 2014년 구글은 I/O 개발자 컨퍼런스에서 종이 상자 안에 스마트폰을 넣고 가상현실을 이용하는 구글 카드보드Google Cardboard 를 발표하며, 스마트폰을 이용한

삼성 기어 VR　　　　　2016년에 등장한 오큘러스 리프트

기본적인 가상현실 경험을 제공했다. 이 제품은 매우 저렴한 가격과 누구나 쉽게 접근할 수 있는 특성 덕분에 대중의 큰 관심을 받았다. 복잡한 장비 없이도 가상현실을 체험할 수 있다는 점에서 구글 카드보드는 모바일 VR의 대중화를 촉진하는 중요한 역할을 했으며, 일반인에게 가상현실이라는 새로운 세계를 소개하는 계기가 되었다. 일반인, 특히 학교에서 선생님과 어린 학생을 중심으로 구글 카드보드 이용이 증가하면서 일반인을 위한 가상현실 장비로 널리 알려졌다.

　구글 카드보드의 성공에 힘입어, 같은 해 삼성전자는 구글 카드보드보다 진보된 VR 경험을 제공하기 위해 가상현실 기술 분야에서 이미 중요한 위치를 차지하고 있던 오큘러스Oculus 와 협력해 삼성 기어 VR을 개발했다. 삼성전자는 스마트폰 제조 분야에서 강력한 기술력을 보유하고 있었으며, 오큘러스의 가상현실 기술을 삼성전자 갤럭시 스마트폰에 적용해 더욱 정교한 모바일 VR 제품을 만들었다.

삼성 기어 VR은 2014년 발표되고 정식 출시되어 많은 이들의 기대를 모았다. 그리고 출시된 삼성 기어 VR은 과연 우수한 삼성전자의 기술력 덕분에 뛰어난 그래픽 성능과 몰입감을 제공할 수 있었으며, 오큘러스가 제공하는 오큘러스 스토어 Oculus Store, 추가로 유튜브에 퍼진 유튜브 VR 영상을 통해 다양한 VR 콘텐츠를 즐길 수 있었다. 이 덕분에 사용자들은 더욱 풍부하고 몰입감 있는 가상현실 경험을 할 수 있었고, 삼성전자의 삼성 기어 VR은 VR 대중화를 선도한 중요한 제품으로 자리매김했다.

그러나 삼성 기어 VR이 초기 모바일 VR 시장을 선도했음에도 불구하고, 모바일 VR 자체의 근본적인 한계에 직면했다. 삼성 기어 VR은 스마트폰의 성능에 크게 의존했기에 그래픽 성능, 처리 능력, 배터리 소모, 발열 문제 등 여러 가지 제약을 동반했다. 이는 사용자 경험을 제한했고, HMD와 비교했을 때 몰입감과 상호작용 측면에서 부족함이 명확히 드러났다. 또한 가상현실 콘텐츠 제작자들도 모바일 플랫폼의 제약으로 인해 고성능 가상현실 콘텐츠를 구현하는 데 어려움을 겪었다.

이는 곧 콘텐츠 부족과 가상현실 경험의 한계로 이어졌고, 때문에 대중은 초기에는 가상현실에 관심을 보였으나, 이내 실망하고 이용하지 않아 가상현실 성장세 둔화로 이어졌다. 그리고 그 사이 오큘러스는 오큘러스 리프트Oculus Rift 등 가상현실 전용 HMD을 출시하며 모바일로 가상현실을 이용할 이유는 더더욱 사라졌다. 때문에 삼성전자의 삼성 기어 VR은 초반 성장세를 이어가지 못하고 2020년 삼성 기어 VR에 대한 지원을 공식 중단하며 삼성 기어 VR은 역사 속으로 사라졌다.

삼성 기어 VR은 가상현실 대중화의 중요한 전환점으로, 많은 사람에게 가상현실의 첫 경험을 제공한 의미 있는 제품으로 이름을 남김과 동시에 모바일 VR의 한계를 여실히 보여줬다. 그리고 이는 가상현실 기술의 발전과 더 나은 사용자 경험을 추구하는 계기가 되었다. 삼성 기어 VR로 대표되는 모바일 VR의 실패 후 가상현실에 최적화된 HMD의 필요성이 대두되었고 이내 오큘러스와 바이브Vive 등을 필두로 독립형 HMD가 놀라운 속도로 발전했다.

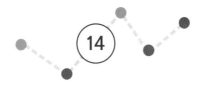

포켓몬 고,
대중에 한 걸음 다가선 증강현실

    2000년대 초반 HMD 성능을 여전히 기대에 못 미쳤지만 대신 스마트폰이 등장했다. 이에 연구원들은 당장 편리하게 사용할 수 있는 스마트폰으로 증강현실을 구현했다. 2008년 스마트폰이 가진 GPS 기능과 카메라 기능에 주목한 오스트리아 엔지니어들은 잘츠부르크에 위키튜드Wikitude 라는 기업을 설립하고 GPS로 사용자의 위치를 파악한 뒤 적절한 위치에 여행지에 대한 설명을 증강현실로 보여주는 위치 기반 증강현실 여행 서비스를 출시했다. 그것이 위키튜드 AR 여행 가이드Wikitude AR Travel Guide로 특정 관광명소의 GPS 좌표를 파악한 뒤 사용자가 그 관광명소 주변에 위치하면 명소에 대한 설명을 담은 UI를 띄우는 것이

증강현실로 오스트리아 관광을 안내하는
위키튜드 AR 여행 가이드

위키튜드 네비게이션

전부였다. 사용성은 불편했으나 서비스를 처음 접한 사람들은 신기해하며 발전하면 더 좋은 서비스를 제공할 수 있을 것이라 기대했다.

위키튜드 AR 여행 가이드 서비스를 시작한 위키 튜드는 박물관 등 교육산업이나 네비게이션에 증강현실을 접목하며 위치 기반 증강현실 사업을 이어갔고 대부분 성공했다. 위키튜드를 시작으로 위치 기반 증강현실 산업이 태동하자, 2010년 구글 직원인 존 행키가 나이앤틱Niantic Labs를 설립하고 위치기반 증강현실을 이용한 게임을 출시했다. 2012년 출시한 인그레스Ingress는 구글 지도Google map을 킨 뒤 현실 사물 좌표를 찍어 포탈을 만들며 영토를 확장하는 게임으로 위치 기반 증강현실 기술 자체를 게임으로 승화한 서비스이다. 인그레스 게임은 큰 주목을 받지는 않았지만, 참신한 아이디어로 인정받았다.

한편 세계적인 기업인 닌텐도는 포켓몬으로 할 수 있는 새로운 개념의 게임을 고민했다. 기획자 이와타 사토루와 이시하라 쓰네카츠는 나이앤틱의 인그레스 게임에 큰 영감을 받아 구글과 협력해 구글 지도 안 특정 좌표에 몬스터를 배치한 뒤 그 좌표 인근에 간 사람의 스마트폰으로 몬스터를 볼 수 있는 게임을 만들었다. 이는 '구글 지도 : 포켓몬 챌린지Google map: Pokémon challenge'라는 이름으로 잠깐 서비스되었다. 그리고 이 경험을 살려 게임성을 보완한 뒤, 2016년 세상에 포켓몬 고라는 이름으로 알렸다. 포켓몬 고는 구글 지도를 포켓몬 속 세상처럼 꾸며 삭막한 현실이 아닌 아기자기한 애니메이션 안에 있는 듯한 느낌을 제공했고 돌아다니며 몬스터를 찾고 수집하는 기능을 제공해 사람들에게 추억을 상기시켰다.

포켓몬 고는 위치 기반 증강현실 게임이라는 단순한 기술을 적용한 게임이었다. 하지만 포켓몬이라는 명작 애니메이션을 공유하는 사람들은 현실에서 애니메이션처럼 포켓몬을 즐길 수 있다는 것에 열광했다. 포켓몬을 아는 사람들은 모두 본인 스마트폰에 포켓몬 고를 설치한 뒤 몬스터를 찾아 밖을 돌아다니며 몬스터를 먼저 잡으려고 먼 거리를 이동하는 등 혈안이 되었다. 포켓몬 고의 대성공은 대중에게 증강현실 개념을 깊이 인식하고 증강현실 시장 규모를 크게 키웠다. 이에 기업과 연구소, 대학교에서 포켓몬 고를 모방해 박물관이나 유적지에 위치 기반 증강현실로 부가 정보를 제공하는 등의 서비스를 출시했다. 자동차

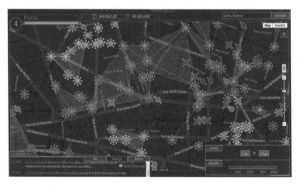

서로 포탈을 이용한 영토를 확장하며 경쟁하는 인그레스

포켓몬 챌린지 게임

기업은 자동차 유리창에 홀로그램을 띄워 길을 안내하는 HUD 기술을 선보였고 SNS 기업은 얼굴에 가상 이미지를 덧붙이는 증강현실 필터 서비스를 출시하며 사람들에게 재미를 제공했다.

그러나 스마트폰으로 증강현실을 서비스하는 것은 한계가 명확했다. 스마트폰은 2차원 화면이기에 3차원인 증강현실은 서로 호환이 되지 않아 증강현실을 이용하는 것이 불편했다. 특히 증강현실로 나온 가상 물체를 회전하려고 할 때 손이 2차원 평면인 스마트폰 액정에 막혀 직관적으로 만지고 이용할 수 없다는 치명적인 약점이 드러났다. 무엇보다도 이미 스마트폰 안에는 잘 만 작동하는 2차원 서비스가 많은데 굳이 불편하게 증강현실 서비스를 이용할 이유를 소비자에게 설명하지 못했다. 때문에, 계속 성장할 것 같던 증강현실 시장은 성장이 둔화하였고 사람들은 증강현실에 관심을 주지 않았다. 결국 스마트폰과 태블릿 PC로 증강현실을 구현하는 것은 한계가 명확하다는 것이 증명되었고 다시 원점으로 돌아가 완전한 3차원 호환 하드웨어로 3차원 소프트웨어를 이용하게 하는 것이 정답이라는 생각이 퍼졌다.

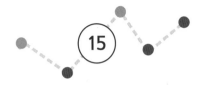

메타 퀘스트,
현실과 가상의 경계를 허물다

1992년 미국 캘리포니아에서 태어난 팔머 럭키는 어릴 때부터 전자기기를 발명하는 특이한 소년이었다. 그는 전자공학 분야에 재능이 있었으며 집에서 독학하며 레일건, 테슬라 코일 등 전자회로를 이용한 다양한 장치를 스스로 만들고 실험하며 놀았다. 그런 그는 전자공학에 대한 높은 이해도를 가졌고 캘리포니아 주립대학교에서 수학하며 더 큰 지식을 배웠다. 그의 꿈은 하나였다. 영화 〈매트릭스〉 〈공각기동대〉 〈토탈 리콜〉 등에 나오는 가상현실 장비를 실제로 만드는 것이었다. 그는 가상현실을 현실화하려면 가상현실에 적합한 새로운 장비가 필요하다고 생각해 2009년 친구와 함께 그동안 개발되었던 게임기들을 분해하

팔머 럭키의 첫 HMD, PR1

고 조립하며 게임기 원리를 이해했고 그 지식과 경험을 바탕으로 가상현실을 위한 장치에 도전했다.

청소년기 때부터 가상현실을 구현하는 꿈을 꾸고 계획을 차근차근 세운 팔머 럭키는 2009년부터 그의 꿈을 실현하기 위한 발걸음을 떼었다. 그는 가상현실을 구현하기 위한 장비는 반드시 머리에 쓰는 HMD여야 한다고 생각했고 사람에게 친화적인 HMD 개발에 몰두했다. 그는 생업을 위해 아이폰을 수리한 뒤 재판매하는 일을 하며 수익을 벌어들였고 근무시간 외에는 HMD 개발에 집중했다. 2009년 그는 PR1이라는 HMD를 개발했고 약 50대를 생산해 지인에게 사용하게 한 뒤 사용감을 피드백 받아 더 발전시켰다. 그는 2012년 본격적으로 오큘러스 VR를 설립해 인재를 고용하고 오큘러스 리프트를 개발했다.

또한 오큘러스 리프트 장비 안에 들어갈 게임을 고르기 위해 많은 게임사를 돌아다니며 영업했다. 그는 각 게임사에서 연 행사에 무조건 참석해 오큘러스 리프트를 알렸다. 그 결과 2012년 그는 모두에게 주목받는 유명 인사가 되었으며 초기 자금의 974%가 넘는 막대한 투자금을 유치했다. 그가 이런 성공을 거두자, 평소 가상현실에 관심을 가진 마크 저커버그 역시 그에게 관심을 보였고 2014년 오큘러스 VR를 인수했다. 그리고 사명을 오큘러스로 바꿔 페이스북의 자회사로 배치했다.

오큘러스는 페이스북의 전폭적 지원으로 우수한 성능을 가진 HMD를 연구했고 2020년 오큘러스 퀘스트 2를 출시했다. 오큘러스 퀘스트 2는 더 높은 해상도를 통해 사용자들은 더욱 선명하고 몰입감 있는 VR 경험을 즐길 수 있었다. 오큘러스 퀘스트 2는 별도의 센서나 컴퓨터 없이도 동작하는 독립형 기기이며, 합리적인 가격 덕분에 대중적으로 큰 인기를 끌었다. 또 핸드 트래킹 기능을 추가해 컨트롤러 없이도 손을 사용해 가상 세계와 상호작용할 수 있게 하여, 사용자 경험을 한층 향상했다.

이후 2022년에 출시된 오큘러스 퀘스트 프로는 전문가와 기업 시장을 겨냥한 고급 모델로, 혼합현실 경험을 제공하는 데 중점을 두었다. 오큘러스 퀘스트 프로는 향상된 디스플레이, 더 나은 핸드 트래킹, 그리고 정교한 페이스 트래킹 기능을 제공하여, VR 회의, 디자인, 교육 등 다양한 전문적인 응용 프로그램에서 높은 평가를 받았다. 다만, 높은 가격은 일반 소비자보다는 주로 전문가와 기업 고객층을 대상으로 했다.

그리고 2023년 페이스북은 메타로 사명을 바꾼 후 메타 퀘스트 3라는 신제품을 출시했다. 메타 퀘스트 3는 퀘스트 2와 퀘스트 프로의 강점을 결합하면서 더 혁신적인 기능을 탑재했다. 퀘스트 3는 더 빠르고 정교한 그래픽 렌더링과 처리 속도를 구현해, 복잡한 VR 및 AR 애플리케이션을 원활하게 실행했고, 팬케이크Pancake 렌즈를 통해 시야각을 확장하고 왜곡을 줄였다. 또 디자인 측면에서 퀘스트 3는 더 얇고 가벼워져 착용감을 크게 향상했다.

무엇보다도 메타 퀘스트 3는 깊이 센서를 적용해 주변 환경을 정밀하게 인식하는 컬러 패스스루Passthrough 를 지원함으로써, 기능은 현실세계를 선명하고 자연스럽게 보여줘 가상과 현실을 매끄럽게 융합하는 혼합현실 경험을 제공했다. 덕분에 사용자는 현실 세계를 생생하게 보면서 가상 객체를 정확하게 배치하고 손의 움직임을 정교하게 추적하는 핸드 트래킹 덕분에 자연스러운 손 제스처로 가상 물체를 직관적으로 조작할 수 있었다. 이 덕분에 사용자들은 현실을 그대로 보며 가상을 추가해 현실과 가상이 한때 어우러진 혼합현실을 생생하게 경험할 수 있었다.

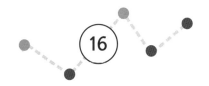

애플 비전 프로,
공간 컴퓨팅을 제시하다

2023년 메타가 메타 퀘스트 3를 출시하며 혼합현실을 주도하자, 애플은 2024년 애플 비전 프로를 출시하며 공간 컴퓨팅 Spatial Computing 이라는 개념을 제시했다. 공간 컴퓨팅은 디지털 콘텐츠를 물리적 공간에 자연스럽게 통합하여, 사용자가 현실세계와 디지털 세계를 자유롭게 넘나들 수 있게 하는 개념이다. 애플 비전 프로는 사용자가 물리적 공간을 디지털 인터페이스로 바꾸어, 가상 객체와 상호작용할 수 있는 새로운 컴퓨팅 패러다임을 제공했다.

이 개념은 기존의 2D 화면 기반 컴퓨팅과 달리, 3D 공간에서의 상호작용을 중심으로 하며, 사용자가 직접 손과 눈, 음성 명

손의 제스처로 화면을 클릭하고 만지는 메타 퀘스트 3

령을 통해 자연스럽게 디지털 환경을 조작할 수 있다. 애플 비전 Pro는 이를 통해 사용자가 디지털 객체를 현실 공간에 배치함으로써, 다중 작업을 동시에 수행하며, 새로운 방식으로 콘텐츠를 소비하고 창작할 수 있음을 약속했다.

그리고 애플은 하드웨어와 소프트웨어 모두 담당하는 기업답게 애플 비전 프로에 강력한 하드웨어 성능을 부여하여, 고품질 혼합현실 경험을 제공했다. 애플의 M2 칩과 R1 칩을 장착하여, 실시간으로 방대한 양의 데이터를 처리하며, 높은 성능을 유지해 지연 없이 사용자의 손과 눈, 음성 명령을 정확하게 인식하고 반응하게 했다. 디스플레이 측면에서, 비전 프로는 고해상도 마이크로 OLED 디스플레이를 사용하여 각각의 눈에 4K 이상의 해상도를 제공함으로써 사용자들은 선명하고 몰입감 있는 시각적 경험을 누릴 수 있으며, 텍스트 가독성도 뛰어났다.

그 때문에 현실 공간이 보이지만 약간 해상도가 떨어짐이 티가 난 메타 퀘스트 3와 달리, 애플 비전 프로는 진짜 현실에 가상이 추가된 듯한 느낌을 제공했다. 또한 비전 프로는 우수한 핸드 트래킹 기술과 깊이 감지 센서, 고해상도 이미지를 혼합해 사용자가 가상 물체를 손으로 잡아 현실 공간에 배치하고 업무를 처리하거나, 게임을 즐기거나, 미디어 콘텐츠를 시청할 수 있는 혼합현실 경험을 제공하며, 사용자를 현실세계와 가상세계를 자유롭게 넘나들 수 있게 했다.

또한 애플은 사용자 경험을 매우 중시했기에, 애플 비전 프로는 직관적인 인터페이스와 자연스러운 상호작용 방식을 제공해 사용성을 극대화했다. 사용자는 손 제스처, 눈의 움직임, 음성 명령 등 다양한 상호작용 방법을 통해 기기를 조작할 수 있으며, 이를 통해 물리적 컨트롤러 없이도 다양한 작업을 수행할 수 있었다. 또한 애플의 생태계와 깊이 통합되어 있어, 아이클라우드를 통해 여러 기기 사이에 데이터를 동기화하거나, 맥, 아이폰, 아이패드 등과의 연결을 쉽게 해 맥의 화면을 공간에 띄우고 이용하고 추가한 내용을 맥에 그대로 연결하는 등 장비 간 우수한 호환성을 자랑했다.

그러나 애플 비전 프로는 애플이 최초로 개발한 HMD이었기에 착용성은 메타의 메타 퀘스트 3보다 좋지 않았으며 무엇보다도 가격이 너무 비싸 진입장벽이 너무 높았다. 또한 애플은 폐쇄형 생태계를 고집했기에 막 등장한 혼합현실에 맞는 소프트웨어가 부족했다. 반면, 메타는 공개형 생태계를 제공해 누구나 쉽게 소프트웨어를 만들어 생태계에 추가하게 허용했기에 이용할 소프트웨어는 메타가 애플보다 압도적으로 많았다. 이 때문에, 애플 비전 프로는 큰 기대를 받았지만 이내 큰 실망을 받았고, 메타 퀘스트 3가 차지한 혼합현실 강자 지위를 얻지 못했다. 그러나 애플 비전 프로는 공간 컴퓨팅이라는 혼합현실의 중요한 개념을 제시했다는 큰 의의를 가지고 있다. 그리고 이 개념을 받아들여 얼굴 전체를 감싸는 HMD가 아닌 완전히 새로운 형태로 발전을 준비하고 있다.

뷰직스, 스마트 안경의 시초

HMD는 가상현실과 증강현실 경험을 제공하는 대표적인 장치로, 몰입감 있는 경험을 제공하지만 크고 무거워 장시간 착용 시 불편함을 초래하고, 얼굴 전체를 완전히 덮어 사용자의 시야를 차단해 버려 이동 시 필연적으로 불편하다. 이 때문에 HMD는 실생활에서 사용하기에는 부적합해 일상에 가까이 하기에는 상당히 어려운 장치이다. 그래서 매직 립과 화웨이 VR 글래스가 HMD 두께를 줄이는 등 노력을 가했지만, 여전히 뭔가 아쉬웠다. 그래서 확장현실 기술을 개발하는 업체는 다른 장치로 눈을 돌렸는데, 그것이 바로 안경이다. 안경에 확장현실 기능을 추가한 스마트 안경은 새 확장현실 장치로 주목받았다.

뷰직스 스마트 안경

　스마트 안경은 가벼운 무게와 안경과 유사한 디자인으로 착용감을 크게 개선했으며, 사용자의 시야를 방해하지 않으면서도 필요한 정보를 증강현실 형태로 제공할 수 있다. 이는 이동 중에도 안전하게 사용할 수 있게 하며, 일상생활에서도 자연스럽게 착용할 수 있는 장점을 제공한다. 특히 스마트 안경은 산업 현장, 물류, 의료 등 다양한 분야에서 효율성을 높이고 생산성을 증대시키는 도구로 활용될 수 있다. 무엇보다 스마트 안경은 야외에서 생활하는데 지장이 거의 없어 일상에서 보편적으로 사용할 수 있는 장치로 주목받았다. 그리고 이를 먼저 보고 스마트 안경에 뛰어든 기업이 있다. 바로 뷰직스 코퍼레이션Vuzix Corperation 이다.

　뷰직스 코퍼레이션은 1997년 폴 트래버스Paul Travers 에 의해 설립되었다. 초기에는 군사 및 항공우주 분야에서 고급 디스플레이 기술을 개발하는 데 중점을 두었으며, 이 기술들은 주로 군사적 용도나 전문적인 환경에서 사용되었다. 그러나 시간이 지나면서 뷰직스는 이러한 디스플레이 기술을 상용화하고 더 넓은 시장에 적용할 수 있음을 보았다. 특히 웨어러블 컴퓨팅과 증강현실 기술이 발전하면서, 뷰직스는 이 분야에서 선도적인 역할을 할 수 있는 기회를 얻었다.

뷰직스는 2010년대 증강현실이 주목받자, 이를 주목하고 자사 기술을 발전시켜 스마트 안경이라는 새로운 형태의 제품으로 시장에 도전했다. 뷰직스의 스마트 안경은 처음에는 주로 산업용 및 상업용 애플리케이션을 대상으로 하였으며, 특히 두 손이 자유로운 상태에서 정보를 제공할 수 있는 도구로의 가능성에 집중했다. 그래서 뷰직스는 물류, 제조, 의료 등 다양한 분야에서 스마트 안경을 착용하면 두 손이 자유로운 상태로 실시간 정보를 받을 수 있다는 점을 강조해 뷰직스 스마트 안경을 널리 퍼트렸고 시장에서 중요한 위치를 차지했다.

뷰직스는 설립 이후 여러 모델의 스마트 안경을 출시하며 꾸준히 기술을 발전했다. 2013년에 출시된 뷰직스 M100은 안드로이드 기반의 스마트 안경으로, 초기 산업용 애플리케이션에서 긍정적인 평가를 받았다. 이어 2017년에 출시된 뷰직스 M300 시리즈는 성능과 디자인에서 큰 개선을 이루며, 다양한 산업현장에서 사용되었다. 2018년에는 일반 소비자와 상업용 시장을 모

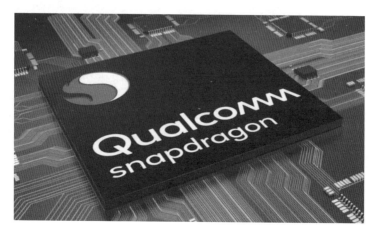

퀄컴 스냅드래곤

두 겨냥한 뷰직스 Blade를 출시했는데, 이 모델은 투명한 웨이브 가이드 디스플레이를 통해 사용자가 주변 환경을 보면서도 정보 오버레이를 확인할 수 있는 기능을 제공했다. 뷰직스 M400 시리즈는 2019년에 출시되었으며, 퀄컴 스냅드래곤Qualcomm Snapdragon XR1 플랫폼을 기반으로 하는 강력한 성능을 자랑함으로써 원격 지원, 제조, 물류 등 다양한 산업군에서 사랑받았으며, 투명한 웨이브가이드 디스플레이를 탑재한 M4000 모델로 더 향상된 증강현실 경험을 제공했다.

이렇게 뷰직스의 스마트 안경은 주로 산업용 및 상업용 시장에서 좋은 평가를 받고 있다. 특히 내구성과 사용 편의성, 성능 면에서 강점을 보이며, 원격 지원과 같은 산업 애플리케이션에서 탁월한 효율성을 발휘한다. 일반 소비자용 제품의 경우, 높은 가격과 제한된 기능성 때문에 대중적인 인기를 얻는 데는 일부 한계가 있었으나, 장애인을 위한 인체공학 보조기기로 주목받으며 대중에 조금씩 퍼졌다. 뷰직스는 증강현실 기술을 활용한 작업환경 개선과 생산성 향상에 이바지하는 제품으로 인정받았으며, 장애인 보조기기를 시작으로 대중을 위한 지속적인 기술혁신을 통해 시장에서의 입지를 키우고 있다.

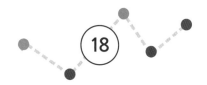

엑스리얼,
현실에 가상을 덧입힌 안경

　마이크로소프트, 매직 립, 뷰직스 등 증강현실을 구현하는 스마트 안경 기업보다 훨씬 늦은 시기에 설립된 엔리얼 Nreal 은 베이징에 설립된 스타트업이었다. 엔리얼은 홀로렌즈처럼 현실의 모습은 사람이 직접 눈으로 보되 증강현실로 구현할 가상 물체는 카메라 센서가 현실의 상을 본 뒤 거기에 홀로그램으로 가상 물체를 덧입혀 사람 눈으로 전송하는 방법을 선택했다. 이는 홀로렌즈와 동일한 개발 방향이지만, 홀로렌즈와 엔리얼의 차이점은 머리 전체를 덮는 HMD인 홀로렌즈와 달리 엔리얼은 진짜 안경을 만든다는 점이었다.

　다시 말해 엔리얼이 추구한 모델은 안경처럼 렌즈와 코걸이,

엔리얼 라이트는 안경 위에서 디지털 화면을 빛으로 쏘면
두꺼운 프리즘에 홀로그램을 생성하는 원리로 작동했다

2020년 LG U+에서 AR 글래스로 판매된
Nreal Light

다리가 전부인 작고 가벼운 전자기기였다. 그 모델로 홀로그램
을 구현하기 위해 엔리얼은 안경 렌즈 위에 디스플레이를 설치
해 디스플레이의 빛을 아래로 전송한 뒤 삼각형 모양의 두꺼운
프리즘으로 빛을 나눠 서로 충돌시키며 렌즈에 홀로그램을 구현
하는 것으로 증강현실을 구현했다.

엔리얼은 2019년 자체 개발 광학렌즈로 홀로그램을 생성하는
기술을 활용해 엔리얼 라이트Nreal Light 라는 제품을 CES 2019에
공개했다. CES 2019에서 엔리얼 라이트는 누구나 부담이 없이
사용할 수 있는 최고의 증강현실 장비로 주목받았다. 대한민국
의 LG U+ 역시 엔리얼 라이트에 주목했으며, 2020년 엔리얼 라
이트와 LG U+가 계약을 체결해 대한민국에서 AR 글래스라는
이름으로 판매했다.

그러나 엔리얼 라이트는 스마트폰과 유선으로 연결한 뒤 스마트폰을 리모컨 삼아 버튼을 클릭하며 이용해야 한다는 불편한 점이 있었다. 그리고 스마트폰과 연결이 끊기면 엔리얼 라이트 안경 자체를 이용하지 못했다. 더불어 좁고 흐린 시야각과 빠른 배터리 방전 역시 엔리얼 라이트를 이용하는 사람들에게 불편함을 안겼다. 결국 엔리얼 라이트는 대한민국에서 소비자에게 외면받았고 2022년 LG U+는 AR 글래스 사업을 철회해야 했다.

LG U+에서 AR 글래스로 판매된 엔리얼 라이트는 혹평받았지만, 완전한 안경에 증강현실을 추가한 세계 최초의 상용 제품이라는 점에서 엔리얼 라이트는 세간의 주목을 받았다. 미국과 중국의 많은 대기업과 투자처들이 엔리얼에 투자했고, 엔리얼은 엔리얼 라이트의 부족한 시야각을 개선해 엔리얼 에어 Nreal air 를 개발했다. 그리고 2022년 일본에 엔리얼 에어를 출시하며 모두가 꿈에 그린 진정한 증강현실 실현할 기업임을 과시했다.

2023년에는 확장현실 eXtended Reality 을 이룩하겠다는 포부를 담아 사명을 엑스리얼 Xreal 로 변경하고, 엔리얼 라이트를 개량해 엑스리얼 에어 2를 공개했다. 엑스리얼 에어 2는 스마트폰을 포함해 전용 빔 장비, 엑스박스 Xbox 게임패드, 닌텐도 게임기 등 다양한 장치와 무선 연결하는 기능으로 발전하며 사용성을 더욱 발전시켰다. 엑스리얼은 2023년 엑스리얼 에어 2와 엑스리얼 에어 2 프로를 출시하며 본격적으로 세계 시장에 판매했다.

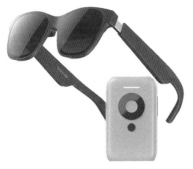

엑스리얼 에어 2

엑스리얼 에어 2 프로로 보는
증강현실 화면

엑스리얼은 언제 어디에서나 안경만으로 유튜브나 넷플릭스를 볼 수 있으며 닌텐도 게임기나 엑스박스 게임패드, 스마트폰을 무선 연동하면 손으로 게임기를 만지며 게임하고 눈은 안경으로 보이는 화면을 보며 게임할 수 있음을 강조했다. 특히 엑스리얼 에어 2 프로는 더 넓은 시야각을 제공해 사람들이 더 큰 화면으로 영상과 게임을 즐길 수 있게 했다. 엑스리얼은 엑스리얼 에어 2와 엑스리얼 에어 2 프로를 세계에 판매하며 가장 유망한 기업 증강현실 기업으로 주목받았지만 여기서 멈추지 않았다.

2024년 CES 2024에서 엑스리얼은 엑스리얼 에어 2 울트라라는 신제품을 발표했다. 엑스리얼 에어 2 울트라는 기존 엑스리얼 에어 2보다 더 넓은 시야각을 제공하고 더 세련된 디자인으로 무장해 밖에서도 사용할 수 있는 선글라스형 증강현실 안경임을 부각했다. 또한 엑스리얼 에어 2 울트라는 핸드 트래킹 기술이 적용되어 손으로 증강현실 사물과 상호작용할 수 있게 했다. 엑스리얼 에어 2 울트라는 핸드 트래킹 기술 덕분에 스마트폰에서 한층 더 독립하며 사용자가 편리하고 직관적으로 엑스리얼 에어 2 울트라를 이용할 수 있게 되었다.

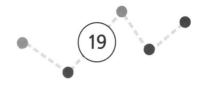

NPU, 기계의 뇌가 될 칩

초기 컴퓨터는 복잡한 연산을 처리하는 CPU가 컴퓨터의 핵심 소자로 GUI가 등장하자 GUI를 구현하는 연산도 CPU로 처리했다. 그러나 1990년대 컴퓨터 그래픽 기술이 발전하며 고화질의 3차원을 구현해야 하자 CPU로는 무리였다. 그래서 단순하나 방대한 그래픽 연산만 처리하기 위해 소자를 병렬 배치해 병렬 연산하는 GPU를 개발했다. 덕분에 CPU는 복잡한 핵심 연산에만 집중하고 그래픽 연산은 GPU만 담당하는 식으로 분업이 이루어졌고 그래픽은 눈부시게 발전했다. 그리고 이 GPU을 선도한 기업이 있었다.

여러 마이크로프로세서를 설치해 단순하지만 많은
계산을 병렬 연산하게 한 초기 GPU 모델

NVIDIA 시대를 연 GeForce 256

AMD의 연구원인 젠슨 황, 커티스 프리엠, 크리스 말라코스키 세 사람은 1993년 AMD에서 나와 NVIDIA를 설립하고 GPU 사업을 시작했다. 1999년 상반기 NVIDIA는 RIVA TNT2를 출시하고 하반기에 GeForce 256을 출시하며 GPU 강자로 성장했다. 그럼에도 NVIDIA는 GPU 절대 강자 자리를 지키기 위해 개발을 멈추지 않았던 젠슨 황은, GPU를 단순히 그래픽만 연산하는 장치에서 멈추는 것이 아닌 간단한 연산이라면 모두 스스로 할 수 있는 반도체 칩으로 발전시키자는 아이디어를 냈다.

그래서 연산을 담당하는 SM Streaming Multiprocessor 을 엄청나게 많이 모아둔 GPGPU를 개발했다. 그리고 이 GPGPU는 인공지능이라는 곧 무대를 만났다. 2022년 스테이블 디퓨전 등 생성형 인공지능이 등장하자, 사람들은 인공지능을 파인 튜닝하며 이용하려고 했다. 그러기 위해서는 방대한 데이터를 학습시키고 결과물을 출력시키는 GPGPU가 꼭 필요했고 GPGPU를 유일하게 생산하는 NVIDIA의 GPGPU 수요가 폭증했다. NVIDIA는 2022년 생성형 인공지능 시대의 주역으로 부상했고 그 어떤 기업도 NVIDIA의 독주를 막을 수 없었다.

한편 챗GPT로 세계를 장악한 마이크로소프트는 챗GPT를 웹사이트에 올려 사람들이 이용하게 했다. 문제는 챗GPT는 인터넷 연결이 된 상태에서만 이용할 수 있었기에 인터넷이 끊기면 이용할 수 없었다. 또 네트워크로 사용자 컴퓨터와 챗GPT를 연결해 두 사이를 통신해야 하므로 응답속도의 지연이 필연적이었다. 이는 사람들에게 불편함을 안겼고 마이크로소프트를 비롯한 기업들은 생성형 인공지능의 느린 응답속도 문제를 해결해야 했다. 해결하는 방법은 간단하다. 사용자가 이용하는 장치에 인공지능을 넣으면 장치 안에서 인공지능이 판단하고 응답하기에 응답 속도가 지연되지 않고 네트워크 연결이 안 되어도 이용할 수 있었다.

이렇게 장치 안에 인공지능을 탑재하는 법이 주목받았고 이에 따라 인공지능만 전문적으로 연산하는 반도체 칩인 NPU의 필요성이 대두되었다. CPU가 그래픽도 처리할 때 GPU가 그래픽만 처리하기 위해 탄생했듯이, GPU가 인공지능도 처리할 때 인공지능만 처리하는 NPU가 필요해진 것이다. 그래서 반도체 기업들은 생성형 인공지능이 등장하자 빠르게 NPU 개발에 박차

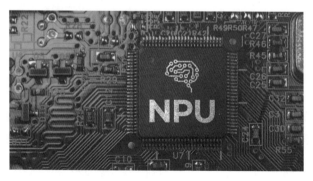

인공지능만 담당하는 NPU

를 가했다.

인공지능 구조에 대한 연구가 성숙하면서 GPU보다 더 좋은 인공지능 전용 반도체 구조를 새로 설계하고 있다. 마이크로소프트는 애저 마이아_{Azure MAIA}를 개발하며 독자 NPU 기술을 보유하려고 하고 있으며, 삼성전자는 엑시노스_{Exynos} 9820을 독자 개발한 뒤 갤럭시 S24에 탑재해 외국어를 실시간으로 번역하는 서비스를 제공하고 있다. 애플도 A14 등 애플 독자개발 NPU를 출시하며 인공지능 시대에 뒤떨어지지 않겠다는 의지를 보여주었다.

한편 2024년 오픈AI의 GPT를 탑재해 생각하고 행동하는 피겨_{Figure} 01 로봇이 등장하며 NPU가 도입된 미래를 미리 보여줬다. 사고 현장에 투입되는 로봇 등 상황이 예측 불가능하고 통신이 어려운 위험천만한 임무에서, 로봇이 스스로 사고하고 적

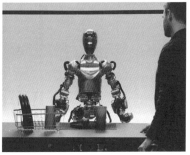

삼성전자는 자체 개발한 엑시노스
9820을 갤럭시 S24에 탑재해 통화 자동 번역
서비스를 제공한다

오픈AI를 탑재해 스스로 상황을
판단하고 행동하는 피겨 01

절하게 행동할 수 있도록 로봇을 위한 NPU에 대한 연구가 진행
되고 있다. 이처럼 생성형 인공지능이 일상에 침투한 지금 반도
체 기업들은 NPU를 개발하려고 경쟁하고 있다. NPU를 개발하
기는 쉽지 않지만 그만큼 사람들이 자주 사용할 미래 핵심 기술
이기에 기업들은 NPU에 사활을 걸고 있다. 그리고 더 작고 가벼
워지며 성능이 좋아지는 NPU는 우리 옆에 인공지능이 있는 시
대를 열 것이다.

NUI, 기계에 센스를

　스마트폰을 비롯한 IT가 인간의 일상에 깊이 뿌리내리면서, 인간과 기계 간의 상호작용 방식도 점점 더 자연스러워져야 하는 필요성이 대두되었다. 전통적인 키보드와 마우스 기반의 사용자 인터페이스는 여전히 널리 사용되지만, 이 방식은 직관적이지 않으며, 특정 상황에서는 불편했다. 그래서 기존 인터페이스는 한계를 가진 접근성 문제나 사용자의 편의성을 고려할 때, 더 자연스러운 사용자 인터페이스가 필요했고 새로 개발되고 있다. 이는 자연 사용자 인터페이스Natural User Interface, 줄여서 NUI로 불리고 있다. NUI는 사용자가 별도의 학습 없이도 본능적으로 이해하고 사용할 수 있는 직관적인 인터페이스를 제공하는 것을

인간의 신체적 반응을 인식하는 NUI

목표로 한다. 그래서 NUI는 인간의 음성, 시선, 제스처 등의 자연스러운 신체적 반응을 인식하여 기기를 제어할 수 있도록 해 인간과 기술 간의 상호작용을 더욱 원활하게 만들고 있다.

이 NUI는 자연스러움을 추구하기에 인간의 감각과 행동을 총동원한다. 때문에 NUI에는 다양한 하위 기술이 포함되며, 대부분 음성 사용자 인터페이스Voice User Interface, 약칭 VUI, 아이 트래킹 Eye Tracking, 그리고 제스처 인식 Gesture Recognition이 널리 연구되고 사용되고 있다. 특히 VUI는 사람과 대화하듯이 말로 상호작용할 수 있어 주목받은 NUI이다.

VUI는 사용자가 음성을 통해 기기를 제어할 수 있게 해주는 기술이다. 이 기술은 사용자가 손을 자유롭게 사용할 수 없거나, 빠르게 명령을 실행해야 하는 상황에서 특히 유용한 기술로 사람과 사람끼리 대화하듯이 기계와 대화하며 소통할 수 있다는

477

큰 매력을 가지고 있다. 그래서 VUI는 오래 전부터 생각되었으며 시도된 상호작용 기술이다. VUI 연구 개발은 1950년대로 거슬러 가는데 1950년대 벨Bell 의 오드리AUDREY 시스템과 IBM의 슈박스Shoebox 는 초기 음성 인식 기술의 시초였다. 이후 더 많은 연구를 통해 1990년대에 IBM의 비아보이스ViaVoice 와 드래곤 시스템Dragon Systems 의 드래곤 내츄럴 스피킹Dragon Naturally Speaking 과 같은 상용 VUI 탑재 소프트웨어가 등장하며, 일반 사용자들도 VUI를 접할 수 있게 되었다. 그리고 컴퓨터 시대에서 스마트폰 시대로 넘어가며 VUI는 더 큰 위력을 발휘했다. 2011년 애플은 시리Siri 를 발표하며 VUI를 본격적으로 알렸고, VUI는 대중화의 길을 열었다. 시리는 음성 인식과 자연어 처리를 결합하여 사용자가 자연스럽게 기기를 제어할 수 있는 환경을 제공했다. 다시 말해 사용자가 한 자연스러운 말을 이해하고 이에 맞게 행동하는 것이 가능해진 것이다.

이어서 구글의 구글 나우Google Now 와 아마존의 알렉사Alexa , 삼성전자의 빅스비Bixby 가 등장하고 기타 사물 인터넷 장비에도 VUI가 추가되어 집에서 오직 말로 사물을 조작할 수 있게 되었다. 이렇게 VUI는 스마트폰과 스마트홈의 필수 기술로 자리를 잡았다. 최근에는 딥러닝과 클라우드 컴퓨팅 기술의 발전으로 VUI의 정확도가 크게 향상되었으며, 다양한 언어와 방언을 지원할 수 있게 되었다. 앞으로 VUI는 정서 인식과 예측 기능을

드래곤 내츄럴 스피킹 프로그램

구글 나우

아마존 알렉사

삼성전자 빅스비

추가하며 인간을 더 잘 이해하는 좋은 인터페이스가 될 것이다.

이외에도 아이 트래킹은 사용자의 시선을 추적하여, 사용자가 화면의 어느 부분을 보고 있는지를 파악하는 기술로 사용자는 손을 사용하지 않고도 화면의 특정 지점을 선택하거나, 기기를 제어할 수 있다. 이는 특히 확장현실에서 높은 사용성을 제시해 확장현실에 맞는 새 상호작용으로 주목받고 있다. 이는 사용자의 손으로 취하는 몸짓을 인식하는 핸드 트래킹이나 몸 전체의 자세를 인식해 제어하는 제스처 인식 기술도 포함된다.

이렇게 여러 방면에서 발전하는 NUI는 앞으로 다양한 산업과 일상생활에서 중요한 역할을 하게 될 것이다. 지금 NUI는 장애가 있는 사용자들에게 더 나은 접근성을 제공하고 있으며, 다양한 환경에서 효율성을 높이기에 보조공학 장치로 활발하게 연구되고 있다. 또한 장애라는 특정 상황을 넘어 누구나 편하게 사용하는 기술이 되고 있다. 이는 우리의 일상을 더 편리하게 할 것이며 기계와 인간 사이의 친밀감을 높여 기계까지 포용하는 사회로 이끌 것이다.

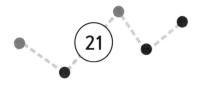

홀로그램 광학렌즈,
스마트 안경의 눈

인류는 본래 빛과 물체와 부딪히고 되돌아가는 두 빛이 만나면 간섭효과가 일어나 똑같은 상이 여러 개 겹쳐 3차원으로 보이는 효과를 발견했다. 이 현상이 홀로그래피로 연구자들은 레이저처럼 파동과 위상이 균일한 빛으로 홀로그래피를 구현할 수 있음을 확인했다. 그리고 1968년 스티븐 벤턴은 물체와 동일한 상을 가진 빛을 아주 작은 틈을 가진 슬릿을 통과시켜 시차를 조정하는 레인보우 홀로그램 기법을 개발해 선명한 홀로그램을 구현했다. 이에 따라 박물관이나 미술관 등에 홀로그램 전시를 하며 상용화를 시도하고 기술을 발전시켰다. 덕분에 홀로그램은 더욱 선명해졌고 홀로그램은 우리 일상으로 다가왔다.

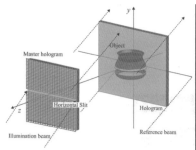

좁은 틈을 가진 슬릿으로 빔을 쏴
간섭무늬를 형성하는 레인보우 홀로그램

레인보우 홀로그램으로 만든 비둘기

　홀로그램으로 증강현실을 구현하려고 한 마이크로소프트의 홀로렌즈 연구원들은 홀로그램 디스플레이를 그대로 안경에 넣을 수 없었기에 홀로그램을 구현하는 작은 렌즈 각도를 연구했다. 그렇게 홀로렌즈는 완만한 곡선을 형성해 빛을 두 개로 나눠 간섭 현상을 일으켜 증강현실을 구현했다. 또한 빨간색, 초록색, 파란색의 빛을 받으면 그 빛을 모은 뒤 적절한 세기로 빛을 굴절, 반사 시켜 적절한 위치에 간섭효과를 일으키는 작은 칩 MEMS display를 개발해 작고 가벼운 장치로 홀로그램을 형성했다. 이는 HMD 등 사람 머리에 쓰는 기기에 충분히 넣을 수 있을 정도로 작고 가벼운 칩으로 홀로그램을 이용한 증강현실 기기 발전이 본격적으로 시작되는 핵심 기술이었다.

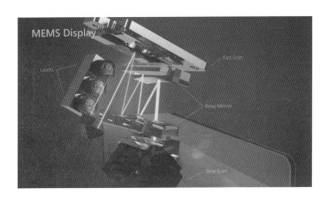

홀로렌즈는 MEMS 디스플레이로 홀로그램을 구현한다

한편 엑스리얼은 안경에 MEMS 디스플레이display 처럼 좋은 고사양의 홀로그램 디스플레이를 설치할 수 없어, 45도 각도의 홀로그램 디스플레이를 작게 만드는 방법을 선택했다. 엑스리얼은 안경 광학 렌즈 자체를 홀로그램을 구현하기 위한 렌즈로 개량했고 이에 성공하며 일반 안경 같은 증강현실 안경을 구현했다. 하지만 엑스리얼의 홀로그램 광학 렌즈는 45도 각도의 필름을 추가해 일반 안경보다 두껍다는 문제가 있었다.

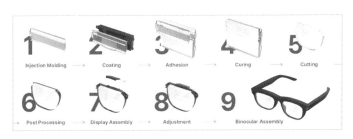

정교한 광학렌즈 제작과정이 필요한 레티널의 기술

디지렌즈 아르고

2016년 설립된 대한민국의 스타트업 레티널LetinAR 은 두꺼운 광학 렌즈를 문제점으로 파악했고 렌즈가 두꺼워지게 하는 원흉인 거울과 스플린터를 아예 광학 렌즈 안에 넣어버리자는 아이디어를 냈다. 그래서 광학 렌즈로 디스플레이가 빛을 쏘면 렌즈 안에서 빛이 반사되다 홀로그램을 형성하게 하려고 했다. 이를 위해서면 정교한 초점 맞추기가 필요했고 수많은 도전 끝에 정교하게 초점을 맞춘 거울과 스플린터에 유리를 덮어 광학 렌즈를 구현한 뒤 렌즈를 절삭하고, 그 주위를 디스플레이로 덮는 기술을 개발했다. 그야말로 안경 알 안에 홀로그램 디스플레이를 넣는 기술로 안경 두께 자체가 일반 안경처럼 얇아졌다. 레티널의 기술은 스마트 안경의 핵심 기술로 인정받았다.

미국의 디지렌즈DigiLens 는 안경 렌즈 가장자리에서 빛을 쏴 빛이 렌즈 내부에서 사선으로 반사되며 홀로그램을 형성하는 방법을 택했다. 디지렌즈는 독자 기술을 적용해 아르고Argo 등 여러 스마트 안경을 개발했고 렌즈에 아무런 이물질도 보이지 않게 해 선명하고 깔끔한 안경 렌즈를 기업의 핵심 기술로 내세우고 있다. 한편 메타는 2022년 3D 프린팅 기법으로 렌즈를 정교하게 제조하는 기술을 보유한 네덜란드의 럭세셀Luxexcel 을 인수했다. 이는 레이–밴으로 스마트 안경 산업에 뛰어들려고 하는 메타가 반드시 가져야 하는 기술로, 메타는 럭세셀 기술을 얻어 스마트 안경 독자개발을 할 수 있는 기반을 마련했다. 이렇게 메타Meta 는 증강현실 핵심 기술을 하나씩 얻으며 미래의 증강현실 시장을 장악할 준비를 하고 있다.

SF 영화에 나오는 증강현실 기술은 2010년대까지만 해도 그저 상상의 기술로 여겨졌지만, 일부는 그 기술을 실현하려는 꿈을 품었다. 그리고 안경에 홀로그램이 떠 사용자에게 허공에 홀로그램이 뜨는 듯한 경험을 제공하는 방향으로 이를 실현하고 있다. 덕분에 2010년대 말 많은 증강현실 안경이 등장하고 지금도 발전하며 세상은 증강현실 세계에 더 가까워지고 있다.

메타버스,
현실에 융화될 디지털 공간

　지금까지의 디지털은 2차원인 모니터에서 2차원 정보를 출력하는 형태였다. 또한 모니터 안 디지털은 모니터 밖 현실과 연결되지 못하고 고립되었다. 다시 말해 현실과 디지털은 서로 단절된 것이다. 다행히 우리는 2007년 일본 애니메이션 〈전뇌코일〉로 현실과 디지털의 융합을 엿볼 수 있다. 〈전뇌코일〉은 증강현실 안경인 전뇌안경이 막 출시된 모습을 그린 애니메이션으로, 아이들은 수업할 때와 밖에서 친구들과 놀 때 전뇌안경을 끼며 원하는 정보가 있으면 허공에 증강현실을 바로 띄워 보고 손으로 조작하며 이용한다. 이는 현실의 삶을 살며, 필요할 때 앞에 바로 디지털을 추가하고 이용하며 필요가 없어지면 다시 디지털

전뇌안경이라는 스마트 안경이 현실화된 시점을
다룬 〈전뇌코일〉

을 숨기는 모습을 보여준다. 다시 말해 디지털이 현실의 일부가 되는 것이다. 현실로 여겨지는 아날로그이던 가상으로 여겨지는 디지털이던 모두 '우리의 현실'이 되는 것이다.

2020년 코로나 19로 인류는 비대면 생활을 강요받았고 인류는 비대면 시대에 맞는 새로운 세계를 생각했다. 미국은 여러 세계가 융합된 세계라는 뜻의 메타버스Metaverse 로 명명했고, 중국은 이를 공간이 여러 개 섞인다는 뜻으로 위안위저우元宇宙 로 번역했다. 초기의 메타버스는 가상현실을 통한 공간적 초연결을 의미했으며, 메타는 호라이즌 월드Horizon Worlds 를 서비스하면서 메타버스를 실현하려고 했다.

하지만 다양한 기술적 한계와 불편함, 이용해야 할 이유를 제시하지 못한 문제에 직면했고 별다른 신드롬을 일으키지 못

메타버스를 실현하려고 했으나 기술적 문제점과
불편함으로 실패한 호라이즌 월드

코로나 19 시대에 메타버스로 주목받은
제페토

했다. 제페토ZEPETO 등 기타 메타버스 서비스도 2020년에는 잠깐 유행했지만, 현실보다 더 좋은 점을 제시하지 못했다. 결국 메타버스라는 이름을 내세운 서비스는 이를 이용할 이유를 이해시키지 못했으며 2022년 코로나 19 종식과 함께 무너졌다. 그러나 이는 오히려 중구난방이던 메타버스에 대한 정확한 재정의를 요구했고 기업들은, 현실과 단절된 가상 게임이 아닌 현실에 녹아든 증강현실로 메타버스를 다시 정의하고 있다.

메타버스라 불릴 새로운 정의는 무엇일까? 필자는 디지털을 3차원 공간 단위로 이용하며 현실과 융합하는 것이라고 생각한다. 그래서 〈전뇌코일〉처럼 현실에서 디지털을 띄워 잠깐 이용하며 필요하면, 인공지능 가상 인간과 소통하며 궁금한 것을 물어보고 단순한 수다를 떨 수 있을 것이다. 또한 현실의 정보를 그대로 디지털로 가져가고 디지털의 정보를 현실로 가져가며 현실

현실의 변화가 디지털에 바로 적용되고 디지털의 변화가 현실에
즉각 반영되어야 메타버스라고 부를 수 있을 것이다

과 디지털 사이 데이터 교류가 단절 없이 잘 연결될 것이다. 일부
연구실은 현실과 디지털 사이의 동기화를 Proxy와 Situated를 합
쳐 ProxSituated라는 새로운 용어를 만들어냈다.

　이렇게 현실-디지털 융합이 일어나면 어떤 일이 일어날까? 현
실에서 생활하며 동시에 멀리 떨어진 공간을 디지털로 띄우고
그 공간과 상호작용이 가능해질 것이다. 예를 들어 카페에서 커
피를 마시다 스마트 안경을 이용해 눈앞에 집 안 거실을 작게 디
지털로 띄워 상태를 확인하고 냉장고에 몇 시까지 장을 보라고
부탁하는 것이 가능할 것이다. 학교의 경우, 물리적으로 학교에
가지 않고 집에서 스마트 안경으로 디지털 교실에 참여한 뒤, 사
람 및 인공지능과 대화하며 학습할 것이다.

은행은 더 이상 스마트폰의 작은 화면으로 눈 아프게 보며 뭔지 잘 모르겠는 버튼을 찾아 다음 장으로 계속 넘어가며 뱅킹 업무를 하지 않고, 집에서 스마트 안경으로 가상 은행을 띄우고 돈을 입금하고 상품을 선택하고 이용하는 등 현실에서 한 자연스러운 활동을 가상공간에서 똑같이 할 것이다. 그것도 현실과 단절된 가상현실이 아닌 현실에 가상이 추가된 증강현실 형태로 행해질 것이다.

마지막으로 가상인간으로 시각화된 인공지능은 어느새 인류와 동등한 위치에서 소통하고 친구가 될 것이다. 이렇게 메타버스는 인류에게 현실 물리적으로 떨어진 공간과 실시간으로 상호작용하며 인간, 인공지능과 언제든지 소통할 수 있는 능력을 부여할 것이다. 이를 위해서는 5G를 넘어서는 무선통신과 작고 전력 소모가 적으면서 성능은 인간만큼 좋은 인공지능 등 많은 기술이 요구된다. 하지만 인류는 반드시 기술의 허들을 넘으며 새로운 디지털 세계의 문을 열고 있다.

멋진 신세계와 1984, 현실이 된 왜곡

　인간 세계에 현실이 가진 한계와 규모를 뛰어넘는 디지털이 형
성되고 활성화되자, 사람들은 디지털로 저 멀리에 있는 사람을
새로 만나고 물품을 구매해야 마음이 맞는 사람과 활발하게 교
류하며 디지털 안에서 새로운 인간관계를 맺었다. 그리고 새로
운 소식도 현실이 아닌 디지털을 통해 얻었다. 이는 디지털이 시
간과 공간 제약이 있는 현실보다 분명 더 신속하고 편리함을 보
여준다. 하지만 이에 대한 부작용 역시 발생했다. 그리고 이를 예
견한 소설 두 권이 있다.

　아직 컴퓨터가 태동하기도 전인 1932년 올더스 헉슬리는《멋
진 신세계》라는 소설을 발표했다.《멋진 신세계》는 모두가 너무

많은 정보를 접해 어떤 정보를 접해야 하는지 혼란스러워하고 자기가 좋아하는 정보만 받으며 스스로 움츠러드는 미래의 디스토피아 세계를 다뤘다. 그리고 올더스 헉슬리의 제자인 조지 오웰은 1949년에 소설《1984》를 발표하며《멋진 신세계》와 반대로 모두가 일방적인 정보에 통제당하는 미래를 그렸다. 소름이 돋게도 21세기는《멋진 신세계》와《1984》모두 현실이 되었다.《멋진 신세계》는 IT 플랫폼으로 세상을 장악한 기업, 즉 자본이 만들었고,《1984》는 강한 규제와 감시로 사람들을 통제하는 국가, 즉 질서가 만들었다.

빅테크는 사람들이 본사가 제공하는 서비스를 이용하게 해 많은 이익을 창출하고자 개인 맞춤 추천 알고리즘을 개발하고 사람들에게 그 알고리즘으로 정보를 추천했다. 또한 유튜브, X 등의 플랫폼에서 많은 사람들이 새로운 정보를 필터링 없이 업로드하며 디지털 세계는 출처를 알 수 없는 불분명한 정보들이 넘쳐나기 시작했다. 그 가운데 진실된 정보는 가짜 정보들 사이에 표류했다. 그리고 가짜 정보들은 사람들을 더 중독시키기 위해 혐오와 분노를 건드는 등의 자극적인 행동을 거침없이 행했다. 그 결과 혐오와 분노 등의 감정은 디지털 세계 안에서 흔해졌고 사람들은 자신도 모르는 사이에 이에 중독되었다.

또한 인스타그램, 틱톡 등 SNS로 본인을 과시하는 문화가 자리를 잡으며 사람들은 지구 반대편에 있는 평생 얼굴을 직접 보지 못할 사람들의 자랑을 봤고 본인의 처지와 비교하게 되었다. 인플루언서 등 SNS를 이용해 이익을 창출하는 자들은 더 많은 부와 명예 등을 얻기 위해 더 화려한 모습으로 꾸몄고 소비자들이 이를 보고 소비하며 SNS를 통한 자본은 더 거대해졌다. 이렇게 자본이 개입되자 모두에게 귀한 정보를 자유롭게 공유한다는 Web의 정신은 오염되었다. 불행히도 사람들을 끌어들이는 매력인 편리함이 압도적인 IT는 사람들을 디지털에 중독시켰고, 대중은 디지털에 방문하는 것을 절제하게 하는 것에 실패하면서 모두가 중독되고 모두 오염되는 사회적 부작용을 낳았다. 이렇게 자본은《멋진 신세계》를 만들었다.

또한 무선으로 실시간 통신이 되며 디지털에서 사람들 간 소통의 장을 마련하는 IT는 역으로 사람들을 통제하는 무대가 되기도 했다. 이는 주로 정부 등 질서를 주도하는 단체가 행하는 일로 권위에 위협이 되는 정보나 특정 이유가 있는 정보들은 철저하게 통제해 사람들이 모르게 했다. 이는 특히 2010년 아랍 국가의 국민이 SNS로 세상을 파악하고 정권의 부당성을 알게 되어 발발한 아랍의 봄 이후로 더욱 강해졌다. 아랍의 봄은 국민이 SNS

를 통해 실정을 깨닫고, SNS로 시위를 약속하며, SNS로 시위를 공유하고 독려하는 등 SNS를 주축으로 일어난 혁명이었다. 이에 정부는 SNS를 감시하고 통제하며 아랍의 봄을 억제했다. 그리고 아랍의 봄을 본 여러 나라의 정부 역시 SNS의 위험성을 파악하고 대중이 알게 모르게 SNS 등 디지털 세계를 통제하며 질서라는 명분으로《1984》를 유지하고 있다.

이처럼 자유롭게 정보를 소비하고 양질의 정보를 생산하며 모두가 함께 좋은 정보를 공유한다는 웹Web 의 정신은 현실이 되기에는 멀었다. 과도한 정보가 제공하는 중독은 개인을《멋진 신세계》로 끌어들였고, 편리한 감시와 통제는 단체를《1984》로 이끌었다. 이는 모두에게 동등한 기회를 주는 웹의 이상이 현실에서 어떻게 변질되고 왜곡되었는지 보여준다. 이는 디지털이 인류에게 준 과제로, 인류는 이 과제를 해결하기 위해 고민해야 한다.

디지털, 21세기를 함께하는 세계

21세기는 디지털이 지배하는 세기로, 인류 역사상 가장 혁신적이고 급격한 변화가 이루어지는 시대이다. 20세기까지는 아날로그 기술이 주류를 이루며 산업과 사회를 이끌었으며 물리적인 매체와 장치들이 정보의 저장과 전달, 통신, 생산 등을 담당하며 우리의 생활과 문화를 형성했다. 그러나 21세기에 들어서면서 디지털이 급격히 발전하며 우리의 삶을 지배했다. 이 변화의 중심에는 스마트폰이 자리하고 있으며, 스마트폰은 디지털 혁명의 기폭제로 작용했다.

스마트폰의 등장은 디지털 세기의 서막을 알리는 신호탄이었다. 스마트폰이 처음 등장했을 때만 해도, 그것은 다른 전화기처럼 단순한 통신 도구로 여겨졌다. 하지만 시간이 지남에 따라 스마트폰은 단순한 전화기가 아니라, 일상생활의 모든 측면을 디지털화하는 강력한 도구로 진화했다. 우리는 이제 스마트폰을 통해 언제 어디서나 인터넷에 접속할 수 있으며, 실시간으로 정보를 검색하고, 소셜 미디어를 통해 전 세계 사람들과 소통할 수 있다. 또한 온라인 쇼핑과 모바일 결제는 일상적으로 사용되는 서비스가 되었으며, 이를 통해 우리는 물리적 공간의 제약을 넘어 세계와 소통할 수 있다.

이렇게 스마트폰은 단순히 하나의 기기가 아니라, 우리 삶의 디지털을 주도하는 장치로 자리 잡았다. 음악, 영상, 게임, 뉴스 등 모든 종류의 콘텐츠가 스마트폰으로 소비되며, 은행 업무, 교육 등 다양한 서비스도 스마트폰을 통해 이루어진다. 이런 변화는 디지털화를 가속했고, 우리의 생활 방식은 스마트폰 중심으로 재편되었다. 스마트폰은 이제 우리의 일상에서 필수적인 도구로 자리 잡았으며, 이는 디지털 세기의 본질적인 특징을 잘 보여준다.

디지털의 발전은 스마트폰에서 멈추지 않는다. 기술은 끊임없이 진화하고 있고, 스마트 안경과 같은 새로운 장치가 등장하며 스마트폰의 자리에 도전하고 있다. 스마트 안경은 증강현실을 활용해 우리의 시야에 디지털 정보를 실시간으로 제공하는 장치로 길을 걷는 동안 내비게이션 정보를 직접 눈앞에서 확인하고, 모르는 부분을 인공지능에 물어봐 정보를 확인할 수 있으며, 업무로 두 손이 바쁠 때 증강현실로 업무를 파악하고 말로 제어하며 능률을 향상할 수 있다.

증강현실과 인공지능, NUI 기능을 추가한 스마트 안경은 스마트폰과 달리 정보를 바로 시야에 제공할 수 있어 디지털 경험을 보다 직관적이고 즉각적으로 만든다. 이처럼 새로운 장치는 스마트폰이 제공하는 기능을 보완하거나, 더 나은 사용자 경험을 제공하며 우리의 일상을 더욱 편리하게 하고 디지털화하고 있다. 이러한 기술들은 스마트폰을 완전히 대체할 가능성이 크다고 말하기는 어렵지만, 일부 환경에서 각광받고 조금씩 범위를 확장하며 한층 더 자연스러운 디지털 경험을 제공할 것이다.

21세기의 디지털화는 멈추지 않고 더욱 가속화되고 있다. 혁신적인 기술들이 일상에 깊이 스며들며, 이전과는 전혀 다른 세상이 열고 있다. 특히 인공지능은 단순히 특정 작업을 자동화하는 수준을 넘어, 인간의 삶을 보좌하며 함께 복잡한 문제를 해결하는 인류의 동반자가 될 것이다. 인공지능을 통한 개인 비서 업무, 자율주행, 의료 진단, 상황 판단 및 판정 등은 우리의 생활을 더 효율적이고 안전하게 만들 것이다. 그리고 이에 맞춰 경제와 사회가 바뀔 것이다. 특히, 디지털은 개인 모두에게 공평한 기회를 제공하며 기존의 경제 질서를 재편하고, 새로운 질서를 형성할 것이다.

물론 세상에 공짜는 없듯이, 디지털은 새로운 가능성과 기회를 제공하는 동시에, 우리에게 디지털에 매몰되지 않고 현명하게 이용하는 능력을 요구할 것이고 그 요구는 해가 지날수록 더더욱 커질 것이다. 그럼에도 디지털화는 선택이 아닌 필수이며, 21세기 디지털 세기의 도래는 인류가 새로운 차원으로 도약하는 전환점이 될 것이다. 부디 디지털이 이끄는 21세기는 모두에게 공평한 기회를 주는 더 나은 세기가 되고 여러분은 디지털을 슬기롭게 이용하며 더 풍요로운 삶을 살아가는 현명한 사람이 되기를 바라며, 이 이야기를 들어준 독자 여러분에게도 감사의 말씀을 올리며 평안을 빈다.